AF309969

Congrès National

DES

SYNDICATS AGRICOLES

les 22, 23, 24 et 25 Août 1894

ORGANISÉ PAR

L'UNION DU SUD-EST DES SYNDICATS AGRICOLES

à LYON (Salle des Fêtes de l'Hôtel de Ville)

SOUS LA PRÉSIDENCE D'HONNEUR DE

Monsieur LE TRÉSOR DE LA ROCQUE

Président de « L'Union des Syndicats des Agriculteurs de France »

COMPTE RENDU DES SÉANCES

LYON

ANCIENNE IMPRIMERIE A. WALTENER ET Cie
Paul LEGENDRE & Cie, Succrs
14, rue Bellecordière, 14

1894

Congrès National

DES

SYNDICATS AGRICOLES

les 22, 23, 24 et 25 Août 1894

ORGANISÉ PAR

L'UNION DU SUD-EST DES SYNDICATS AGRICOLES

à LYON (Salle des Fêtes de l'Hôtel de Ville)

SOUS LA PRÉSIDENCE D'HONNEUR DE

Monsieur LE TRÉSOR DE LA ROCQUE

Président de « L'Union des Syndicats des Agriculteurs de France »

COMPTE RENDU DES SÉANCES

LYON.

ANCIENNE IMPRIMERIE A. WALTENER ET Cie

Paul LEGENDRE & Cie, Succrs

14, rue Bellecordière, 14

1894

ORDRE DU JOUR
DES SÉANCES

OUVERTURE DU CONGRÈS
Le mercredi 22 août 1894, à 8 h. 1/2 du matin.

Dans la grande salle des Fêtes de l'Hôtel de Ville de Lyon

Réception des délégués par M. Emile DUPORT, président de l'*Union du Sud-Est des Syndicats agricoles.*

Discours d'ouverture par M. LE TRÉSOR DE LA ROCQUE, président d'honneur du Congrès.

PREMIÈRE JOURNÉE. — Mercredi 22 Août

LES SYNDICATS AGRICOLES

Président d'honneur : M. **E. Deusy**, ancien député, président de l'Union du Centre des Syndicats agricoles et viticoles.

Séance du matin. — **SYNDICATS AGRICOLES**.

Allocution par M. **Deusy**, président d'honneur.

1re Partie

Composition. — Rapporteur M. **E. Gréa**, président du Syndicat des Agriculteurs de l'arrondissement de Lons-le-Saulnier (Jura).

Circonscription. — Rapporteur M. le Cte **de Saint-Pol**, président du Syndicat agricole et viticole du Haut-Beaujolais.

2e Partie.

SERVICES ÉCONOMIQUES.

Assurance. *Prévoyance.*	Rapporteur M. le comte **de Rocquigny**, m. de la Soc^{té} des agr^{rs} de France, m. du Synd^{at} agr^{le} du Boulonnais.
Représentation agricole *Tribunal arbitral.*	M. **Ducurtyl**, prés^t du Comité de contentieux et de législation de l'Union du Sud-Est.

SERVICES MATÉRIELS.

Achats. — Rapporteur M. **Rieu**, administrateur du Syndicat agricole Vauclusien.

Ventes. — Rapporteur M. **G. Bord**, secrétaire général du Syndicat agricole de Cadillac.

IV

Séance de l'après-midi, 3 heures. — **UNIONS**

ᵣᵉ Partie

Circonscription. — Rapporteur M. **de Laage de Meux,**
president du Syndicat des Agriculteurs du Loiret.
Rapports entre Unions. — Rapporteur M. **Deusy,** president de l'Union du Centre des Syndicats agricoles et viticoles.

2ᵉ Partie.

SERVICES ÉCONOMIQUES.

Institutions régionales de prévoyance et d'assistance. —
Rapporteur M. **H. de Gailhard Bancel,** president
des Syndicats agricoles d'Allex et de Crest (Drôme).

SERVICES MATÉRIELS.

Achats. — Rapporteur M. **Denizet Henri,** vice-président
du Syndicat des Agriculteurs du Loiret.

Ventes. — Rapporteur M. **Riboud Léon,** administrateur
du Syndicat agricole et viticole du Haut-Beaujolais.

DEUXIÈME JOURNÉE. — Jeudi 23 Août

CRÉDIT AGRICOLE

Président d'honneur : **M. Ed. Aynard**, député, président de la Chambre de Commerce de Lyon, président d'honneur du Comice agricole de Lyon.

Séance du matin, 8 h. 1/2.

Allocution par M. **Aynard**, président d'honneur.

L'organisation du Crédit par les Syndicats agricoles. — Rapʳ **M. A. Sénart**, ancien président à la Cour d'appel de Paris, membre du Conseil de la Socᵗᵉ des Agriculteurs de France.

Caisses rurales à responsabilité illimitée. — Rapporteur **M. Louis Durand**, avocat, membre du Comité de contentieux et de législation de l'Union du Sud-Est, président de l'*Union des Caisses rurales et ouvrières françaises.*

Caisses rurales à responsabilité limitée. — Rapporteur M. **J.-B. Josseau**, vice-président de la *Société des Agriculteurs de France*, membre de la *Société nationale d'agriculture*, fondateur de la *Caisse de crédit de Coulommiers.*

Séance de l'après-midi, 3 heures.

Les *Unions des Caisses rurales.* — Rapporteur M. **Louis Milcent**, ancien auditeur au Conseil d'Etat, fondateur de la *Caisse de crédit mutuel de l'arrondissement de Poligny.*

Banque Centrale. — Rapporteur **M. Hugues de Larnage**, secrétaire général de l'*Union du centre des Syndicats agricoles et viticoles.*

TROISIÈME JOURNÉE. — Vendredi 24 Août

COOPÉRATIVES AGRICOLES

Président d'honneur : M. **A. Sénart,** ancien président à la Cour d'appel de Paris, membre du conseil de la Société des Agriculteurs de France.

Séance du matin, 8 h. 1/2

Allocution par M. **A. Sénart,** président d'honneur.

Loi sur les Sociétés coopératives de production, de crédit et de consommation. — Rapporteur M. **Paul Doumer,** député, rapporteur de la loi.

Circonscription et rôle. — Rapporteur, M. **A. Guinand,** vice-président de l'Union du Sud-Est, président du Syndicat des Agriculteurs et Viticulteurs de la région de Saint-Genis-Laval.

Rapports des Coopératives agricoles entre elles. — Rapporteur M. **Fleury,** président de la Société coopérative de Production et de Consommation des agriculteurs du Puy-de-Dôme.

Séance de l'après-midi, 3 heures

Rapports des Coopératives de Production avec les Coopératives de Consommation — Rapporteur M. **Kergall,** président du Syndicat économique agricole.

Producteurs. — Rapporteur M. **G. Maurin,** président du Syndicat agricole de Sarrians.

Consommateurs. — Rapporteur M. **Chiousse,** président de la Fédération des Sociétés coopératives de Consommation des employés du P. L. M.

QUATRIÈME JOURNÉE. — Samedi 25 Août.

Matinée.

Rendez-vous à 9 heures dans les bureaux de l'Union du Sud-Est, 9, rue du Garet.

1º Visite à une Boucherie de l'Union des Producteurs et des Consommateurs, « Croix-Rousse ».

2º Visite du Magasin de vente des Produits agricoles, « Guillotière ».

Après midi.

Visite à l'Exposition. — Section d'Économie sociale. — Section d'Agriculture.

Banquet à 7 heures dans l'intérieur de l'Exposition (Restaurant Français) : Prix : 6 francs.

Liste des 402 Syndicats

ayant adhéré au Congrès National

des Syndicats agricoles.

Ain. — Syndicat agricole et viticole de l'arrondissement de Belley; Neyron; Agricole de Bourg; Agriculteurs de l'arrondissement de Belley; La Cotière; Mas-Rillier; Saint-Jean-le-Vieux; Beynost; Cultivateurs et maraîchers de Bourg; L'Abergement-de-Varey; Sathonay; Béligheux; Trévoux; Jujurieux; Bresse; Nievroz; Virieu-le-Grand; Bressolles.

Aisne. — Laon; Saint-Quentin.

Allier. — La Celle; Allier.

Alpes (Basses). — Sisteron; Mane; Digne.

Alpes (Hautes). — La Durance; Vallée de la Vance.

Alpes-Maritimes. — Antibes; Nice.

Ardèche. — Régional d'Aubenas; Annonay et Haut-Vivarais; Bourg-Saint-Andéol; Aubenas et Bas-Vivarais; Régional de Privas; Les Vans.

Ariège. — Agriculteurs de l'Ariège.

Aube. — Chavanges; Ville-s.-Arce.

Aude. — Castelnaudary; Minervois; Narbonne; La Montagne-Noire; Professionnel de l'Aude.

Aveyron. — Cassagnes-Begonhès; Aveyron; St-Geniès.

Bouches-du-Rhône. — Mallemort; Roquefort; St-Martin-de-Crau; Fuveau; Saint-Pierre; Pinchinats; Roquevaire; Trest; Aix; Lascours; Cassis; Saint-Remy-de-Provence; Salon.

Calvados. — Calvados.

Cantal. — Cantal.

Charente. — Segonzac; Jarnac et Segonzac; Saint-Amand-de-Boixe: Jarnac.

Charente-Inférieure. — Départemental de la Charente-Inférieure; Agriculteurs de la Charente-Inférieure.

Cher. — Agriculteurs du Cher.

Corse. — Sartène.

Côte-d'Or. — Morvan et Auxois; Fontaine-Française; Houblons de Bourgogne; Auxois; Saint-Seine-l'Abbaye; Bligny-s.-Ouche; Genlis; Pouilly-en-Auxois; La Côte-Dijonnaise; Châtillon s.-Seine; Seurre; St-Germain-de-Modéon; Gevrey-Chambertin; Baigneux-les-Juifs; Jallanges et Trugny; Nuits; Mirebeau; Côte-d'Or; la Vingeanne; Pontailler-sur-Saône.

Côtes-du-Nord. — St-Carreuc; Roche-Dérrien et Tréguier; des Côtes-du-Nord; Begard; Guingamp.

Doubs. — Vuillafans; Doubs; Russey; Ornans; Isle-s.-le-Doubs.

Drôme. — Die; Nyons; Montvendre; Crest; Allex; Romans; Bourg-de-Péage; Saint-Paul-Trois-Châteaux; Livron; Savasse; Montélimar; Suze-la-Rousse; Grand-Serre; Châteaudouble; Taulignan; les Tourettes; Tain; Roynac; Grignan; Saint-Vallier; Buis-les-Baronnies; Chabeuil; Saillans; Claveyson de la Société des Agriculteurs de la Drôme.

Eure. — Pont-Audemer; Andelys; Tosny; Evreux.

Eure-et-Loir. — Chartres.

Finistère. — Basse-Bretagne; Pleyben et Châteaulin; Morlaix.

Gard. — Alais; Gard; Pont-St-Esprit; Manduel; Bagnols.

Garonne (Haute). — Muret; de la Haute-Garonne;

Gers. — Aignan; Mauvezin; Valence-s.-Baïse; Vic-Fezenzac; Eauze; Gers; Fleurance.

Gironde. — Cadillac-Podensac; Génissac; La Réole et Auros; Médoc.

Hérault. — Gignac; Villéveyrac; Montpellier; Montagnac; Murviel-les-Béziers; Tourbes.

Ille-et-Vilaine. — Cancale; Horticole d'Ille-et-Vilaine; Central d'Ille-et-Vilaine.

Indre. — Valençay; La Châtre; Issoudun; Indre; Châteauroux.

Indre-et-Loire. — Touraine et Bas Vendômois; Agricole de Dierres; La Chapelle-s.-Loire; Hommes; Dolus; Sazilly; St-Martin-le-Beau; Benais; Louestault; Lignières; Preuilly-s.-Claise; La Croix; Agriculteurs de Dierres; Bléré; Union vinicole d'Indre-et-Loire.

Isère. — Nivolas-Vermelle; Colombe; Saint-Marcellin; Varacieux; Mont-ferra; Chabons; St-Siméon-de-Bressieux; Apprieu; Grand-Lemps; Grenoble; Saint-Priest; Soleymieu; Pommier; Voiron; St-Symphorien-d'Ozon; St-Pierre-de-Mesage; La Côte-St-André; Moissieu; Saint-Paul-les-Monestier; Quet-en-Beaumont.

Jura. — Dôle; Fruitières du Jura; Agricole de Poligny; Mantry; Lons-le-Saulnier; Jura.

Landes. — Agriculteurs des Landes.

Loir-et-Cher. — Romorantin; Selles-sur-Cher; Onzain; Seigy; Billy; Monthou-sur-Cher.

Loire. — St-Martin-la-Plaine; de la Société d'Agriculture de la Loire; St-Joseph; Pelussin; Rive-de-Gier; Charlieu et Belmont; St-André-d'Apchon; Agriculteurs de France du département de la Loire; Noirétable; St-Jean-le-Vêtre; Bourg-Argental; St-Alban.

Loire-Inférieure. — Landreau; Le Pallet; Loire-Inférieure; Carquefou.

Loiret. — Loiret; Beaugency; Gien.

Lot. — Cultivateurs et planteurs de tabac du Lot; Puy-l'Evêque; Gourdon; Veyrac.

Lozère. — Marvejols; Canton N.-E. de la Lozère.

Maine-et-Loire. — Thouarcé; Anjou; Breil; Saumur N.-O.

Manche. — Agriculteurs de la Manche.

Marne. — Vitry-le-François; Puits-Breban; Epernay; Agricole de la Marne; libre du département de la Marne; Prosne; Tréfols; St-Vincent-Boursault; Damery.

Marne (Haute-). — Bassigny; Haute-Marne; Vassy; Créancey; Varennes-sur-Amance; Source et Bords de l'Amance; Damrémont.

Mayenne. — St-Sébastien; Athée.

Meurthe-et-Moselle. — Rosières-aux-Salines; Lunéville.

Meuse. — Vaucouleurs; Bar-le-Duc.

Morbihan. — Carnac; Ploërdut; Mauron; Auray; Locminé.

Nièvre. — Agriculteurs de la Nièvre.

Nord. — Producteurs de graines de betteraves; Le Quesnoy.

Oise. — Senlis; Beauvais.

Orne. — Mortagne; Séez; Putange.

Pas-de-Calais. — Boulonnais; Desvres; Bapaume et Bertincourt.

Puy-de-Dôme. — Agriculteurs du Puy-de-Dôme; Lembron; Départemental agricole du Puy-de-Dôme; Lezoux.

Pyrénées (Basses-). — Mesplède; Sauveterre; Basses-Pyrénées.

Pyrénées (Hautes-). — Agriculteurs des Hautes-Pyrénées.

Pyrénées-Orientales. — Jardiniers de Perpignan; St-Paul-de-Fenouillet; Pyrénées-Orientales.

Rhin (Haut-). — Delle.

Rhône. — Belleville-sur-Saône; St-Genis-Laval; Tarare; Bois-d'Oingt; Limonest-Neuville; Villefranche et Anse; Haut-Beaujolais; Comice de Lyon; Amplepuis; Ampuis; Vaugneray; Thurins; La vallée d'Azergues.

Saône (Haute-). — Agricole de Gray; Pesmes; du Comice de Gray; Agricole de la Haute-Saône.

Saône-et-Loire. — Matour; Préty; St-Ythaire; Louhans; Mâcon; Montcenis et Creusot; Châlon-sur-Saône; Emboucheurs du Charollais; La Chapelle de Guinchay; Autunois.

Sarthe. — Fresnay-sur-Sarthe; Sarthe; Marolles-les-Braux; St-Gervais en Belin; La Ferté-Bernard; Brulon.

Savoie. — Agriculteurs de la Savoie; La Chapelle.

Savoie (Haute-). — Agricole de la Haute-Savoie.

Seine. — Economique agricole; Cultivateurs du département de la Seine; Vente des produits agricoles français; Central des Agriculteurs de France; Suresnes; Viticulteurs de France; Argenteuil; Pomologique de France.

Seine-et-Marne. — La Ferté-Gaucher; Coulommiers; Melun, Fontainebleau et Provins.

Seine-et-Oise. — Meulan; Horticole de Seine-et-Oise; Cergy; Groslay; Montfort-l'Amaury; Chanteloup; Chevreuse; Cormeilles-en-Parisis.

Sèvres (Deux-). — Agricole des Deux-Sèvres.

Somme. — Gamaches et Oisèmont; Acheux.

Tarn. — Albi; Lapeyrière.

Tarn-et-Garonne. — Molières; Grisolles.

Var. — Besse; Callas; St-Maximin; Hyères; Var; Val; Signes; Solliès-Toucas.

Vaucluse. — Sarrians; Mormoiron; Agricole de Carpentras; Fraisiculteurs de Carpentras; Bedarrides; Vaison; Aubignan; Monteux; Vauclusien; Pernes; Croagnes; Caderousse.

Vendée. — Agriculteurs de la Vendée; Burcerie.

Vienne. — Vouneuil-s-Biard; St-Laurent; Civray; Loudun.

Vienne (Haute). — Magnac-Laval; St-Sulpice-les-Feuilles; Agriculteurs de la Haute-Vienne.

Vosges. — Rambervilliers; Celles-sur-Plaine; Granges; Bruyères; Neufchateau; Mirecourt.

Yonne. — Villeneuve-la-Guyard; St-Florentin; Ligny-le-Châtel; St-Eloi; Auxerrois; Tonnerre; Test-Milon; Yonne; Mont-St-Sulpice; Cheny.

COLONIES

Alger. — Rouïba; Maillot.

Constantine. — Constantine; Guelma.

Oran. — Oran; Tlemcen.

Tonkin. — Planteurs du Tonkin.

CONGRÈS NATIONAL des SYNDICATS AGRICOLES
des 22, 23, 24 et 25 Août 1894

RÉGLEMENT

I. — DISPOSITIONS GÉNÉRALES

ARTICLE PREMIER. — Le Congrès s'ouvrira à Lyon, le 22 août 1894, à 8 h. 1/2 du matin, et durera trois jours. Une quatrième journée sera consacrée à la visite des Institutions émanant de l'Union du Sud-Est des Syndicats agricoles et à la visite des Sections d'Economie sociale et d'Agriculture à l'Exposition de Lyon. La journée sera terminée par un banquet.

ART. 2. — Le Congrès sera national et professionnel.

II. — COMPOSITION DU CONGRÈS

ART. 3. — Le Congrès sera constitué par tous les syndicats agricoles de France qui auront envoyé leur adhésion.

Des invitations seront adressées à M. le Ministre du Commerce et de l'Industrie, M. le Ministre de l'Agriculture, M. le Directeur général, les Inspecteurs généraux, les Professeurs départementaux.

La Commission d'organisation pourra aussi adresser des invitations à des notabilités agricoles et économiques françaises ou étrangères.

III. — BUREAU DU CONGRÈS

ART. 4. — Le bureau de l'Union du Sud-Est des Syndicats agricoles sera le Bureau effectif du Congrès. Il est ainsi composé :

Président............M. Emile Duport.
Vice-présidents ... M. Antonin GUINAND,
    —   M. A. DE FONTGALLAND.
    —   M. Léon RIBOUD.
Trésorier........ M. Ernest RICHARD.
Secrétaire général M. Charles DE BÉLAIR.

Les secrétaires-adjoints seront les auditeurs au Conseil de l'Union du Sud-Est.

Le Congrès désignera, en outre, à l'ouverture de chaque séance, deux secrétaires-adjoints pris dans l'assemblée.

Ont été désignés comme présidents d'honneur :

Président d'honneur du Congrès : M. Le Trésor de la Rocque, ancien conseiller d'Etat, président de l'Union des Syndicats des agriculteurs de France.

Président d'honneur de la première journée : — Les Syndicats agricoles. — M. Deusy, ancien député, président de l'Union du Centre des Syndicats agricoles et viticoles.

Président d'honneur de la deuxième journée : — Le Crédit agricole. — M. Ed. Aynard, député, président de la Chambre de commerce de Lyon, président d'honneur du Comice agricole de Lyon.

Président d'honneur de la troisième journée : — Les Coopératives agricoles. — M. A. Senart, ancien président à la cour d'appel de Paris, membre du Conseil de la Société des agriculteurs de France.

IV. — RAPPORTS

Art. 5. — Toutes les questions inscrites à l'ordre du jour seront préalablement à toute discussion traitées par le rapporteur désigné à cet effet.

Art. 6. — Chaque rapport sera écrit, imprimé et lu, et ne devra pas dépasser quatre pages d'impression in-4°, conclusions comprises.

Art. 7. — Tous les rapports seront, quinze jours au moins avant le Congrès, soumis au Comité qui sera chargé de les faire imprimer et d'en remettre un exemplaire, au moment de l'ouverture des travaux, à tous les membres adhérents.

V. — SÉANCES

Art. 8. — Les séances auront lieu tous les jours, de 8 heures 1/2 du matin à midi, et de 3 heures à 6 heures du soir.

Art. 9. — Après chaque rapport, la discussion sera ouverte sur les conclusions.

Art. 10. — Chaque rapporteur aura le droit de défendre oralement ses conclusions qui ne deviendront définitives qu'après le vote de l'Assemblée.

Art. 11. — A moins d'un vote formel de l'Assemblée, aucun orateur ne pourra garder la parole plus de 10 minutes.

Art. 12. — A moins d'une demande spéciale formulée au minimum par trente des membres présents, tous les votes auront lieu à mains levées et à la majorité des membres présents.

Dans le cas de vote au scrutin il y sera procédé par syndicats présents ou représentés, chacun d'eux ayant une voix par 500 membres ou fraction.

VI. — COMPTE-RENDU DU CONGRÈS

Art. 13. — Afin de rendre la reproduction des rapports, des discussions et des votes de l'Assemblée plus exacte et plus complète, le secrétariat s'adjoindra un ou plusieurs sténographes.

Art. 14. — Le Bureau décidera ultérieurement s'il y a lieu de publier un compte-rendu *in extenso*, et cela, suivant le nombre des souscriptions recueillies pour cette publication.

VII. — VOYAGES DES DÉLÉGUÉS

Art. 15. — Des démarches sont faites en ce moment par le Bureau de l'Union du Sud-Est auprès des Compagnies de Chemins de fer françaises et auprès de la Compagnie transatlantique pour obtenir, en faveur des membres du Congrès, les réductions possibles.

Le résultat de ces démarches sera transmis aux intéressés en temps utile(1).

Le Secrétaire général,   *Le Président du Congrès,*
Ch. DE BÉLAIR.   Emile DUPORT.

---

(1) Les coupons de retour des billets de chemin de fer sont valables jusqu'au 28 courant inclus, sur présentation aux gares de la carte du Congrès, nominative et timbrée.

CONGRÈS NATIONAL

DES

Syndicats Agricoles

LYON 1894

COMPTE RENDU DES SÉANCES

Ce compte-rendu comprend :

1º Les rapports et les conclusions qui étaient l'œuvre personnelle des rapporteurs ;

2º La discussion sténographiée ;

3º Les conclusions adoptées par le Congrès et qui ont seules le caractère officiel.

CONGRÈS NATIONAL

des Syndicats agricoles

PREMIÈRE JOURNÉE. — 22 Août 1894

Séance du matin.

PRÉSIDENCE DE M. DUPORT.

Le Congrès national des syndicats agricoles s'est ouvert à Lyon, dans la grande salle des fêtes de l'Hôtel de ville, le 22 août 1894, à 9 heures du matin, sous la présidence de M. Emile Duport, président de l'Union du Sud-Est des syndicats agricoles, président du Congrès,

Assisté de MM. A. GUINAND, vice-président de l'Union du Sud-Est.
A. de FONTGALLAND — —
Léon RIBOUD — —
Ernest RICHARD, trésorier —
Charles de BÉLAIR, secrétaire général —
Pierre de MONICAULT, audit^r au Conseil —
Georges MARTIN — —
Charles GENIN — —
Vincendon DUMOULIN — —
Joseph MITAL — —
C. SILVESTRE — —

Prennent place au bureau :

M. Le Trésor de La Roque, président de l'Union des Syndicats des Agriculteurs de France, président d'honneur du Congrès.
M. FAURE, Conseiller municipal, Secrétaire général du Conseil supérieur de l'Exposition.

1

Réception des délégués.

M. Emile Duport prononce l'allocution suivante :

Messieurs,

Que vous soyez venus du Nord, du Centre ou du Midi, des Flandres ou du Languedoc, de la Bretagne ou de la Provence, de la Vendée ou des confins de notre Alsace, à vous tous, délégués des syndicats agricoles de toute la France, salut.

Et puisqu'au nom de l'Union du Sud-Est, j'ai le très grand honneur de vous souhaiter la bienvenue, permettez que pour remplir ma tâche, je m'inspire de mes souvenirs. Lorsque, me rendant à l'appel de quelque président de syndicat, mon collègue, il m'est arrivé d'aller parfois loin de mon toit, porter la bonne parole au milieu d'auditeurs que je croyais inconnus, j'ai toujours trouvé des mains amies pour me donner une chaude étreinte ; aujourd'hui, Messieurs, je vous tends les deux mains. (Applaudissements).

Aussi bien, il me semble, que nous nous connaissons depuis longtemps.

Un poëte de grand cœur, un Lyonnais, Victor de Laprade, a dit que tout homme avait deux patries, la grande et la petite, le pays et le clocher ; je vous dis, moi, que les agriculteurs, eux, ont deux familles, l'une tout intime, l'autre plus vaste, le syndicat, qui les rend frères par un amour commun du sol et de la profession.

Certes, il n'a fallu rien moins que la force toute puissante de ce double sentiment pour vous arracher à vos travaux et vous conduire, si nombreux, malgré la distance, la fatigue et les dépenses, à ce Congrès national, pour y travailler de toutes vos forces à la défense de notre agriculture. Je ne vous en remercie, ni ne vous en félicite, je constate.

Les syndicats agricoles ont déjà prouvé maintes fois qu'ils étaient de grandes écoles de dévouement, comme ils sont un merveilleux instrument de pacification, ne séparant jamais, mais unissant toujours ces deux bases de toute société, la propriété et le travail.

C'est pour cela que nous avons tant travaillé jusqu'à ce jour, c'est pour cela que nous travaillerons plus encore, dans l'avenir, n'est-il pas vrai, Messieurs, afin d'améliorer le sort des agriculteurs, par l'utilisation de la coopération qui rendra possible l'assistance ;

de la sorte, nous arriverons à résoudre ce qui est soluble de la question sociale, et nous opposerons victorieusement aux doctrines creuses des orateurs socialistes la forte éloquence des résultats matériels obtenus grâce à nos efforts, bénis par Dieu et soutenus par l'amour de la France !

Après cette allocution qui a été chaleureusement applaudie par la salle entière du Congrès, M. le président déclare ouvert le premier Congrès National des syndicats agricoles de France.

M. le président propose au Congrès de constituer son bureau définitif en confirmant dans ces fonctions le bureau de l'Union du Sud-Est et en choisissant deux secrétaires pour la journée, pris dans l'assemblée.

L'Assemblée, consultée, confirme les pouvoirs du bureau du Congrès et nomme deux secrétaires : MM. Milcent, de Poligny et P. Sénart, de la Marne, qui prennent place au bureau.

M. le président déclare alors le Bureau régulièrement constitué puis, se tournant vers M. Faure, il prononce les paroles suivantes :

J'ai à adresser hautement nos remerciements à la municipalité lyonnaise qui nous a prêté ce magnifique Hôtel de ville pour y recevoir les délégués des syndicats agricoles de France et je prie tout particulièrement M. Faure, conseiller municipal, d'être notre interprète auprès de M. le Maire de Lyon.

M. le président, s'adressant ensuite à M. Le Trésor de La Roque, le président d'honneur du Congrès, s'exprime ainsi :

Messieurs,

Avant de donner la parole au si éminent président de l'Union des Syndicats des Agriculteurs de France, M. le Trésor de la Rocque, j'ai le devoir de le remercier de la nouvelle preuve qu'il nous donne de son zèle infatigable pour la prospérité de nos associations. Je n'ai garde d'y manquer.

Ce qu'il a fait depuis bientôt dix ans pour aider à la féconde éclosion des syndicats agricoles, puis pour les diriger dans leur marche, vous le savez tous, je n'en veux pour preuve que vos applaudissements unanimes.

Il me plaît aussi de lui payer publiquement une dette personnelle de reconnaissance, en lui rappelant — peut-être l'a-t-il oublié — qu'il fut mon premier guide à une époque où j'ignorais presque jusqu'à l'existence des syndicats agricoles.

M. Le Trésor de la Rocque, vous avez beaucoup pensé, étudié, travaillé, pour conduire à bien la grande œuvre de votre vie; que l'hommage que je vous rends, au nom de tous, en soit la très haute récompense; en vous, je salue le président d'honneur du premier Congrès National des Syndicats agricoles de France. (Applaudissements).

Discours d'ouverture prononcé par M. le Trésor de la Rocque

PRÉSIDENT DE L'UNION DES SYNDICATS DES AGRICULTEURS DE FRANCE
PRÉSIDENT D'HONNEUR DU CONGRÈS

Messieurs,

Notre premier devoir, en nous réunissant, — devoir qu'il m'est très doux de remplir, — est d'adresser l'expression de notre vive gratitude aux hommes éminents qui dirigent l'Union du Sud-Est, et particulièrement à son très distingué président, M. Duport qui a eu l'idée de profiter des attraits qu'offrait aux yeux les plus indifférents la vue de l'Exposition lyonnaise pour convoquer dans ce grand centre les délégués de tous les Syndicats agricoles de la France et de l'Algérie. Je sais, par expérience, ce que l'organisation d'un pareil Congrès coûte de soucis, de préoccupations et de travail, mais M. Duport n'en est pas à donner sa mesure comme habile organisateur et à fournir des preuves de son dévouement infatigable à la cause que nous servons.

Oui, Messieurs, c'est rendre au pays un véritable service que de provoquer, que de multiplier les réunions de nos syndicats.

Pour notre agriculture, des efforts isolés resteraient impuissants. C'est du concours incessant, opiniâtre de tous les dévouements groupés autour d'un centre commun que dépendent la réparation des désastres passés et la préparation d'un meilleur avenir.

C'est pourquoi nous avons convié à ce Congrès les délégués des 1488 Syndicats agricoles dont nous sommes parvenus à découvrir l'existence (1). C'est pourquoi nous les engageons à se grouper avec nous dans les rangs de nos Unions régionales et de notre

---

(1) Ce chiffre comprend tous les syndicats ayant fait des déclarations aux mairies, mais un grand nombre n'existent que de nom, d'autres, n'ayant qu'un objet temporaire, ont cessé d'exister.

Union de Paris autour de la Société des Agriculteurs de France.

Nous voyons avec joie se recruter peu à peu les nombreux bataillons de l'armée agricole. Mais il ne suffit pas d'enrôler des soldats, de les former en bataillons ; l'œuvre ne sera complète que si ces bataillons se soudent et s'agglomèrent.

Que deviendrait l'armée la plus vaillante et la plus nombreuse, si ses bataillons marchaient dispersés et se présentaient isolés au feu, sans s'occuper jamais les uns des autres ?

La plupart de nos syndicats, nés d'hier, n'ont peut-être pas encore conscience du rôle qu'il leur appartient de remplir. Combien, parmi eux, s'imaginent que notre fédération est une œuvre purement artificielle et que nos unions de syndicats représentent de simples groupements où chacun d'eux reste exactement ce qu'il serait s'il était seul, vaut ce qu'il vaudrait s'il n'était pas uni à d'autres ; et cependant, s'il est une loi que l'expérience a consacrée, c'est que l'association n'ajoute pas seulement les forces des uns aux forces des autres, mais qu'elle les multiplie les unes par les autres. De ce rapprochement naît une force supérieure qui se dégage du contact de ces impuissances, et le syndicat qui reste à l'écart de nos fédérations en voulant conserver ce qu'il appelle son indépendance, ne garde en réalité que son isolement et sa faiblesse. Il se nuit à lui-même autant qu'il nuit aux autres en désertant la cause des intérêts agricoles.

Ces intérêts, il vous appartiendra de les rechercher et de les discuter pendant ces trois jours. Je n'ai nullement la prétention de les évoquer devant vous en quelques minutes, et je me bornerai à retenir votre attention sur quelques points seulement des questions qui nous préoccupent.

On a beaucoup dit aux agriculteurs que le cours du change et la crise monétaire étaient la cause principale de la baisse de nos produits. Quelques-uns d'entre vous ont bien voulu me consulter sur cette question délicate que je n'aborde pas sans hésitation, tant elle est à la fois compliquée et difficile. Je vais pourtant essayer de la résumer brièvement.

Il me parait certain que les produits étrangers et notamment les produits agricoles bénéficient, grâce à la dépréciation de la monnaie et à la perte du change dans leur pays d'origine, d'une réduction sérieuse qui permet de les présenter avec avantage sur nos marchés, comparativement à nos produits français.

Mais on ajoute qu'un négociant français peut acheter par

exemple avec cent francs d'or français, deux cents francs de blé indien, si la monnaie indienne est dépréciée de cent pour cent, les introduire en France, et, grâce au bénéfice réalisé sur l'achat, annuler les effets du droit de douane.

Ceci n'est plus tout à fait exact, parce que le blé indien a vu hausser sa valeur nominale en raison même de la dépréciation qu'a subie la monnaie indienne. Seulement, il semble démontré, par les cours des marchés intérieurs de l'Inde, que cette hausse du blé exprimée en monnaie du pays n'est pas équivalente à la dépréciation de la monnaie indienne, et par suite à la hausse du change, et qu'il reste encore une marge assez large pour permettre aux négociants importateurs de vendre sur nos marchés le blé indien à un prix moins élevé que le prix de revient du blé français.

En tous cas, l'agriculture aussi bien que l'industrie française ont évidemment le plus grand intérêt à parer aux résultats de la dépréciation des monnaies étrangères, notamment de la monnaie d'argent, et à voir se niveler le cours du change entre les différents pays.

Quels moyens employer pour arriver à ce but ? — Une commission de la Société des Agriculteurs de France, qui recherche depuis longtemps la solution du problème, pense qu'il faudrait conclure un accord entre la France, les Etats-Unis, l'Angleterre et l'Allemagne, pour arriver à l'adoption du bimétallisme, — à régler le rapport fixe entre l'or et l'argent, — et à rétablir la frappe libre de l'argent dans les hôtels des monnaies des Etats bi-métallistes. Elle croit que le premier effet de cette convention, serait de ramener l'argent à son taux ancien. et de prévenir le retour des crises monétaires qui ont jeté la perturbation dans les états du Nouveau-Monde aussi bien que parmi les nations de la vieille Europe.

Une convention qui introduirait, dans les quatre grands Etats ci-dessus mentionnés, l'usage commun de la monnaie d'or et d'argent est à tous les points de vue fort désirable, mais je crains qu'on ne se fasse quelque illusion sur ses résultats.

Depuis dix ans, la production annuelle de l'argent dans le monde entier a varié entre les chiffres extrêmes de 2.789.000 kilog. (1884) et 5.935.000 kilógrammes (1892) c'est-à-dire en évaluant l'argent à 200 francs le kilogr., cours légal de la monnaie d'argent dans les états de l'Union latine, de 557.800.000 frs. à 1.187.000.000 fr.

Seulement, cette production de l'argent est essentiellement variable. Si le cours du métal revenait à son ancien taux, il est cer-

tain que la production des mines, stimulée par la hausse, s'élève-
rait au-dessus du maximum de 6.000.000 de kilogrammes, constaté pendant la dernière période décennale. Du reste, je vous
apporte des renseignements précis, qu'a bien voulu me communiquer M. de la Bouglise, un ingénieur des mines très compétent
dans toutes les questions qui se rattachent à la production des
métaux précieux.

Dans l'état actuel des mines connues et des districts miniers
explorés — avec les méthodes de traitement existantes aujour-
d'hui, — avec les moyens d'exploitation, les ressources en main
d'œuvre et les moyens de transport fonctionnant de nos jours,
M. de la Bouglise estime que la production du métal argent pourrait s'élever graduellement en six années à dix millions de kilogrammes par an et serait vraisemblablement maintenue à ce taux
pendant une autre période de six années.

En partant de ces données, on voit que les producteurs d'argent
fourniraient en moyenne huit millions de kilogrammes annuellement pendant la première période, c'est-à-dire un total de 48 millions de kilogrammes représentant neuf milliards six cent millions
de francs, et, pendant la deuxième période de six années, dix millions de kilogrammes annuellement, c'est-à-dire un total de
60 millions de kilogrammes représentant 12 milliards de francs,
soit, pour les douze années, un total de vingt et un milliards six
cent millions de francs.

La quantité d'argent qui se trouve en circulation ou en dépôt
dans les banques et les caisses publiques des quatre États ci-
dessus mentionnés ne peut-être évaluée au-dessus de cinq milliards (1), dont la moitié environ comprend l'encaisse de la Banque de France et la circulation en France de la monnaie d'argent.

En France, il est certain que la quantité de numéraire (argent)
suffit amplement aux besoins de la circulation. Admettons que les
besoins du numéraire soient les mêmes qu'en France, en Angleterre, en Allemagne et aux États-Unis, dans ces trois États les
gouvernements seront bien obligés de suspendre la frappe lors
qu'elle aurait atteint la somme de sept milliards, chiffre maximum

---

(1) Ce chiffre figure dans un tableau publié par le directeur de la Monnaie
de Washington et concorde avec les autres indications données par les publications compétentes et notamment *L'Économiste Européen*.

à verser dans la circulation, et, pendant cette même période, la production dépassera le chiffre de vingt et un milliards. On se trouverait en face d'une surproduction de près de quinze milliards, qui précipiterait le cours de l'argent bien au-dessous du taux actuel, et les quatre Etats contractants auraient à subir, comme la France aujourd'hui, une perte éventuelle de plus de moitié sur leur circulation monétaire (argent).

Le remède indiqué ne serait donc pas efficace et cependant j'aperçois la solution dans la voie où est entrée notre commission monétaire.

Seulement, quelles raisons peut-elle avoir de bannir la Russie, l'Autriche, l'Espagne et bien d'autres puissances de la grande Union monétaire ?

Pourquoi surtout, avant de réaliser cet accord si désirable et pourtant si difficile, ne pas se concerter pour inviter les gouvernements des Etats où sont situés les districts miniers à s'abstenir d'accorder des concessions de mines d'argent pendant un temps déterminé? Par ce double procédé, qui réduirait l'offre et augmenterait la demande, il serait possible d'assurer, pendant la période indiquée, l'emploi ou le placement de tout l'argent extrait des entrailles de la terre et, par suite, de rétablir la fixité de la valeur de l'argent et du rapport entre les deux étalons monétaires.

Vous comprenez, Messieurs, sans que j'aie besoin d'insister davantage, que nous ne sommes pas à la veille de voir réaliser cet accord nécessaire entre les puissances, cette réforme indispensable dans la législation des Etats miniers. Et puis, ne nous berçons pas d'illusions. On aurait beau faire accepter le bi-métallisme par tous les peuples de la terre, on aurait beau obtenir des garanties contre la surproduction de l'argent, l'agriculture française n'en restera pas moins en face de l'agriculture américaine, russe, indienne, argentine, australienne, espagnole ou italienne dans une situation désavantageuse.

Laissons de côté la question du change et la question monétaire et recherchons, par exemple, quel a été et quel serait encore, en temps normal, le prix de revient du blé russe. L'agriculteur russe paie, en moyenne, ses ouvriers, nourriture comprise, les hommes 70 centimes et les femmes 60 centimes; les autres éléments de son exploitation sont en rapport avec ces prix-là.

Quel serait aussi le prix de revient du blé indien ? Le paysan indou est payé à raison de dix-huit centimes par jour et se nourrit avec dix centimes. L'agriculteur indien ne supportant d'ailleurs qu'un faible loyer pour sa terre et qu'un impôt modéré peut produire son blé à un prix de revient fantastique de bon marché. La seule charge qui grève un peu sérieusement le prix du blé de l'Inde sur nos marchés est le transport de l'intérieur au port d'embarquement.

Dans l'Amérique du Nord, dans l'Amérique du Sud, les prix de revient sont également inférieurs aux nôtres. Voilà pourquoi ces blés exotiques sont offerts chaque jour à 12 fr. le quintal sur les marchés de Londres, d'Anvers ou d'Amsterdam.

En présence de la baisse du blé, de la mévente des vins, j'ai bien souvent entendu dire : « A quoi donc ont servi les tarifs douaniers? » Messieurs, sachez-le bien, sans ces tarifs douaniers, la culture de la vigne et la culture du blé auraient disparu peu à peu de la France.

Ah ! je sais bien qu'une certaine école prend très philosophiquement son parti du désastre éventuel de notre agriculture. Que nous buvions du vin espagnol ou du vin français, que nous mangions du pain confectionné avec du blé indien, avec du blé français, elle ne nous cache pas qu'elle s'en soucie peu. Je n'ignore pas non plus que d'autres économistes déclarant la lutte impossible pour nos terres de France avec le sol encore vierge de l'Inde ou du Nouveau-Monde, nous conseillent tout simplement d'abandonner les cultures devenues ingrates, de renoncer aux vignes, de renoncer aux céréales, de transformer nos champs en prairies ou en herbages, de semer ou de planter des bois.

J'ai eu la curiosité de faire rechercher par des hommes compétents dans nos diverses régions, quelles étaient les quantités respectives de travail humain appliquées à nos principales cultures. Voici les résultats de cette petite enquête :

Pour la vigne, la moyenne est, pour un hectare, de 57 journées d'hommes ;

Pour la betterave, de 42 journées ;

Pour le froment, de 22 journées ;

Pour les prairies, de 9 journées ;

Pour les herbages, de 2 journées ;

Pour les bois, pas même d'une journée.

D'où cette conséquence que si notre agriculture cessait de produire du vin ou des céréales, nos campagnes ne perdraient pas moins de huit à dix millions d'habitants.

La désertion de la campagne, tel a été l'effet produit par l'invasion du phylloxera dans la vallée du Rhône, par la transformation des cultures dans notre Normandie. Tel serait, sur une bien autre échelle, le résultat de l'abandon de nos deux grandes cultures. Est-il besoin d'activer le mouvement qui pousse déjà vers les villes nos populations rurales.

De 1872 à 1891, le mouvement de la population se résume en ces quelques chiffres :

Émigration de la population rurale dans la Seine.	931.889
« « dans les villes.	2.344.126
Émigration de la population rurale dans les colonies ou à l'étranger	190.000
Total de l'émigration rurale	3.466.015 (1)

Remarquons que la mortalité est loin d'être la même dans la Seine et dans les villes, d'une part, et de l'autre dans la population rurale. La moyenne, dans les campagnes, ne dépasse pas 19,85 par mille habitants vivants, tandis qu'elle s'élève à 27,11 °/oo dans les villes et à 28,10 °/oo dans la Seine.

---

(1) Les éléments de ce chiffre ont été presque tous empruntés à des documents officiels.

Décès hors de de la Seine des enfants mis en nourrice et âgés de moins d'un an (de 1872 à 1891)	200.000
Augmentation de la population de la Seine (de 1872 à 1891)	921.535
Augmentation de la population de la Seine pendant 20 ans	1.121.535

A déduire :

1° Augmentation de la population étrangère	67.307	
2° Excédant des naissances sur les décès	123.339	190.646
Reste pour l'émigration de la population rurale		931.889

Décès hors des villes des enfants mis en nourrice	300.000
Augmentation de la population urbaine (autre que celle de la Seine)	2.268.023
Augmentation de la population urbaine	2.568.023

A déduire :

Augmentation de la population étrangère	144.783	
Excédant des naissances sur les décès	79.114	223.897
		2.344.126
Population rurale ayant émigré aux colonies ou à l'étranger.		190.000

Il en résulte que la population de la France diminue lorsqu'elle se transporte des campagnes dans les villes.

Sur les 931,889 ruraux émigrés dans la Seine, 26.185 disparaîtront annuellement, tandis que s'ils fussent restés dans leur commune, la mortalité de ce groupe eut été seulement de 18,497. — Différence 8,687, soit, en 20 ans, *173.740*.

Sur les 2,344,126 ruraux émigrés dans les villes autres que Paris, 63,549 disparaîtront annuellement, tandis que s'ils fussent restés dans leur commune la mortalité de ce second groupe eût été seulement de 46.530. — Différence 17,019, soit, en vingt ans, 340,380.

Si l'on ajoute à ces deux chiffres celui de l'émigration hors de France, on constate que la France, en vingt ans, a perdu *704,120* habitants qu'elle aurait sans doute conservés si l'agriculture avait été moins appauvrie par les charges fiscales, mieux protégée contre la concurrence étrangère.

Vous remarquerez aussi que les 3,466,000 français qui, en vingt ans sont sortis des campagnes, fournissent au tirage annuel 29,400 hommes. Tant que ces hommes sont des ruraux, 20,000 sont reconnus aptes au service militaire. Quand ils se sont engouffrés dans la population urbaine, c'est à peine si, sur 30,000, les conseils de révision en peuvent retenir 10,000, d'où une perte annuelle de 10,000 hommes pour l'année, et en vingt ans de 200,000 hommes.

Vous le savez, Messieurs, aucun fait n'est mieux établi que le dépérissement de notre race française dans les grands centres de population et d'industrie. Ce milieu ne forme plus que des jeunes gens grêles, rachitiques et malsains qui n'atteignent même pas la petite taille exigée du soldat. S'élèvent-ils jusqu'à ces cinq pieds que l'Etat réclame, ils sont encore incapables du service militaire par suite de leurs infirmités. Politiques, savants, philanthropes s'alarment de l'abâtardissement de la race, mais pas autant qu'il le faudrait, car il arrive que ces petits hommes sont encore plus méchants qu'ils ne sont difformes. On ne saurait confier à leurs mains débiles l'arme de guerre qui est l'indépendance de la patrie, mais d'eux-mêmes ils saisissent le poignard ou la bombe; ils ne se battent pas, ils assassinent. Ce n'est pas d'ordinaire derrière la charrue que l'anarchie recrute des séides.

Dans les vingt dernières années, une pernicieuse influence s'est comme ingéniée à favoriser cette émigration des populations rurales qui porte une mortelle atteinte à la puissance du pays. Le service militaire aurait pu devenir une école de discipline, un milieu favorable au recrutement des agriculteurs. Tout au contraire, le jeune soldat sorti des champs rêve de n'y plus rentrer et de gagner sa vie dans ces métiers plus ou moins parasites où on le pousse inconsciemment et qui lui paraissent avec raison moins pénibles que le dur labeur de l'ouvrier des campagnes.

Nous avions demandé l'enseignement agricole : que nous a-t-on donné ? Dans les écoles rurales comme dans celles des villes on n'apprend aux enfants à peu près rien de ce qui peut leur servir. Ce n'est pas que nous voulions mettre aux mains de tous nos instituteurs la houe, la bêche ou le greffoir. Ce qui importe, c'est de modifier le programme d'études des écoles rurales. On y enseigne la lecture, l'écriture et les quatre règles; assurément c'est bien, et il faut étendre à tous cette instruction première; mais de quoi charge-t-on, après cela, la mémoire des écoliers ? Les plus intelligents sont parfois initiés aux mystères de l'analyse grammaticale. Quant aux dictées, le maître les choisit au hasard dans des morceaux tirés des grands écrivains de la France, depuis Pascal jusqu'à Chateaubriand. Jugez de l'étrange chaos que cela doit produire dans le cerveau d'un jeune paysan.

N'est-il pas opportun de substituer à cette routine prétentieuse quelque chose de plus modeste et de plus pratique, de faire apprendre par cœur à ces petits ruraux une sorte de catéchisme agricole où seraient réunies des notions claires sur les bons assolements, sur les bonnes fumures, sur les cultures du pays. Joignez-y, si la chose est possible, des éléments de comptabilité à l'usage des petits domaines. Bornez-vous là et vous obtiendrez un plus grand nombre d'agriculteurs, un moins grand nombre de déclassés.

Les déclassés, telles sont les principales recrues de cette armée collectiviste qui affiche aujourd'hui la prétention de nous déposséder. Jusqu'ici, les habiles du parti s'évertuaient à faire une distinction. On niait le droit de propriété quand il s'agissait des usines, des maisons de commerce, des exploitations de mines, des titres de rente, des actions ou obligations émises par des sociétés. — On respectait le droit de propriété lorsqu'il s'agissait de la terre du paysan. L'Etat, disait-on dans le congrès de Marseille, devait se borner à mettre la main sur les grands domaines, pour en distribuer les parcelles aux petits cultivateurs. Loin donc d'enlever aux

travailleurs agricoles la paisible jouissance de leur « bien », la révolution sociale devait la consacrer en arrondissant par surcroit les
petits patrimoines. Il y avait là pour les populations rurales des
perspectives attrayantes. On promettait de ne leur rien prendre et de
leur tout donner. Mais le congrès de Dijon vient de rentrer à pleines
voiles dans le port de l'orthodoxie socialiste. Il vient de retirer toutes
les promesses faites à Marseille, il vient de dissiper toutes les illusions. Il a réclamé le retour immédiat à l'Etat de toutes les propriétés terriennes, sol et sous-sol. En d'autres termes, il a décidé qu'a-
près la révolution sociale l'Etat prendrait tout et ne rendrait rien.

Le socialisme n'est pas dangereux sous cette forme brutale. Pour
faire justice de ses prétentions, il suffira de les révéler aux paysans;
vous savez que ceux-ci n'aiment pas les *partageux*. Ce qui me
préoccupe davantage, c'est qu'en dépit de tous ses efforts, l'agriculture vend toujours bon marché et qu'elle achète toujours cher. La
faute en est à notre organisation sociale réfractaire aux idées d'association, favorable aux intermédiaires parasites qui pullulent et
nous dévorent. En vain voulons nous réagir, nous sommes arrêtés
par des entraves légales. Demandons aux pouvoirs publics de nous
débarrasser par une législation libérale, des tutelles qui, sous
prétexte de nous protéger, nous enserrent et nous oppriment. Le
grand service qu'ils peuvent nous rendre c'est d'inviter l'Etat à rentrer dans son rôle, qui n'est pas de centraliser le crédit, de monopoli-
ser l'assistance, de créer la retraite et l'assurance obligatoire mais
de nous défendre contre les ennemis du dedans et du dehors et après
avoir réussi à garantir l'ordre, de nous donner enfin la liberté.

Après cet éloquent discours, M. le Président remercie l'orateur en ces
termes :

Vos applaudissements, Messieurs, me dispensent de remercier
M. le Trésor de la Rocque; son discours sera, bien entendu, imprimé
tout au long dans le compte-rendu du congrès, mais je me permets
d'ajouter, au nom du bureau de l'union du Sud-Est (bien que je n'aie
pas eu le temps de le consulter) que nous ferons imprimer ce
magistral discours en une brochure à part et nous vous invitons
à le répandre sur tout le territoire pour faire comprendre les
excellentes leçons qu'il porte avec lui (1).

---

(1) On peut demander ce discours par mille exemplaires à l'Union du Sud-
Est, qui en fera connaître le prix.

M. LE PRÉSIDENT. — L'ordre du jour appelle un discours de M. Deusy, président d'honneur de la journée. Mais M. Deusy est retenu par ses devoirs de conseiller général; il m'a envoyé son discours et je vous propose de le faire lire par un membre de l'Union du Centre, dont il est le président.

Je demande à l'assemblée de désigner M. Hugues de Larnage secrétaire-général de l'Union du Centre. (Adopté).

M. DE LARNAGE, du Loiret. — J'ai à remplacer un homme dont la renommée s'est justement étendue parmi tous les syndicats puisqu'on l'en a appelé le père, c'est le plus beau titre de tous. Je suis donc très honoré d'avoir à tenir sa place, mais je regrette vivement pour vous que cette place soit si modestement tenue.

Discours de M. E. Deusy

PRÉSIDENT DE L'UNION DU CENTRE, PRÉSIDENT D'HONNEUR DE LA JOURNÉE

MESSIEURS,

En prenant la parole le premier jour de ce Congrès, je manquerais à tous mes devoirs si je n'adressais pas l'expression de ma sincère et cordiale gratitude aux 402 syndicats qui, de tous les points du territoire, ont bien voulu répondre à votre appel, aux hommes de dévouement qui n'ont pas hésité à quitter leurs affaires et leurs familles pour venir traiter, au milieu des splendeurs de la cité lyonnaise, les graves questions qui intéressent à un si haut degré l'agriculture nationale.

Grâces soient rendues à cette intrépide Union du Sud-Est, qui marche à l'avant-garde du progrès syndical, dont l'action est assez puissante pour avoir organisé ces grandes assises.

Nous applaudissons au succès de cette tentative encore sans exemple dans les annales de nos syndicats et nous ne croyons pas être téméraire en vous affirmant que, de toutes parts, on a les yeux fixés sur vous et que l'Agriculture attend de vos discussions les plus précieux résultats.

Vous voyant si nombreux, retrouvant ici ceux qui furent nos maîtres et les soutiens de nos premiers efforts, Messieurs Le Trésor de la Rocque, Sénart, Kergall, Gréa, de Fontgalland, Milcent, Maurin et tant d'autres qu'il faudrait nommer, ma pensée se reporte à la naissance des syndicats agricoles, à cette fameuse séance du 14 février 1885 où le mot *syndical* — qui paraissait réservé à un monde bien différent du nôtre — retentit pour la première fois dans l'assemblée des Agriculteurs de France. Vous rappelez-vous Messieurs, vous qui étiez présents, avec quelle réserve furent accueillies nos paroles. Ce fut d'abord une surprise : puis la crainte de se précipiter dans l'inconnu, l'ennui qu'on éprouve toujours à rompre avec la routine, la répulsion naturelle pour ce qui est nouveau, l'hostilité peut-être des pouvoirs publics, tout semblait commander l'abstention.

Les hésitations cependant s'évanouirent, quand on vit deux de nos collègues dont la prudence était connue, dont l'expérience et la science juridique faisaient loi parmi nous, M. le marquis de Dampierre et M. le président Sénart, appuyer la proposition et favoriser de leur autorité et de leurs efforts la création des premiers syndicats.

Quel chemin parcouru, depuis dix ans, en dépit des obstacles ! Quel prodigieux essor !

Il suffit, Messieurs, pour vous en convaincre de regarder autour de vous et de vous compter : 12 syndicats en 1885 ; 1,125 en 1894. Nous avons usé des libertés que nous accordait la loi sur les syndicats professionnels ; nous avons voulu faire sortir de cette loi tout ce qu'elle promettait. Aux syndicats isolés ont succédé les Unions.

D'abord, au premier rang, l'Union des syndicats des Agriculteurs de France, si habilement dirigée par notre éminent et sympathique collègue, M. Le Trésor de la Rocque, et qui a pour objet général « le concert des syndicats unis pour l'étude et la défense des intérêts économiques agricoles ». Elle a groupé 510 syndicats qui possèdent en bloc environ 450,000 membres.

A côté de cette Union, pour ainsi dire, magistrale, sont venues s'établir d'autres Unions d'un caractère plus particulièrement régional : l'Union du Centre à Orléans, l'Union des deux Bourgognes à Dijon, l'Union des syndicats agricoles de Normandie à Caen, l'Union du Nord à Amiens, l'Union de l'Ouest à Angers, l'Union de Touraine et l'Union des syndicats de Provence.

D'autres Unions sont en voie de formation en Bretagne, à Clermont-Ferrand, à Poitiers.

Et rayonnant en quelque sorte sur ce monde nouveau sorti du chaos, la première en date, la grande Union du Sud-Est, avec son brillant état-major, les Duport, les Guinand dont le zèle intelligent, ardent, a su grouper autour d'elle 79 syndicats et de merveilleuses et utiles institutions en pleine activité : un bulletin mensuel et un almanach qui pourraient servir de modèles à bien des publications agricoles ; un comité de contentieux ; un office central d'achat et de vente ; des relations directes établies entre producteurs et consommateurs ; une coopérative agricole. Après dix-huit mois d'exercice, cette coopérative comptait 17,534 membres et le chiffre de ses affaires s'élevait à 1,063,000 francs, sur lequel une répartition pour trop perçu va être possible. N'est-ce point là un résultat qui doit satisfaire les promoteurs, un résultat dont ils ont lieu d'être fiers ?

L'impulsion est donnée, le mouvement ne s'arrêtera plus ; vous verrez bientôt, Messieurs, les Syndicats unis, couvrir la France entière de leur vaste et solide réseau.

Ce progrès continu est la meilleure démonstration de l'utilité des Syndicats. Je n'ai pas, Messieurs, à vous convaincre à cet égard, ni à entrer dans le détail des profits que l'agriculture a déjà tirés de l'établissement des Syndicats. Je m'adresse à des praticiens, à des hommes dont l'instruction n'est plus à faire. Ces profits, ces avantages, vous les connaissez, j'oserai dire, mieux que moi.

Nous avons obtenu, en nous unissant, des engrais de meilleure qualité et à meilleur compte ; nous avons supprimé de nombreux parasites qui vivaient, passez-moi le mot, sur le dos du producteur ou du consommateur ; nous avons pu, par des achats en commun, par l'emploi des machines, diminuer nos prix de revient. Nous ne laissons rien au hasard, nous faisons analyser nos terres pour leur donner l'engrais qui leur convient ; nous avons des stations d'essai pour nos semences, nous favorisons l'enseignement agricole. Bref, d'une façon générale, nous pouvons affirmer que, depuis la création des Syndicats, l'agriculture s'est transformée : restée longtemps en arrière, elle s'est mise d'un bond au niveau de l'industrie et du commerce.

Les Syndicats agricoles ont, sur ce point, rigoureusement rempli leur tâche ; ils ont prouvé que par le dévouement, le désintéressement et la persévérance on pouvait, malgré les lacunes et l'insuffisance de la loi de 1884, obtenir des résultats fort appréciables.

Et vous remarquerez, Messieurs, qu'en vérité nous sommes encore dans une période de début, dans une période de tâtonnements. Beaucoup, pour être à nous et avec nous, attendent que les expériences soient concluantes ; quand ils ont vu, ils viennent ; mais ils veulent voir. On ne saurait donc avoir trop d'éloges pour les hommes de conviction et d'énergie qui, les premiers, prennent la responsabilité des améliorations et des réformes.

Cette loi de 1884 qui, je le répète, est insuffisante, qui aurait besoin d'être complétée a, en résumé, profondément remué les masses agricoles et justifié, pour sa part, cette parole de Proudhon : « Le XIXᵉ siècle ouvrira l'ère des fédérations; le vrai problème sera le problème économique », et, dans un autre ordre d'idées, l'opinion de M. Baudrillart qui considérait « la création des Syndicats agricoles comme le fait économique le plus remarquable du siècle ».

En France, à l'étranger, en Angleterre même, si réfractaire par principe à tout ce qui vient de nous, on s'est rendu compte de la grandeur et des bienfaits du mouvement syndical. Un économiste anglais de haute valeur, M. Henry W. Wolff a fait, sur place, une étude spéciale de nos Syndicats agricoles et il a consigné le résultat de ses observations en trois articles publiés dans les principaux journaux économiques et agricoles du Royaume-Uni.

Il déclare « qu'il est impossible de ne pas admirer le grand bien qu'ils ont fait »; il constate « qu'ils ont accompli une sorte de révolution dans l'agriculture française ».

Mais si nous avons eu, Messieurs, des apologistes, nous avons eu aussi des détracteurs et même des ennemis. Il est difficile, quand on opère cette transformation, cette révolution dont parle l'économiste anglais, de ne point contredire des opinions reçues, de ne point froisser des intérêts. On a tenté de nous décourager, de nous arrêter. Aujourd'hui, l'hostilité n'a peut-être [pas [absolument disparu. Cependant la force des évènements l'oblige à se dissimuler; on comprend que, pour conserver un reste d'influence, il est urgent de suivre le courant.

L'apaisement s'opère donc dans les esprits. Ceux qui, il y a dix ans, répondaient à nos efforts par le dédain, devant l'œuvre accomplie et par une plus juste appréciation des hommes et des choses, commencent à se rallier et seront peut-être demain nos auxiliaires les plus ardents et les plus convaincus. Nous nous plaisons du moins à l'espérer.

Toutefois il reste encore de ce côté quelques ombres qui voilent l'éclat du tableau. Un fait récent nous prouve que nos adversaires, pour être plus circonspects dans leurs attaques, n'ont cependant point désarmé.

Le régime du libre échange a fait place au régime de la protection. Mais trouvez-vous que, réellement, votre situation soit meilleure ? C'est que la main gauche reprend toujours adroitement ce que la main droite nous a donné.

A grand renfort de pétitions, après avoir longtemps attendu, nous avons enfin obtenu un droit de 7 francs sur le blé. Dans quelles conditions ? Vous le savez, Messieurs. Nous demandions que la surtaxe fût votée et appliquée sans retard. C'était le seul moyen de la rendre efficace, en paralysant les manœuvres de la spéculation. Au lieu de faire droit à nos justes réclamations, on a traîné la loi de séance en séance, *jusqu'au jour où on a été certain que la surtaxe serait inutile.* On a voté et appliqué les nouveaux droits quand on a su que nos entrepôts regorgeaient de blé étranger n'ayant payé qu'un droit de 5 francs. La spéculation, évidemment favorisée à notre détriment, l'a emporté. On n'a tenu aucun compte des protestations de l'agriculture qui voulait le vote et l'application immédiats.

Et ce que nous disons de la surtaxe, nous le disons également du change qui réduit à néant ou qui diminue dans une effrayante proportion les tarifs douaniers, principalement en ce qui concerne les blés. Tout le commerce des blés est dominé et réglé par le change. La spéculation internationale, qui est presque toute entre les mains des juifs — je ne nomme personne, mais les noms sont sur toutes les lèvres — achète le blé 11 francs. Elle le paie au moyen d'une lettre de change qui vaut 11 francs à Odessa et qu'on se procure pour 5, 5,50 ou 6 francs, de telle sorte que ce blé, qu'on dit payer 11 francs dans la mer Noire, ne revient réellement à l'importateur qu'au prix de 6 francs les 80 kilos.

Ajoutez qu'en conséquence de la ruine de notre marine marchande, le frêt est tombé à rien, que les droits de douane, déjà abaissés par le fait des importations antérieures à la surtaxe, sont encore diminués par la tolérance des admissions temporaires et vous verrez que le juif réalise, sans trop de peine, un joli bénéfice en revendant 19 francs à Paris un blé qui lui revient au prix maximum de 12 francs, tandis que vous, agriculteurs, vous produisez à perte et vous vous ruinez.

J'avais l'honneur de vous dire ici même, le 23 novembre 1890 : l'agriculture est sacrifiée : elle paie à la juiverie internationale la rançon de l'industrie et du commerce des ports de mer. Ne pourrais-je pas, à juste titre, vous le redire aujourd'hui. Vous

gémissez en vain : le vent qui souffle dans les régions parlementaires emporte vos plaintes.

Plusieurs de nos collègues, dont les intentions sont excellentes,
ont indiqué comme seul remède à cette fâcheuse situation le retour
à la frappe libre de l'argent. Je ne sais s'ils ont mûrement réfléchi
avant de préconiser cette panacée destinée à guérir les maux de
l'agriculture. Ce n'est pas le moment de discuter la question monétaire. Je me borne à une simple observation. Supposez que, par
suite de la frappe libre, la France soit surabondamment pourvue
de monnaies d'argent. Croyez-vous que le spéculateur transportera
aux Indes pour acheter du blé une cargaison de ces monnaies
d'argent ? Non. Il y transportera de l'or qui est moins encombrant
et qui vaut de 20 à 40 % de plus. Il achètera aux Indes avec cet or
des lingots d'argent qu'il transformera en roupies, monnaie ayant
cours là-bas et, avec ces roupies, il se procurera du blé qui lui
coûtera en conséquence de 20 à 40 % de moins en France.

D'autre part, il est à considérer que la reprise de la frappe de
l'argent par l'Etat remplirait le pays d'une monnaie fiduciaire qui
vaudrait 30 % de moins que sa valeur métallique : ce qui nous
paraît constituer un inconvénient sérieux, presque un danger.

Ma conclusion sur ce point est celle-ci. Il me semble impossible
qu'on arrive, au moyen d'une convention diplomatique, à établir
l'unité monétaire par tout le globe ; il me paraît non moins impossible de diminuer, de *rogner* le poids de notre or pour le ramener
à la relation légale de 15 1/2 avec l'argent. Dans ces conditions le
moyen le plus pratique n'est-il pas de réagir par les tarifs de
douane ? Voilà ce qu'à mon avis, il faut réclamer sans relâche
et exiger si nous voulons éviter la ruine.

Et pour arriver à ce but l'Union s'impose, l'Union syndicale
devient une mesure de préservation, une nécessité de premier ordre.

Sur la question des tarifs de douane, il ne faut pas vous dissimuler que vous avez été battus. Pour vous consoler de cet échec,
on a fait miroiter à vos yeux le décevant produit de la conversion
du 4 1/2 : 68 millions ! Les Chambres, dans un élan extraordinaire de générosité, vous l'ont même attribué. Or, il est advenu
que ce produit, attendu par l'agriculture la bouche ouverte, avait
été mangé par d'autres. Il avait cessé d'exister avant de naître : on
ne pouvait donner ce qui n'était plus. Et les Chambres, dans un
nouvel élan, aussi extraordinaire que le premier, s'empressèrent de
se déjuger.

La dernière scène de cette comédie s'est jouée le vendredi 31 juil
let devant le Parlement épanoui et devant vos amis pressés d'aller
en vacances. Un député indiscret s'avisa d'interroger : Et le produit de la conversion ? Quelqu'un se trouva pour répondre :

Désolé ! le budget ne permet pas...

Pas une parole de pitié pour ces pauvres agriculteurs, pas une
protestation. Qu'est-ce en effet ? Rien dont on doive se préoccuper.
C'est une femme, pardon ! c'est l'agriculture qui se noie ou plutôt
qu'on noie.

Pour couronner l'œuvre d'anéantissement, vous êtes menacés
d'avoir bientôt, sur les biens ruraux, au lieu de l'impôt de répartition, un impôt de quotité qui ouvrira à l'arbitraire le plus vaste
horizon.

Voilà l'influence de l'agriculture. Sans aucune exagération, ni
être taxé de pessimisme, il nous est permis de la regarder comme
à peu près nulle. Quand il s'agit d'élections, quand on a besoin
d'argent, quand la République et la France sont en danger, on
pense à vous. L'orage passé, les belles paroles, les belles promesses
s'évanouissent en fumée et se volatilisent.

Sous ce rapport, le rôle des Syndicats unis est à peine ébauché.
Organes légaux des intérêts collectifs de l'Agriculture, ils sauront
un jour, par leurs représentants élus, soutenir et faire aboutir
devant les pouvoirs publics les revendications professionnelles.

Votre rôle, Messieurs, ne sera pas moins important dans l'ordre
social.

Pour tout homme qui, portant ses regards en arrière, examin
sans passion — *sine studio neque irâ* — les événements qui ont
signalé le XIX⁰ siècle dont les dernières années s'écoulent, il est
manifeste que notre état social a subi et continue à subir une
transformation progressive qui en modifie l'essence et les éléments.
Un parti s'est formé, le parti socialiste, dont l'influence grandit
d'heure en heure et qui a la prétention de prendre la direction du
mouvement. Ce parti n'était rien en 1884. Il a forcé les portes du
Parlement où il compte en ce moment 52 sièges. Il y occupe une
place considérable par le talent de ses orateurs, par l'inébranlable
fidélité de ses membres à poursuivre l'exécution d'un programme
raisonné et arrêté d'avance, par l'intransigeance même de ses
principes, par une confiance absolue dans le triomphe final de ses
idées.

Vous, agriculteurs, avec les industries dérivées de l'agriculture vous comptez dans le pays 7,500,000 électeurs. Combien comptez-vous de défenseurs dans le Parlement? Où sont les sièges que vous avez gagnés depuis dix ans? Ah ! sans doute vos mandataires sont partis de leurs provinces avec des résolutions que vous supposiez invincibles et ces résolutions se sont fondues dans les intrigues parlementaires comme la neige fond au soleil, et quand, par hasard, ils ont eu quelque velléité de soutenir les intérêts que vous leur aviez confiés, il a suffi d'un regard jeté du banc des ministres pour les faire rentrer dans le rang.

Il en résulte que le dernier des mastroquets parisiens pèse plus que vous tous dans la balance. Vous êtes d'honnêtes gens ; on ne vous craint pas. Vous êtes émiettés, sans cohésion, on n'a pour vous qu'indifférence et mépris.

Auriez-vous perdu toute confiance en vous mêmes ? et cette foi que vous gardiez vivante au fond du cœur qui vous faisait croire au relèvement prochain de la patrie par les ruraux? Les faits qui se déroulent sous vos yeux, qui atteignent vos familles, votre fortune, votre avenir, la lutte pour la vie qui s'ajoute en vous à la lutte incessante contre les éléments ne peuvent pas avoir épuisé votre réserve de persévérance et d'espoir. Vous n'êtes pas sans force devant le mauvais vouloir qu'on vous témoigne ou les obstacles qu'on sème sous vos pas.

Non, car vous sentez que vous avez en mains une arme qui triomphera de tout : l'Union. Unissez-vous donc, ayez confiance et marchez. — N'êtes-vous pas la force et le droit vous qui êtes le nombre ?

Aussi bien n'avez-vous plus à combattre, aujourd'hui, ce socialisme caché et en quelque sorte honteux qui vous frappait dans l'ombre et sous le couvert de mesures fiscales d'autant plus dangereuses qu'elles affectaient toujours une allure réservée et bénigne.

Le combat s'engage à ciel ouvert et sans masque. On vous déclare qu'il s'agit de nationaliser la propriété et de la substituer, ainsi transformée, à la propriété individuelle. C'est l'expropriation générale non par le fait d'une appropriation particulière qui constituerait un vol, mais en vertu d'une loi qui prononcera au profit de la collectivité nationale l'expropriation pour cause d'utilité publique. Vous saisissez la nuance.

Voulez-vous le programme ?

« Je vais le mettre sous vos yeux textuellement, tel qu'il a été élaboré et voté, les 18 et 19 juillet 1894 par le Congrès international socialiste réuni à Dijon :

« Abolition de tous les impôts sur la petite propriété ne nourrissant que la famille qui la cultive.

« Abaissement du taux du prêt.

« Application sévère des lois sur l'accaparement.

« Abolition de la conscription, qui enlève les bras les plus robustes à l'agriculture.

« Création de syndicats agricoles pour l'achat en gros des semences et des machines, de façon à lutter contre les grands propriétaires.

« Crédit accordé gratuitement par les communes et la nation aux syndicats d'ouvriers agricoles, pour favoriser leur développement et leurs achats.

« Création par ces syndicats de comptoirs dans les centres industriels, mettant en rapport direct producteurs et consommateurs et supprimant les intermédiaires, lesquels absorbent actuellement la plus grande partie des bénéfices. Les sociétés coopératives sont des comptoirs tout désignés.

« L'établissement par les municipalités socialistes de minoteries, boulangeries, etc., municipales, serait un excellent débouché pour les syndicats agricoles.

« Rachat par la commune des petites propriétés rurales mises en vente par autorité de justice. Ces biens seraient affermés aux syndicats.

« Les biens accaparés par le clergé feraient retour à la commune et seraient confiés aux paysans groupés.

« Le tout à titre de mesures préventives et préparatoires, sans perdre de vue l'objectif communiste. »

Voilà, Messieurs. Il est impossible d'être plus précis et plus net; il n'y a dans ce programme ni réticences, ni ambiguité.

Le Congrès entend porter son action sur le prolétariat agricole, et dans le prolétariat agricole il range 4,800,000 petits propriétaires ne possédant qu'une moyenne de 2 hectares 60 ares. Acceptons ce chiffre sans le discuter, quelques mille de plus ou de moins n'enlèvent rien à la valeur du raisonnement.

Le moment paraît opportun aux socialistes ; c'est l'instant psychologique. L'agriculture souffre, mévente des vins, des céréales, des sucres, des graines oléagineuses, etc. La souffrance, qu'on s'obstine à ne pas soulager sérieusement, doit engendrer le mécontentement et le mécontentement finira par détacher les 4,800,000 petits propriétaires ruraux du parti républicain et conservateur pour les jeter dans les bras du parti socialiste qui leur promet justice et prospérité. Tant de fois déçus dans leurs espérances, ils voudront essayer ailleurs. Afin de répandre ces idées, on organisera une campagne de conférences.

Qu'allons-nous faire, Messieurs, pour maintenir dans nos rangs les 4,800,000 ruraux convoités par le parti socialiste qui sait, que sans eux, il ne peut rien. Je ne vois qu'un moyen : l'Union et par l'Union l'action efficace sur les Pouvoirs Publics pour les contraindre, sous peine de mort sociale, à réaliser les vœux que nous formulons depuis dix ans sans jamais être écoutés.

L'anarchie est partout, rien ne tient plus, tout s'écroule. Par l'Union, vous avez quelque chance de reconstituer, selon la belle expression de Jules Simon, l'âme de la France.

Qui songerait à entraver cette Fédération des agriculteurs syndiqués qui apparaît comme une nécessité de l'heure présente et comme l'espoir suprême de l'avenir ?

Le gouvernement lui-même semble avoir compris que l'Agriculture est une puissance, avec laquelle il faut compter, qu'on a eu tort de négliger parce qu'elle est destinée à jouer un rôle prépondérant dans le renouvellement du mécanisme social.

Le 11 juillet 1894, M. Viger présidait la distribution des récompenses de la Société nationale d'agriculture.

Après avoir dit avec raison qu'il faut « protéger l'agriculture » « maintenir fermement nos tarifs « et « seconder par un ensemble de mesures intérieures leur action protectrice », le ministre a insisté sur l'urgence d'aider et d'encourager les travailleurs de nos champs, « cette grande force sociale sur laquelle tous les honnêtes gens doivent s'appuyer pour résister à la violence des passions démagogiques. »

Cette force, dont M le ministre apprécie si justement la valeur, n'est elle-même que la résultante d'un faisceau de forces individuelles unies et combinées.

Pour qu'elle produise son effet de résistance aux passions démagogiques, il suffit, mais il faut, que la loi autorise la Fédération des Unions syndicales ou, ce qui vaudrait mieux encore, que la République nous accorde la liberté d'association.

J'ai fini, Messieurs, cette trop longue allocution. J'ai répondu de tout cœur à l'appel que m'ont adressé les organisateurs dévoués de l'admirable Congrès de Lyon. Arrivé au déclin de ma carrière, j'ai voulu une fois encore me retrouver au milieu de vous, rappeler aux compagnons de la première heure le chemin parcouru et indiquer aux nouveaux venus dans la grande famille des Syndicats agricoles la noble et patriotique tâche qui reste à accomplir. En voyant votre zèle, l'ardeur qui vous anime tous, je sens que notre œuvre ne périra pas et j'ai le ferme espoir qu'elle contribuera, dans une large mesure, à la prospérité et au salut de notre bien-aimée France.

Après la lecture du discours de M. Deusy, M. le Président s'exprime ainsi :

Messieurs, tout en remerciant M. de Larnage d'avoir bien voulu lire le discours de M. Deusy, je pense que vous approuverez l'idée que je vous soumets, d'envoyer à notre président d'honneur de la journée l'expression des sentiments du congrès après la lecture de ce beau discours, en lui adressant cette dépêche :

« Le congrès sous l'impression de votre magnifique discours vous adresse ses plus chaudes félicitations ». (Adopté).

Nous aurons du reste, je l'espère, le plaisir de posséder parmi nous M. Deusy avant la clôture du congrès et nous pourrons lui dire, sous la vive émotion de la conclusion de son discours, que nous espérons l'avoir encore de longues années parmi nous. (Applaudissements).

M. LE PRÉSIDENT. — Avant d'aborder l'ordre du jour proprement dit, je tiens à vous dire que 402 syndicats sont présents ou représentés par des délégués ; que par conséquent, cette consultation des syndicats en congrès national a une importance très grande.

Au nom du comité d'organisation, je remercie MM. les rapporteurs de la bonne volonté qu'ils ont apportée à faire leurs rapports sur des questions pas toujours bien définies ; je les remercie aussi des soins qu'ils ont mis à faire leurs rapports en temps utile, et, fait unique, je constate que sur 22 rapporteurs auxquels nous nous sommes adressés, aucun n'a refusé. (Applaudissements).

La parole est à M. Gréa.

1ʳᵉ **Partie**. — *SYNDICATS AGRICOLES*

RAPPORT DE M. GRÉA, président du Syndicat des Agriculteurs
de l'arrondissement de Lons-le-Saunier (Jura)

SUR

La Composition des Syndicats agricoles

Il y a maintenant dix ans qu'a été promulguée la loi sur les
syndicats professionnels ; le moment est donc venu de se rendre
compte de ses résultats en ce qui concerne les syndicats agricoles
et de rechercher ce qu'ils ont été, ce qu'ils sont et quel est leur
avenir.

C'est de leur composition que j'ai à vous entretenir et je ne
pense pas que ce sujet donne lieu à de grandes controverses. Vous
savez tous combien la loi de 1884 est large et libérale ; mais, en ce
qui nous concerne, il fallait en interpréter les termes un peu vagues.
Heureusement, au moment où se fondaient les premiers syndicats
agricoles, un homme s'est rencontré, jurisconsulte éminent, d'une
science profonde, d'une expérience consommée, dont la parole fait
autorité ; il s'est dévoué absolument à notre œuvre et ses savantes
consultations nous ont de suite enseigné sur quelles bases nous
pouvions nous établir, jusqu'où la loi nous permettait d'aller, et
quelles limites elle nous imposait. J'ai nommé M. le président
Sénart dont la sollicitude active ne se dément pas et dont nous
recueillons tous les jours avec respect les savants conseils. Aidé
d'un autre jurisconsulte, aussi prodigue que lui de ses travaux et
de ses peines, M. Boullaire, il a établi sur des bases solides le
véritable code des syndicats agricoles.

C'est à ces deux hommes que nous devons de n'avoir pas fait
fausse route et le magnifique développement de nos associations
a pu ainsi se poursuivre sans obstacle et sans arrêt.

Examinons donc, aidés de leurs leçons et de celles de l'expérience, qui doit composer le syndicat et comment il doit être constitué.

Un syndicat, suivant la loi, ne doit admettre que des personnes de la même profession ou de professions connexes, c'est-à-dire concourant à la même production. Pour les agriculteurs, ce cadre est large. Tout le monde est d'accord aujourd'hui pour ouvrir la porte de l'association aux exploitants, aux ouvriers ruraux et aux domestiques attachés à la culture, aux fermiers, aux métayers, aux propriétaires. Tous ont des intérêts économiques qui sont les mêmes, des intérêts agricoles à défendre. Ce sont les termes même de la loi. On peut organiser des syndicats viticoles, sylvicoles, horticoles ; ce sont des branches spéciales de l'agriculture, mais on peut aussi les réunir sous la dénomination de syndicat agricole qui les contient toutes. Nul doute pour la viticulture, pour la sylviculture, pour l'élevage ; nul doute non plus pour l'horticulture, dont les limites avec la culture proprement dite sont devenues absolument indécises, puisque certains légumes sont cultivés alternativement avec les céréales et les fourrages.

Point de différence non plus entre tous les intéressés à la prospérité agricole, depuis le grand et le petit propriétaire jusqu'au laboureur, au berger ou au simple manœuvre de nos campagnes. Certains syndicats — et je les en loue, — n'ont voulu aucune différence entre leurs membres et n'admettent qu'une cotisation uniforme pour tous. Quoiqu'il en soit, je le répète, la base est très large et c'est ce qui fait notre force.

Elle est aussi dans la parfaite entente qui s'établit si naturellement entre tous ceux qui participent à notre profession. Ce sentiment de solidarité, le syndicat le développe et en fait une véritable confraternité. Ce n'est pas ici de la théorie. Vous êtes tous, Messieurs, journellement témoins de la cordialité, de la bienveillance réciproque qui rendent nos réunions si attachantes, et plus d'un assurément, en voyant la facilité des rapports qui s'établissent ainsi n'a eu qu'un regret : c'est qu'ils n'aient pas commencé plus tôt. Notre distingué collègue M. de Rocquigny nous en a montré toute la portée sociale et je n'y insisterai pas davantage.

Beaucoup de personnes peuvent donc entrer dans les syndicats agricoles ; mais ce qui les caractérise aussi c'est que chacun est libre d'y entrer, mais qu'on n'y fait entrer personne malgré lui. Il semble puéril de le remarquer. Mais nous avons vu et nous voyons tous les jours d'autres syndicats essayer de se rendre obligatoires et changer une loi de liberté en instrument d'oppression. Il n'était donc pas inutile de bien établir la différence de l'esprit qui nous anime.

S'ensuit-il maintenant que nous devions accepter tout le monde sans examen? Non : le syndicat n'a de valeur pour ses membres, il ne peut maintenir entre eux cette confiance amicale qui les unit sans refuser l'entrée à ceux qui ne la méritent pas. Il faut qu'on s'y sente entre honnêtes gens. De là les conditions très simples imposées à l'admission et le pouvoir de les appliquer attribué au bureau qui représente toute l'association. Vous savez tous combien rarement il a à user de rigueur. Les individus à réputation douteuse, peu nombreux dans nos campagnes, se rendent habituellement justice et ne frappent pas à notre porte. Aussi voyez-vous nos fournisseurs ne pas hésiter à expédier leurs marchandises à nos membres sur leur seule qualité et les compagnies d'assurances, comme on vous l'expliquera tout à l'heure, les rechercher comme une clientèle de choix.

Quelle est la véritable source d'où découlent toutes les qualités des syndicats agricoles, telles que je viens de les énumérer ? C'est, Messieurs, que, sans dessein prémédité, par la force des choses, ils sont en réalité des syndicats mixtes. En agriculture, la limite qui sépare le patron de l'ouvrier n'est pas apparente comme dans l'industrie. Entre le simple journalier agricole et le simple propriétaire, vous trouverez une série si complète et si bien graduée de positions mixtes qu'il devient impossible de fixer le point précis où la sitation change et où les intérêts peuvent diverger. Le capital et le travail sont si intimement unis, leurs intérêts sont si étroitement mêlés que l'antagonisme devient impossible et que les efforts de tous tendent naturellement au même but.

De leur composition même, découle ainsi le grand rôle social des syndicats agricoles, leur action incessante pour la paix et l'union. C'est ainsi qu'ils remplissent sans bruit une importante fonction : c'est le plus beau côté de leur œuvre. C'est le but élevé que se proposent tant d'hommes dévoués qui voient dans les sacrifices qu'ils s'imposent un autre objet que des résultats matériels. Cette noble mission, ils l'ont jusqu'ici admirablement remplie ; ils se sont donnés sans réserve et avec un désintéressement absolu. Le témoignage de leur conscience et l'estime des gens de bien seron leur plus belle récompense.

Il me reste à conclure : vous savez, Messieurs, qu'une loi actuellement en discussion imposerait de nouvelles conditions à l'admission dans les syndicats. Visant des abus qui nous sont étrangers elle ne nous concerne pas et ne peut nous atteindre. Mais d'autres mesures pourraient être proposées qui ne nous laisseraient pas indifférents, je vous propose donc d'émettre les vœux suivants :

1º Qu'en ce qui concerne les syndicats agricoles et leur composition, aucune modification dans un sens restrictif ne soit apportée à la législation actuelle.

2º Que le caractère d'association mixte reste le principe absolu des syndicats agricoles.

M. le Président. — Je suis heureux d'adresser des remerciements à notre rapporteur et je ne doute pas que vous ne partagiez en très grande majorité les sentiments qu'il a exprimés au sujet du rôle des syndicats, sentiments qu'il a résumés dans deux conclusions. Toutefois, avant de mettre aux voix ces conclusions, je prie les personnes qui auraient quelques compléments d'informations à demander au rapporteur, ou des objections à lui faire, de demander la parole. Je la leur donnerai, étant persuadé que la plus grande liberté de discussion n'empêchera pas la plus grande urbanité.

M. Riboud, du Beaujolais. — Une simple réflexion, Messieurs. M. Gréa rappelle qu'une loi en discussion pourrait modifier quelque peu les conditions d'admission dans les rangs des syndicats. Or, j'estime que nous ne sommes pas en bonne situation pour nous défendre s'il y a lieu.

Beaucoup d'entre vous ignorent sans doute que les syndicats agricoles sont encore rattachés au ministère du Commerce et de l'Industrie, des Postes et des Télégraphes. Aussi je propose que nous soyons rattachés au ministère de l'Agriculture et à ce propos je demande que comme 2º des conclusions on ajoute : « que les syndicats agricoles soient rattachés au ministère de l'Agriculture ». Le ministre de l'Agriculture nous est assurément tout dévoué, mais il craint d'aller sur les brisées de son collègue du Commerce, et si on nous rattache à l'Agriculture, il aura les coudées plus franches.

M. Gréa. — Je n'ai pas d'objection fondamentale à faire à cette addition, cependant, je dois faire une observation. Actuellement la loi de 1884 nous donne pleine satisfaction parce qu'elle ne s'occupe à peu près pas de nous ; moins il y a de lois, mieux cela vaut. Quant à être rattaché à un ministère ou à l'autre, peu m'importe.

Autrefois nous n'avions pas de ministre de l'Agriculture et ça marchait mieux ; on a cru nous faire un beau cadeau et cela ne nous a servi à rien.

M. Riboud. — S'il fallait décider qu'il ne faut pas de ministre, je me rallierais peut-être à ce qu'a dit M. Gréa ; mais, comme il nous en faut un, il me semble naturel qu'on nous donne le ministre de l'Agriculture. A un moment donné nous pourrions regretter de voir nos syndicats assimilés aux syndicats ouvriers ; je demande qu'on rompe une solidarité qui peut devenir gênante ; à ce titre, j'insiste pour l'adoption de mon vœu.

M. LE PRÉSIDENT. — Le rapporteur n'ayant pas fait d'objection au fond même du vœu de M. Riboud, je mets aux voix les conclusions.

La première partie est adoptée.

La deuxième qui est l'amendement de M. Riboud est adoptée à l'unanimité, moins 3 voix.

La troisième partie, qui est la deuxième des conclusions de M. Gréa, est adoptée.

En conséquence :

Le texte des conclusions définitivement adoptées est donc le suivant :

1° Qu'en ce qui concerne les syndicats agricoles et leur composition, aucune modification dans un sens restrictif ne soit apportée à la législation actuelle ;

2° Que les syndicats soient rattachés, à l'avenir, au Ministère de l'Agriculture ;

3° Que le caractère d'association mixte reste le principe absolu des syndicats agricoles.

M. LE PRÉSIDENT. — Je donne la parole à M. le comte de Saint-Pol, pour la lecture de son rapport.

RAPPORT DE M. LE COMTE DE SAINT-POL, président du Syndicat agricole et viticole du Haut-Beaujolais.

SUR

La Circonscription des Syndicats agricoles

La sage détermination prise par l'Union du Sud-Est de n'accorder que dix minutes à chaque orateur est une mesure excellente qui devrait se généraliser ; aussi, me dispense-t-elle d'un préambule fort inutile du reste devant des auditeurs incarnant le mouvement syndical agricole.

Etant donné que tout syndicat agricole doit avoir pour objectif d'étendre et de multiplier le plus possible les services que cette forme d'association est appelée à rendre, quelle circonscription convient le mieux à la diffusion de ses services pour obtenir ce résultat, telle est la question que je suis chargé de traiter devant vous.

Il faut profiter des enseignements que nous donnent dix ans d'existence. Au début, les fondateurs des syndicats départementaux n'ont écouté que leur dévouement à l'agriculture et ont cherché à lui donner le champ le plus vaste, ils ont embrassé le plus possible. Actuellement les syndicats départementaux existent dans 50 départements, 20 ont été créés en 1884-85 et 26 en 1886-87. Six départements sont dotés de 2 syndicats départementaux. je néglige comme statistique, ces six syndicats chevauchant sur un syndicat départemental déjà existant, et bien que je n'aie pas à en chercher la raison, qu'il me soit permis de dire que je ne trouve pas, dans ces incursions sur des dévouements antérieurs, suffisamment se dégager l'esprit syndical.

Des comices, des sociétés d'agriculture ont présidé aussi à l'organisation de plusieurs syndicats départementaux, honneur donc à tous leurs fondateurs, les résultats qu'ils ont obtenus ont couronné leurs efforts et leurs exemples ont été suivis.

Vous avez, Messieurs les créateurs de syndicats départementaux, enrolé l'état major agricole, attiré les plus intelligents et les plus considérables, mais, pour compléter votre œuvre, pour amener à vous les agriculteurs qui ont le plus besoin de vos services matériels, qui ignorent le plus complètement le pourquoi des choses, je veux parler du petit fermier, du modeste cultivateur de son champ, de l'ouvrier agricole, êtes-vous, au siège du département, bien à même de le protéger et de l'instruire ? Sans doute, un syndicat départemental ayant à sa tête un bureau actif, pouvant disposer, sinon de ressources importantes, tout au moins d'un certain capital, pourra, grâce à son initiative et à ses choix judicieux s'attacher des membres dévoués dans les arrondissements, les cantons, arriver à se renseigner et à pouvoir mettre à la disposition du petit cultivateur et à un prix sensiblement plus bas que ceux du commerce, les marchandises qui lui sont nécessaires.

Ce sont ces premiers avantages qui parlent le plus à nos populations agricoles, c'est là la première étape. Il vous faut donc, sinon des entrepôts, tout au moins une organisation mettant sous les yeux et à la disposition immédiate du petit cultivateur ce dont il a besoin, car, il ne commande qu'au fur et à mesure de ses besoins, il

veut voir, comparer, mettre en demeure son fournisseur habituel
de livrer au même prix. Pour réformer ces habitudes, il faut trop
de temps ; combien de grands propriétaires agissent de même, si
vous n'avez pas encore réussi à faire leur éducation syndicale,
vous ne pouvez l'exiger des petits.

L'agriculteur se méfie : que voulez vous, c'est le résultat des
sempiternelles belles promesses sans solution, et des affirmations
démenties par des actes. L'évaluation des propriétés bâties devait-
elle être pour nous une aggravation de charges ? Certes non, nous
n'avions rien à craindre, jugez-en Messieurs à vos feuilles d'impots !

Nous reportant à 3o ans en arrière, le fermier gagnait de l'argent, il était assuré, dans les années d'abondance, de trouver ample
rémunération à ses avances et à ses peines ; de son côté, le propriétaire, assuré de toucher exactement des fermages élevés, allait
facilement les dépenser en dehors de ses terres ; les absents ont
tort, et le fermier ne voyant son propriétaire que pour lui verser le
montant de son fermage, ou pour partager les fruits du métayage,
celui-ci devint à ses yeux, sinon un ennemi, tout au moins un
personnage de rapports ennuyeux.

Si bon nombre d'agriculteurs ont voulu améliorer leurs cultures
en employant des engrais chimiques, bien livrés une première fois,
mal livrés une seconde, ils hésitent. La confiance n'existe plus,
que faut-il faire pour l'inspirer?

Substituer aux vagues promesses des actes. Messieurs c'est par
l'exemple qu'il faut parler aux ruraux; en vous voyant agir, en mettant sous leurs yeux nos efforts incessants, ils se rendront compte
que ce n'est plus pour les berner, pour les exploiter, que vous les
conseillez, que vous travaillez sous leurs yeux. Ce n'est pas du jour
au lendemain qu'il vous suivront ; eh mon Dieu, quoi de plus
naturel ? mais, finalement, mettant à leur disposition les avantages
pécuniaires d'une part, et les initiant au pourquoi des choses, ils
finiront par vous imiter et par vous écouter. Mais, il faut du temps
pour arriver à enraciner et à étendre les ramifications, les radicel-
les jusque dans les plus petits villages. Telle est la base solide sur
laquelle nous devons asseoir l'œuvre des syndicats.

Nous ne saurions le dire assez haut, jamais il n'est entré dans les
vues des créateurs de ces associations de diviser le monde agricole
en deux, les propriétaires du sol d'un côté et ses ouvriers de l'autre.
Si le propriétaire a besoin de l'ouvrier, l'ouvrier a besoin du propriétaire, ce sont les produits du sol qui règlent le salaire. Si les

syndicat s agricoles repoussent avec toute leur énergie le mo
exploitation ne s'appliquant pas à la culture du sol, ils ne sauraient
davantage faire luire aux yeux de l'ouvrier un gain hors de proportion avec les ressources que le propriétaire du sol est en droit de
retirer de son héritage ou de son acquisition.

Il faut que la terrible crise que tous nous subissons ait au moins
l'avantage de rapprocher ce qui ne doit jamais être séparé : le propriétaire et le travailleur des champs. Né d'un simple hasard, le
syndicat agricole, en l'espace de 10 ans, est devenu pour nous
autres agriculteurs le port du salut; c'est par lui que nous pouvons
entrevoir la réconciliation et l'entente de la majorité des Français;
aussi, ce n'est plus seulement une œuvre de dévouement à laquelle
vous avez voué votre existence, c'est une œuvre nationale et
c'est presqu'un sacerdoce !

S'il existe encore des propriétaires n'ayant rien à faire, il faut
aller les chercher, ils n'ont pas le droit de rester inactifs, de
regarder passer, les bras croisés, le torrent qui arrache et emporte
nos plus légitimes espérances ; ils ont le devoir de s'intéresser à
notre profession commune ; propriétaires, fermiers, métayers, nous
avons tous un point commun, le courant nous entraîne vers la mer
de la misère, les barrages, les digues, ce sont les syndicats agricoles ! A l'œuvre donc.

*
* *

Pour prendre continuellement le contact avec le petit cultiva eur,
pour bien être à même de lui rendre les nombreux petits services
matériels qu'il commencera à vous demander, pour prêcher
d'exemple, faire son éducation syndicale, développer chez lui l'esprit d'association, pour attirer dans nos rangs les retardataires, je
n'hésite pas à vous le déclarer, Messieurs, je crois à l'avenir des syndicats mixtes d'une circonscription restreinte.

Une des objections que j'entends de la part des partisans des
syndicats départementaux, est la difficulté qu'éprouvent les fondateurs de syndicats de commune, de syndicats cantonaux, soit même
d'arrondissement, à recruter des adhérents, et le manque de ressources inhérent à un début, mettant ce syndicat, volant de ses propres
ailes, dans l'impossibilité de donner à ses membres des avantages
pécuniaires suffisants pour décider les hésitants, en même temps que
l'autorité du nombre pour la défense des intérêts professionnels.
Mais, me direz-vous, ces syndicats sont destinés à végéter, et le dé-

couragement fera son œuvre dans les rangs même des plus dévoués. Je partagerais votre crainte si les petits syndicats ne pouvaient compter que sur leurs propres forces disséminées, et s'ils n'avaient pas la faculté d'avoir derrière eux des Unions régionales et des sociétés coopératives ; mais ne craignez rien pour ces petites autonomies éparpillées, disséminées, livrées à leur initiative, s'inspirant des besoins, des ressources de leur localité, poursuivant sur place l'applanissement de mille difficultés, allant réveiller les dévouements somnolents.

Vous avez regardé à la tête, Messieurs les fondateurs de syndicats départementaux, et peut-être avez-vous bien fait, mais maintenant que votre œuvre existe, qu'elle est belle, qu'elle est grande, qu'elle est noble, il lui faut des assises en proportion, c'est pour cela que vous devez regarder aux pieds. Adossés aux Unions, sûrs de leurs bons conseils, assurés, grâce aux coopératives, de rendre des services matériels, laissons à ces dernières associations le soin de faire de la centralisation à notre profit, mais nous, syndicats agricoles, faisons de la décentralisation au profit de l'agriculture nationale.

Si, pour procurer aux syndiqués des avantages matériels, je conseille la création de grandes coopératives, c'est à la condition expresse qu'elles seront l'émanation de vos syndicats, créées par eux et pour eux. Certes, nous faisons appel à tous les dévouements désintéréssés ; mais, disons-le bien haut, si, par besoin, nous visons à supprimer l'intermédiaire inutile, par tempérament, comme œuvre de salubrité publique, nous sommes les ennemis du parasitisme.

Vous avez entrepris une œuvre sociale, un élan généreux vous y a portés, après avoir franchi tant d'obstacles, après avoir essuyé de nombreux déboires, la calomnie même, nous ne devons pas la compromettre en admettant dans notre sein des étrangers à notre profession qui pourraient devenir des éléments de discorde.

Mais, me direz-vous, il faut trouver les hommes qui consentiront à assumer pareille charge, et ne craignez-vous pas qu'après un bon mouvement, ils ne se laissent aller au découragement, trouvant le fardeau trop lourd pour leurs épaules ? Des hommes de dévouement, Messieurs, la terre de France en est peuplée, je n'ai qu'à regarder devant moi pour en être convaincu. Où sont-elles, je vous le demande, les places, les positions enviées, les subventions ? Où sont-ils les encouragements qui vous ont poussés ainsi à vous dévouer, à vous faire les vrais défenseurs de vos semblables ? Vous faut-il des exemples ? Vous faut-il des modèles ? Où les prendrions-nous si ce n'est dans les rangs de l'armée, cette suprême école de l'abnégation et du dévouement ? Le soldat laboureur n'est pas mort ! Peut-on oublier ces magistrats ne connaissant d'autre esclavage que celui de leur conscience, brisant leur carrière, sacrifiant tout à leurs principes. Mais vous n'êtes pas des isolés, Messieurs, nous sommes légion ; non, l'égoïsme n'a pas encore étouffé le dévouement ; si souvent il sommeille, il ne demande qu'une noble cause pour se réveiller.

C'est aux unions de petits syndicats qu'incombe le devoir d'aider, de tenir en haleine, de harceler, si vous me permettez l'expression, leurs syndicats affiliés, de stimuler leur zèle en créant entre eux la concurrence à l'initiative et à l'action ; c'est vous dire que le conseil de l'Union doit être le plus actif et le plus dévoué à la cause agricole, car de la vigoureuse impulsion de l'Union dépend le succès syndical d'une région.

Je crois avoir assez démontré les avantages qui militent en faveur des petits syndicats actionnés par les Unions et les Coopératives pour en conseiller la création dans les régions où le mouvement syndical n'a pas encore pénétré ; là où les petits syndicats existent, ils doivent se relier en Unions ; là enfin où les syndicats départementaux existent, je ne puis leur conseiller d'abdiquer au profit des petits syndicats, surtout pour les plus importants, mais bien de remplir à la fois leur rôle de syndicat et celui d'Union, en sectionnant le plus possible leur département, en multipliant les entrepôts, de façon à amener à eux le petit cultivateur, en modifiant au besoin leurs statuts pour rendre accessible à la bourse des plus humbles la cotisation annuelle, en faisant en somme de la décentralisation bien comprise, de façon à donner aux bonnes volontés éparses libre cours à leur dévouement.

Il faut démocratiser les syndicats agricoles et mettre sous les yeux des ruraux nos efforts incessants, nous arriverons ainsi à leur prouver que nous ne formons qu'une vaste famille ayant des intérêts solidaires.

Quoiqu'on dise, quoiqu'on fasse, la base de toute société, le rempart contre toute conception malsaine, la digue que l'on ne peut franchir est et sera toujours la famille et la propriété protégée par la toute puissance de Dieu.

Je propose les conclusions suivantes :

I. — Que les circonscriptions syndicales par excellence sont les circonscriptions de communes, de cantons ou d'arrondissements selon les régions, la création d'Unions devant leur donner l'impulsion et l'appui nécessaires.

II. — Que les syndicats départementaux existant pourront rendre les mêmes services en multipliant le plus possible leurs sections par arrondissement, canton et commune ; mais que partout où il n'y a pas de syndicats départementaux, il n'y a pas lieu d'en créer.

M. LE PRÉSIDENT. — Vous avez prouvé, par vos applaudissements répétés, combien ce qu'a dit M. le comte de Saint-Pol avec tant de cœur était allé à vos cœurs ; ce doit lui être une précieuse approbation de ce qu'il a si admirablement défini dans son rapport.

Quelqu'un demande-t-il la parole ?

M. NICOLLE, d'Angers. — Messieurs, inutile de vous dire que je suis de l'avis de M. le comte de Saint-Pol ; il faut que les syndicats soient en contact avec les petits cultivateurs ; mais je ne suis plus de son avis lorsqu'il dit que la chose est impossible quand il s'agit de syndicats départementaux. (Dénégations). Il a dit, il est vrai, qu'en sectionnant ces syndicats, on pouvait être en rapport avec les cultivateurs, mais c'est insuffisant.

Les syndicats cantonaux et communaux sont en rapports plus directs, soit, mais leurs ressources sont beaucoup moindres ; il est difficile d'avoir un journal, d'avoir une direction unique ; donc, sans avoir l'intention de m'inscrire contre les conclusions du rapporteur, nous pourrions lu demander de ne pas condamner les syndicats départementaux ; nous pourrions dire qu'il faut les créer là où on est décidé à les sectionner, il est même plus facile de sectionner que de fonder des syndicats particuliers ; un propriétaire fondera plus volontiers une section parce qu'i sentira l'appui du syndicat, qu'un syndicat particulier.

M. DE LARNAGE, du Loiret. — Je viens rentrer d'une façon plus complète dans les conclusions de M. de Saint-Pol. Nous avons à l'heure actuelle une expérience de 10 ans des créations de petits syndicats ; permettez-moi de citer une expérience personnelle : jadis, fondateur d'un petit syndicat, je l'ai vu prospérer jusqu'au jour où le petit syndicat est devenu section d'un syndicat départemental ; à partir de ce moment il a décliné, et cela, parce que nous n'avions plus un contact immédiat et fréquent avec les petits cultivateurs. Je crois donc qu'il faudrait d'abord comme le dit M. le comte de Saint-Pol, assurer les bases et, au dessus, par la force même des choses, une agglomération départementale se formera. Quant aux inconvénients matériels que signale M. Nicolle, je ne les vois pas ; c'est aux coopératives à diminuer sinon à supprimer les frais généraux des organisations locales, afin qu'elles conservent leurs fonds pour la propagande agricole.

M. Romieux, de la Rochelle. — En présence des applaudissements que vous venez d'accorder aux orateurs qui viennent de parler, je suis mal venu à prendre la parole pour défendre un système qui n'est pas absolument contraire, mais je dois vous demander de n'être pas aussi absolu dans la décision qu'on vous invite à prendre; on dit que la création des petits syndicats est toujours désirable et que celle des départementaux doit être écartée. M. Nicolle a fort bien insisté sur les inconvénients des petits syndicats auxquels il manque des ressources pour faire faire des analyses d'engrais par exemple. Avec un syndicat qui a des ressources, vous faciliterez ces analyses et vous les aurez à des conditions plus favorables. Enfin, les syndicats départementaux peuvent avoir des professeurs d'agriculture qui vont dans les communes faire des conférences.

J'arrive donc à cette conclusion que dans les départements où on juge à propos de créer des syndicats communaux ou de canton, qu'on le fasse ; mais je crois que dans les départements où on a créé immédiatement des syndicats départementaux on a obtenu des résultats foudroyants; ainsi nous avons en peu de temps obtenu 12.000 adhérents, dans la Charente-Inférieure, je ne puis donc m'associer à cette condamnation des syndicats départementaux en préconisant avant tout le syndicat communal ou cantonal.

M. de Larnage. — Les objections qui viennent d'être formulées ne sont pas, à mon avis, de nature à faire repousser les conclusions de M. de Saint-Pol. Tous les avantages d'analyse, de professeur, etc, peuvent être fournis par le groupement des syndicats communaux ou cantonaux en Unions. (Marques d'assentiment).

M. le Président. — Je crois que les nombreux représentants des syndicats départementaux n'ont pas très bien saisi la portée des conclusions du rapporteur; le rapporteur ne les a pas condamnés, puisqu'il dit : Vous avez fait une œuvre grande, belle et noble; ce qu'il a voulu démontrer, c'est que partout où on n'avait pas pu faire naître des syndicats départementaux, il était préférable de ne pas chercher à en créer.

M. Gréa. du Jura. — C'est bien cela, aussi je demande à M. de Saint-Pol de rejeter ceci dans ses conclusions : « mais que partout..... ». Nous ne sommes pas des législateurs, Dieu merci! et je crois que nous ne devons pas prendre leur place.

M. Kergall de Paris. — J'ai couru un peu toute la France et j'ai vu que les syndicats départementaux ont fait de la bonne besogne et je propose la modification suivante : « ... mais que partout où il n'y a pas de syndicats départementaux, il vaut mieux procéder par voie d'union de syndicats locaux ».

(Non : Non ! — Bruit.)

M. le Président. — Vous me permettrez de dire que le président et le Bureau ont cru remarquer que cette opinion se fait jour dans l'Assemblée, qu'il était préférable d'arrêter les conclusions à ces mots : « cantons et communes » ; on a demandé la clôture.

M. Cantin. — Je demande la parole contre la clôture ; tous ont été de l'avis de M. de St-Pol sur l'utilité des petites circonscriptions, mais je crois qu'il faudrait une 3e conclusion. Les syndicats valent ce que valent les hommes, par conséquent si nous voulons démocratiser les syndicats, il faut trouver des hommes et je propose le vœu suivant :

« Que les Unions s'appliquent à développer chez les hommes plus instruits et plus riches que les autres, la connaissance de leur devoir social ».

M. le Président. — C'est très intéressant, mais c'est en dehors de la question.

M. de Laage de Meux, d'Orléans. — Je tiens absolument à dire un mot comme délégué départemental. Je me rattache à l'amendement de M. Gréa.

M. le Président. — Nous sommes d'accord, M. le rapporteur admettant l'amendement.

M. de Laage. — Je suis du Centre, nous avons eu des syndicats communaux, eh bien, au point de vue de la direction, nous avons de meilleurs résultats avec les syndicats départementaux.

M. le Président. — La clôture est prononcée, et je mets aux voix les conclusions ; d'abord, la 1re partie.

(L'assemblée adopte.)

Maintenant, la 2e partie, avec la modification donnée par le Bureau.

(Adopté moins une voix.)

Le texte des conclusions définitivement adoptées est donc le suivant :

1o Que les circonscriptions syndicales par excellence sont les circonscriptions de communes, de cantons ou d'arrondissements selon les régions, la création d'Unions devant leur donner l'impulsion et l'appui nécessaires ;

2° Que les syndicats départementaux existant pourront rendre les mêmes services en multipliant le plus possible leurs sections par arrondissement, canton et commune.

M. LE PRÉSIDENT. — L'ordre du jour me fait appeler à la tribune M. de Rocquigny, pour y présenter ses divers rapports sur les assurances et la prévoyance.

2° Partie. — *SERVICES ÉCONOMIQUES*

RAPPORT DE M. LE COMTE DE ROCQUIGNY, membre de la Société des Agriculteurs de France et du Syndicat agricole du Boulonnais.

SUR

L'Assurance par les Syndicats agricoles

C'est un devoir social pour les syndicats agricoles de travailler à propager dans les campagnes l'esprit de prévoyance qui relève et moralise les cultivateurs, les défend contre les coups du sort et leur apporte la confiance indispensable à la continuité de leurs efforts. Ce principe étant admis, les syndicats peuvent-ils donner leur adhésion à l'intervention de l'État dans l'organisation des assurances ou doivent-ils, au contraire, réserver leur concours aux entreprises de l'initiative privée ?

I

Intervention de l'Etat. — L'idée de rendre l'État, directement ou indirectement, assureur des biens des citoyens reparaît périodiquement dans nos assemblées politiques ; elle conduit fatalement au monopole des assurances rendues obligatoires et devenant une nouvelle source d'impôt. C'est une thèse chère à l'école socialiste : deux députés, MM. Jaurès et Bourgeois (du Jura), l'ont encore formulée tout récemment. La dernière législature, saisie de plusieurs propositions de loi sur les assurances agricoles, ne les a pas discutées, mais la commission chargée de leur examen, par l'organe de son rapporteur, M. Quintaa, avait adopté le principe de l'assurance obligatoire des récoltes. .

M. le Ministre de l'agriculture a déposé un projet de loi qui écarte l'obligation et qui propose d'indemniser les victimes des sinistres agricoles au moyen de caisses d'assurances mutuelles organisées administrativement, ayant pour régulateur une caisse centrale subventionnée et contrôlée par l'Etat. Il s'agit surtout de réparer les désastres causés par la grêle ; car il est reconnu que les accidents de la gelée sont trop généralisés pour que l'assurance puisse les garantir et, quant à la mortalité du bétail, les petites sociétés locales peuvent très bien se suffire à elles-mêmes.

Cela posé, nous ne voyons pas quels avantages l'agriculture aurait à attendre de ces nouvelles institutions. Dans les départements peu visités par la grêle, les caisses n'auront pas d'assurés et n'apporteront, par suite, aucun versement de recettes au fonds de la caisse centrale ; dans les départements très exposés aux chutes de grêle, les caisses trouveront peut-être des assurés ; mais, la cotisation devant toujours être l'expression mathématique du risque garanti, rien n'autorise à penser que, malgré l'économie contestable attendue du concours des agents de l'État, directeurs, comptables, percepteurs, trésoriers-payeurs généraux, contrôleurs des contributions directes, etc., elle puisse être sensiblement inférieure aux primes ou cotisations de l'industrie privée et de la mutualité libre.

Quelle compétence posséderait le conseil d'administration de la caisse départementale pour fixer le taux de la cotisation *à raison des risques courus*, comme le dit l'art. 4 du projet ? Les assureurs de profession appliquent des tarifs établis, par classes de culture, pour chaque canton ou même pour chaque commune. Sur quelles statistiques, sur quelles données expérimentales, s'appuierait un conseil d'administration pour l'établissement de ces taxes qui, comme l'a dit un ministre des finances, M. Magnin, « présenterait des difficultés insurmontables » ?

La cotisation serait donc arbitraire ; mais, de plus, l'assuré serait dépourvu de toute garantie dans le règlement des sinistres. Dans l'assurance ordinaire, l'évaluation des pertes subies se fait par une expertise contradictoire. Le projet de loi la réserve à un bureau communal composé du maire, de trois cultivateurs désignés par le conseil municipal et du contrôleur des contributions directes : n'est-il pas évident que les divisions locales, les passions politiques, enlèveraient toute impartialité à des évaluations ainsi faites ? Souvent aussi, les dommages seraient exagérés systématiquement, au détriment de la caisse départementale, ce qui ne contribuerait pas à favoriser l'abaissement du taux des cotisations.

Les caisses départementales seraient autorisées, d'après le projet de loi, à assurer aussi contre l'incendie, c'est-à-dire à faire une concurrence privilégiée, grâce au concours des fonctionnaires publics et aux immunités fiscales dont elles jouiraient, aux compagnies à primes fixes et aux sociétés mutuelles d'assurance contre l'incendie.

Cette ingérence de l'État pour disputer à l'industrie privée sa clientèle est difficile à justifier ; elle ne sera vraisemblablement pas approuvée par le ministre des finances, car elle tendrait à diminuer les recettes du Trésor qui perçoit annuellement 26 à 27 millions d'impôts des Compagnies et Mutuelles-Incendie.

Enfin, le projet du gouvernement est dangereux, car s'il ne prétend organiser que l'assurance *facultative*, il offre un cadre tout préparé à l'assurance *obligatoire*. Lorsque les caisses départementales seront créées, il sera bien facile d'obliger par une loi tous les citoyens à s'y assurer. La cotisation à verser au percepteur deviendra un impôt de plus et l'État sera investi d'un nouveau monopole.

1ᵉ *Conclusion*. — Par ces motifs, nous pensons que le Congrès doit se prononcer nettement contre le projet de loi sur les caisses d'assurances mutuelles agricoles, qui n'offre ni avantages, ni garanties à l'agriculture, et qui est un acheminement vers l'application des doctrines du socialisme d'État.

M. LE PRÉSIDENT. — Le rapport de M. de Rocquigny étant scindé en deux parties fort distinctes, il me semble préférable de mettre au vote la première conclusion.

Si personne ne demande la parole je la mets aux voix.

La première conclusion est adoptée à l'unanimité.

1ᵉ CONCLUSION. — Par ces motifs, le Congrès se prononce nettement contre le projet de loi sur les caisses d'assurances mutuelles agricoles, qui n'offre ni avantages, ni garanties à l'agriculture, et qui est un acheminement vers l'application des doctrines du socialisme d'Etat.

II

Toute ingérence de l'État étant écartée, quel peut être le rôle de l'association professionnelle dans une amélioration générale des conditions de l'assurance ? Nous allons essayer de le déterminer pour chaque branche.

GRÊLE

C'est le risque le plus dangereux et celui que les syndicats sont le plus impropres à garantir eux-mêmes par l'organisation de mutualités spéciales. Leur sphère est trop étroite pour que les risques puissent s'y équilibrer. Limitée à un rayon peu étendu, l'assurance est désastreuse ou inutile, selon que le fléau se produit ou non. Des mutualités plus vastes, formées sous le patronage des unions régionales par exemple, seraient soumises aux éventualités calamiteuses qui ont fait sombrer tant de mutuelles-grêle (45) et qui, sur 75 sociétés créées depuis 1818, n'en ont laissé que 10 à peine offrant des garanties assez sérieuses.

Elles y seraient même plus exposées ; car on ne voit pas comment les mutuelles syndicales pourraient se refuser à assurer les membres des syndicats au-delà du *plein* que la prudence commande de ne pas dépasser pour chaque territoire : elles ne pourraient éviter le péril de l'agglomération de risques trop considérables qui amène l'obligation de réparer des dommages hors de proportion avec les ressources de l'assureur.

L'intérêt des syndicats n'est pas de compromettre leur considération en patronnant de nouvelles mutualités qui trop souvent n'auraient à distribuer qu'un faible prorata alors que leurs sociétaires croient pouvoir compter sur une indemnité complète : il leur importe plutôt d'utiliser les services des institutions existantes, compagnies à primes fixes ou mutuelles, qui ont pu surmonter les difficultés des premières années et dont la situation acquise au prix d'une pratique laborieuse doit aujourd'hui inspirer confiance.

Les tarifs, fixés d'après les observations de la statistique, sont proportionnés au risque, ce qui est le grand principe de l'assurance. On ne s'assure que dans les régions dangereuses et on préfère généralement demeurer son propre assureur dans les régions rarement visitées par la grêle : c'est pourquoi les compagnies ne recueillent guère que de mauvais risques. En cherchant à propa-

ger un peu partout l'assurance des récoltes, les syndicats travailleraient à établir dans le fonctionnement de l'assurance-grêle un
meilleur équilibre qui permettrait l'abaissement progressif des
tarifs applicables aux départements les plus fréquemment sinistrés.
Mais, en outre, les syndicats peuvent remplir utilement leur rôle
d'intermédiaire actif et désintéressé en obtenant de compagnies
ou sociétés de leur choix des avantages spéciaux qui, sous forme
de réductions de tarif, ou de commissions de courtage, tendent à
diminuer les frais de l'assurance au profit des agriculteurs syndiqués.

MORTALITÉ DU BÉTAIL.

A l'inverse de la grêle, la mortalité des animaux ne s'assure bien
que dans un rayon très limité et grâce au contrôle exercé par les
assurés les uns sur les autres. C'est la mutualité locale qui réussit le mieux à réparer les pertes à peu de frais ; elle est déjà assez
répandue dans quelques régions. D'après une enquête du ministère
de l'agriculture, la Vendée compte actuellement 55 de ces associations ; Seine-et-Marne, 33 ; Seine-et-Oise, 24, etc. Les mutuelles
cantonales de la Vendée, très simplement organisées, sans frais
d'administration, sans gestion de capitaux, puisqu'il n'y a pas de
cotisation préalable et que les indemnités dues aux sinistrés sont
réparties chaque semestre entre tous les sociétaires proportionnellement à la valeur de leurs étables, constituent surtout un type recommandable. La moyenne annuelle des pertes ne dépasse pas,
pour certaines caisses, o fr. 60 par 100 fr. de capital assuré. Il
est bon de réunir environ 2.000 têtes bovines pour obtenir une
moyenne de sinistres stable et modérée.

En fondant de semblables associations, les syndicats garanti-
raient la sécurité des possesseurs de bétail et accroîtraient la cohésion de leurs groupes locaux. Quand les petites mutualités seront
assez nombreuses dans un département, il serait même possible
d'établir entre elles un lien de réassurance réciproque en formant
un fonds de réserve commun destiné à ramener à la moyenne les
pertes des sociétés les plus éprouvées. On a aussi pensé que les
institutions précieuses pour l'agriculture trouveraient un excellent
point d'appui dans le développement des caisses rurales de crédit
qui peuvent s'unir pour grouper dans une assurance mutuelle
l'élite morale des cultivateurs d'une région. En Italie, les caisses
rurales Wollemborg ont créé beaucoup de mutuelles-bétail.

ACCIDENT.

Les chefs d'exploitations rurales pouvant être fréquemment rendus responsables des accidents dont leurs ouvriers seraient victimes dans les travaux des champs, les syndicats doivent propager cette branche de la prévoyance peu connue au village, mais dont l'état de nos mœurs tend à imposer la pratique. Ils le feront, soit en obtenant au profit de leur adhérents,pour l'assurance du risque agricole,des conditions spéciales et des remises auprès des compagnies-accident qui trouveraient en eux d'utiles auxiliaires afin d'étendre leurs opérations dans les campagnes, soit en patronnant la création de mutualités destinées à garantir les cultivateurs contre les conséquences d'accidents professionnels. L'équilibre des bons et des mauvais risques exige que ces mutualités aient un rayon étendu. Un modèle recommandable, sauf quelques réserves, est celui de la mutuelle fondée, il y a trois ans, sous les auspices du Syndicat des agriculteurs du Loiret,*la Solidarité orléanaise.*Sa circonscription s'étend aux dix départements de l'Union du Centre et elle assure aujourd'hui 24.000 hectares, moyennant une cotisation fixe de 50 centimes par hectare de terre cultivée.

INCENDIE.

Beaucoup plus généralement pratiquée que les assurances agricoles, l'assurance contre l'incendie est encore loin de couvrir tous les risques ruraux. Il importe de la faciliter aux petits cultivateurs de les éclairer sur le choix d'un bon assureur, de leur rendre moins onéreux les frais de l'assurance. L'association professionnelle leur doit ce nouveau service. C'est à titre d'intermédiaire, en faisant ressortir auprès des compagnies à primes fixes ou des mutuelles la qualité de sa clientèle et la puissance du groupement syndical, qu'elle a les plus sérieuses chances d'obtenir des résultats pratiques importants, comparables à ceux qu'elle a obtenus dans l'achat des engrais : car l'assurance est aussi une marchandise susceptible d'être achetée en gros. Elle peut, en ce qui concerne ses adhérents. remplacer dans une certaine mesure les intermédiaires onéreux, agents ou courtiers, qui s'interposent entre l'assureur et l'assuré et coûtent si cher aux compagnies, obliger, tout au moins, les agents ou courtiers à compter avec elle et à lui abandonner une partie de leurs remises ou commissions. Plusieurs syndicats l'ont tenté avec succès et leur exemple mérite d'être suivi. Si les syndicats abordaient plus généralement les opérations d'assurance, ils seraient même fondés à solliciter pour leurs membres une réduction des tarifs ordinaires en considération du contrôle moral, très favorable aux intérêts des compagnies, qu'ils sont à même d'exercer sur les assurés.

On a proposé aux syndicats agricoles d'organiser eux-mêmes l'assurance contre l'incendie à l'aide de la mutualité professionnelle. Cette entreprise paraît chimérique et elle pourrait gravement compromettre le crédit dont jouissent les syndicats. Le personnel nécessaire, la compétence spéciale leur font défaut. Les mutuelles syndicales ne sauraient entrer en lutte contre les compagnies et les anciennes mutuelles si fortement établies. Obligées d'adopter des tarifs très bas, recueillant surtout les risques dangereux, elles marcheraient à des catastrophes presque inévitables. Les exemples isolés de petites mutuelles locales qui se sont soutenues par suite de chances exceptionnelles ne doivent pas être invoqués pour justifier une si périlleuse aventure. Sur les 100 compagnies à primes fixes et les 200 mutuelles-incendie qui se sont fondées en France depuis 1817, il subsistait seulement, en 1872, 30 compagnies à primes fixes, dont 16 productives de dividende, et 51 mutuelles parmi lesquelles plusieurs ne fournissent qu'une garantie médiocre.

Les syndicats doivent donc se garder de renouveler, dans des conditions particulièrement défavorables pour eux, une telle expérience, et se borner à mettre à profit l'organisation actuelle, si chèrement acquise, de l'assurance contre l'incendie, qui peut suffire à toutes les exigences d'une prévoyance complète.

Dans les diverses branches de l'assurance, l'intervention des syndicats agricoles, s'exerçant au profit des cultivateurs, accroîtra leur influence en proportion des services rendus : mais aussi elle ôtera tout prétexte à l'ingérence de l'État en démontrant l'efficacité des efforts de l'association libre.

2e *Conclusion.* — Par ces motifs, nous estimons que, sauf pour l'assurance du bétail et des accidents du travail agricole, les syndicats doivent renoncer à créer ou patronner des mutualités professionnelles, dont le fonctionnement pourrait les compromettre, et qu'ils doivent se contenter d'agir comme intermédiaires en négociant avec les Compagnies ou Sociétés de leur choix des avantages spéciaux au bénéfice de leurs adhérents.

M. LE PRÉSIDENT. — La discussion est ouverte sur la deuxième conclusion.

M. DE LAAGE. — Ne pourrait-on pas ajouter une troisième conclusion relativement aux assurances contre la mortalité du bétail et les accidents du travail en les recommandant plus explicitement.

M. LE RAPPORTEUR. — Je ne demande pas mieux.

M. LE PRÉSIDENT. — On pourrait ajouter une phrase qui donnerait satisfaction à l'observation de M. de Laage de Meux.

L'assemblée laissera, je pense, le soin au bureau de rédiger cette addition.

(L'assemblée accepte ces modifications).

En conséquence :

Le texte des conclusions définitivement adopté est le suivamt :

1re CONCLUSION. — Par ces motifs, le Congrès se prononce nettement contre le projet de loi sur les caisses d'assurances mutuelles agricoles, qui n'offre ni avantages, ni garanties à l'agriculture, et qui est un acheminement vers l'application des doctrines du socialisme d'Etat ;

2e CONCLUSION. — Par ces motifs, le Congrès estime que, sauf pour l'assurance du bétail et des accidents du travail agricole, les syndicats doivent renoncer à créer des mutualités professionnelles dont le fonctionnement pourrait les compromettre, et qu'ils doivent se contenter d'agir comme intermédiaires en négociant avec les Compagnies ou sociétés de leur choix des avantages spéciaux au bénéfice de leurs adhérents.

Mais par contre il pense qu'ils doivent être encouragés à fonder ou à couvrir de leur patronage des institutions de prévoyance destinées à garantir, au moyen de la mutualité, les pertes causées par les accidents du travail agricole et par la mortalité des animaux.

RAPPORT DE M. LE COMTE DE ROCQUIGNY, membre de la Société des Agriculteurs de France et du Syndicat agricole du Boulonnais

SUR

La Prévoyance par les Syndicats agricoles.

C'est avec raison que le président de l'Union du Sud-Est a souvent présenté l'assistance des familles rurales nécessiteuses comme le but suprême des efforts de l'association professionnelle et. qu'il a signalé la coopération, le crédit et l'assurance comme les étapes de la route à parcourir pour l'atteindre.

L'action des syndicats devra être aussi variée que le sont les besoins à satisfaire. Ils ont à s'occuper de fournir des soins médicaux aux malades, d'assurer l'entretien des vieillards et la protection des orphelins, de placer les ouvriers en chômage, de détruire la mendicité en organisant l'assistance par le travail. Ils peuvent fonder des sociétés de secours mutuels, des bureaux d'assistance libre, des dispensaires, des caisses de retraites et de prévoyance, des sociétés de patronage. Une excellente institution créée par quelques syndicats (car elle ne constitue pas une aumône, mais une application de la confraternité professionnelle), est l'association d'*aide mutuelle* qui se charge de faire exécuter les travaux agricoles et viticoles urgents au bénéfice de ceux de ses membres empêchés par la maladie. La coopération de consommation, fournissant le moyen d'abaisser le coût de la vie, constitue contre la misère un remède préventif qui n'est pas à dédaigner.

Les syndicats devraient aussi chercher à propager dans les campagnes la pratique de l'assurance sur la vie, cette forme si morale et bienfaisante de la prévoyance, qui peut empêcher de tomber dans l'indigence les familles rurales frappées par la mort du chef dont le travail les faisait subsister. Les multiples combinaisons de l'assurance-vie permettent encore de constituer des retraites pour la vieillesse, des rentes viagères, des dots, des pensions pour les veuves et les orphelins ; toutes sont propres à favoriser l'épargne et à rendre moins précaire l'avenir de la famille ouvrière agricole.

D'autre part, les questions de main-d'œuvre, de salaire, de chômage régulier ou accidentel, ne sauraient manquer d'appeler l'attention des syndicats voués, par essence, à poursuivre l'amélioration du sort des petits cultivateurs et des auxiliaires de la culture. Afin de chercher à alléger les souffrances des populations rurales, la Société des Agriculteurs de France et la Société d'Economie sociale ont entrepris une vaste enquête sur la condition des ouvriers agricoles, surtout pendant le chômage des mois d'hiver, et sur les industries susceptibles de fournir quelques ressources dans les villages pendant cette période de l'année. Les syndicats peuvent apporter une utile contribution à cette enquête qui ne sera close que le 1er octobre prochain ; ils auront ensuite à s'inspirer des enseignements qui s'en dégageront.

Bref, par tous ces moyens et par leur œuvre entière qui n'est, en somme, qu'une application élargie de l'assistance mutuelle, il appartient aux syndicats agricoles de démontrer pratiquement que l'association libre est plus apte que le socialisme d'Etat à poursuivre la solution des points délicats du grand problème de l'assistance ouvrière. Pour donner sa mesure à cet égard, l'association professionnelle doit être vraiment libre : or elle est malheusement gênée dans son expansion par les entraves administratives et légales qui mettent obstacle à l'exercice de la charité privée.

Conclusion. — Par ces motifs, nous sommes d'avis que les syndicats agricoles doivent porter leur activité sur l'organisation des diverses institutions d'assistance qui peuvent améliorer le sort des populations rurales.

M. LE PRÉSIDENT. — Je n'ai pas à remercier le rapporteur des deux excellents rapports qu'il nous a présentés ; il est un maître sur ces questions d'assistance et d'assurance. Je vais cependant donner la parole à M. le Trésor de la Rocque pour un amendement à présenter.

M. LE TRÉSOR DE LA ROCQUE. — Je veux formuler la pensée qui a dominé le rapport de M. de Rocquigny, à propos des entraves administratives, en ajoutant ceci : « et que, dans ce but, la législation doit être modifiée dans le sens le plus libéral. »

M. LE PRÉSIDENT. — Si M. le rapporteur n'a pas d'objection, je vais mettre aux voix ses conclusions complétées par l'amendement de M. le Trésor de la Rocque.
(Adopté.)

En conséquence :

Le texte complet des conclusions adoptées est le suivant :

1º Par ces motifs, le Congrès est d'avis que les syndicats agricoles doivent porter leur activité sur l'organisation des diverses institutions d'assistance qui peuvent améliorer le sort des populations rurales et que dans ce but, la législation soit modifiée dans le sens le plus libéral.

M. LE PRÉSIDENT. — La parole est à M. Ducurtyl.

RAPPORT DE M. DUCURTYL, Président du Comité de
contentieux et de législation de l'Union du Sud-Est

SUR

La Représentation Agricole

Ce n'est point dans une assemblée d'agriculteurs qu'il est utile
de démontrer la nécessité et l'urgence d'assurer à l'agriculture une
représentation officielle digne d'elle et capable de prendre en mains
la défense des intérêts si complexes et si considérables, qui forment son patrimoine.

Membres de syndicats agricoles, qui ont compris déjà l'utilité
de réunir en un seul faisceau toutes les forces vives de l'agriculture pour accroître ses ressources et augmenter son activité productrice, vous n'hésiteriez pas à affirmer bien haut votre volonté
d'obtenir enfin justice dans l'organisation d'une représentation
officielle, véritablement émanée de ceux qui ont des intérêts agricoles à défendre.

L'organisation actuelle est mauvaise et incomplète. La législation est vicieuse et n'est même pas appliquée dans son ensemble,
tant elle est impuissante à donner satisfaction aux intérêts qu'elle
a pour but de défendre.

L'agriculture reste donc désarmée et impuissante, abandonnée à
la vigilance des pouvoirs publics, souvent en défaut, sans armes
pour lutter contre ses ennemis, sans défenseur autorisé pour
prendre en mains ses intérêts et favoriser le développement des
institutions capables de la rendre plus féconde.

Cependant, à côté d'elle, le commerce, objet constant de la sollicitude des pouvoirs publics, pourvu déjà d'une organisation
merveilleuse dans l'existence de ses Chambres de commerce si
puissantes, si riches et si actives, est à la veille de voir accroître
encore ses moyens d'action et son influence par le perfectionnement de sa représentation officielle.

Sans doute on a songé déjà à donner satisfaction à l'agriculture.
De nombreux projets de loi ont été élaborés; mais, depuis de longues années, ils attendent la discussion publique et la sanction
d'une disposition législative qui les mette en vigueur. Tous ne

sont point parfaits, mais tous témoignent, du moins, de la réalité des doléances et des vœux de l'Agriculture dont ils ne sont que l'écho affaibli mais jamais écouté.

Cette situation vous impose donc, Messieurs, à vous ses représentants les plus autorisés, le devoir de réclamer pour elle, avec ténacité et énergie, égalité de traitement avec le commerce et l'industrie.

Chargé, malgré mon insuffisance, par les organisateurs de ce congrès, de l'étude particulière de cette question, je n'aurai pas la témérité de vous proposer un projet de loi prévoyant jusque dans ses moindres détails une représentation agricole idéale. Vous n'auriez, au surplus, ni le temps ni le pouvoir d'en discuter efficacement les mesures, puisque le pouvoir législatif vous échappe. Vous ne pouvez que formuler des vœux ; mais, pour leur donner plus de force et d'efficacité, il faut, je crois, en ramener la formule au simple énoncé des principes qui doivent être pris comme base essentielle de toute organisation nouvelle.

Dans la première partie de ce rapport je vous rappellerai donc l'état de la législation actuelle ; dans la deuxième j'analyserai sommairement les principaux projets de loi soumis au Parlement, pour conclure enfin, dans la troisième, aux conditions essentielles que devra présenter la législation future.

I

ÉTAT DE LA LÉGISLATION ACTUELLE

Sans remonter plus haut dans l'histoire, citons d'abord, pour la regretter au moins, la loi du 20 mars 1851 qui, pour la première fois, donnait satisfaction aux vœux de l'agriculture en organisant une représentation agricole émanée du suffrage des intéressés eux-mêmes. Elle comprenait au premier degré les comices agricoles, corps électoral de qui émanaient les chambres départementales d'agriculture. Ces dernières élisaient ensuite un Conseil général, où toutes étaient représentées. Cette législation, presque parfaite, n'eut malheureusement qu'une durée éphémère.

Un décret du 25 mars 1852 substituait, en effet, au principe électif le choix du ministre pour la composition du Conseil général, et celui du préfet pour les chambres dites consultatives d'agriculture. L'organisation de ces dernières subissait, en outre, une

4

modification notable, de nature, je crois, à en diminuer l'autorité et l'importance. Le décret réduisait à l'arrondissement la circonscription de la chambre, fixée au département par la loi de 1851.

Quoiqu'il en soit, ramenée ainsi à la valeur d'un simple rouage administratif, les chambres consultatives d'agriculture perdirent bientôt leur prestige et leur utilité. Sans autorité et sans indépendance elles n'existèrent plus que de nom, et dans maints arrondissements elles disparurent même complètement.

Cette constatation n'est-elle point, à elle seule, la condamnation du système en vigueur, et la démonstration évidente que rien ne sera fait, tant qu'on n'aura pas rendu aux intéressés le libre choix de leurs représentants et mandataires ?

Un décret du 12 janvier 1882 est bien venu modifier cette organisation incomplète, en créant un conseil supérieur de l'agriculture, qui a remplacé la section de l'ancien conseil supérieur du commerce, de l'agriculture et de l'industrie, au moment de la création d'un ministère spécial de l'agriculture. Mais ce conseil, par sa composition même, qui émane du choix du ministre et comprend un nombre important de fonctionnaires, n'ajoute aucune garantie nouvelle au système absolument condamné d'une représentation agricole sans mandat.

II

Projets de loi

Les protestations incessantes des agriculteurs, renouvelées chaque année dans les réunions agricoles de toute nature, ont provoqué le dépôt de nombreux projets de loi qu'il serait sans doute intéressant d'étudier ici.

Le cadre trop restreint de ce rapport ne me permettant pas de le faire par écrit, je veux signaler tout au moins les plus récents soumis à l'appréciation du Parlement.

Je dois rappeler celui de M. le comte de Pontbriand et celui de M. Méline en 1889 ; le projet de M. Bouthier de Rochefort déposé en 1890 et, la même année, celui de M. le baron de Ladoucette, l'un des auteurs de la loi de 1851. Cette année, enfin, M. Méline a repris le projet déposé en 1889, qui mérite, je crois, par ce fait, un examen critique spécial.

Tous ces projets organisent une représentation agricole à deux degrés, composée, en bas, des chambres d'agriculture et, au-dessus, près du ministre, d'un conseil supérieur. L'un d'eux, celui de M. de Ladoucette, complique cette représentation d'un troisième degré, en ajoutant à ces deux assemblées un conseil cantonal, qui élirait directement les chambres départementales.

La circonscription des chambres d'agriculture varie suivant les auteurs. M. Bouthier de Rochefort les veut cantonales; M. de Ladoucette départementales; MM. de Pontbriand et Méline leur conservent la circonscription de l'arrondissement, qui est celle du décret de 1852.

Le mode de recrutement n'est point le même non plus dans tous les projets. Trois d'entre eux, réservent au suffrage direct des intéressés la formation des chambres d'agriculture. M. Bouthier de Rochefort, seul, recrute les deux conseils parmi les élus politiques de tous ordres, sans aucune intervention des agriculteurs. Ce mode de recrutement ne doit-il pas, à lui seul, faire rejeter ce projet sans plus ample examen ?

Dans les trois autres projets le Conseil supérieur est formé des élus des chambres d'agriculture, auxquels sont adjoints, par MM. de Pontbriand et Méline, un certain nombre de membres choisis par le gouvernement parmi les notoriétés scientifiques ou agricoles, et en outre, comme membres de droit les Présidents des trois grandes sociétés agricoles (Société nationale d'agriculture, Institut agronomique et Société des Agriculteurs de France). M. de Ladoucette remplace ces derniers par les délégués de l'Académie des sciences, de la Société nationale d'agriculture et des professeurs d'agriculture.

Le corps électoral varie peu : il se compose des chefs de famille ou d'établissements agricoles, remplissant certaines conditions d'âge et de capacité et possédant ou exploitant, à divers titres, un fonds rural.

M. Méline, toutefois, y ajoute des éléments dont l'intrusion, dans le corps électoral, peut constituer un danger de nature à attirer l'attention. Il confère l'électorat aux ouvriers agricoles et à toute une catégorie de fonctionnaires pouvant avoir, sans doute, certaines connaissances en matière agricole, mais n'ayant en réalité, ni les uns ni les autres, ni droit ni intérêt à une bonne représentation agricole.

Dès 1891, les syndicats unis du Sud-Est ont protesté contre cette altération des suffrages, par une lettre adressée aux membres de la

Commission de la Chambre chargée de l'examen de ce projet de loi. La Société des Agriculteurs elle-même a, dans chacune de ses sessions, formulé une protestation aussi énergique. Le congrès national des syndicats agricoles doit y joindre la sienne, en formulant les vœux de l'agriculture dont il est certainement le représentant le plus direct.

III

LA LOI FUTURE

Que doit être la loi nouvelle?

Quatre points doivent principalement mériter l'examen; ce sont : 1° l'électorat; 2° l'éligibilité et la composition des chambres; 3° leur circonscription; 4° leurs attributions.

1° Electorat

Cette question de l'électorat est capitale.

Je crois d'abord que le principe démocratique de la formation des chambres représentatives par le suffrage direct des agriculteurs intéressés n'est pas contestable. Il est accepté pour les chambres de commerce, il ne peut dès lors être refusé sans injustice aux agriculteurs qui en demandent l'application.

Quant à la composition du corps électoral elle semble assez exactement définie dans les projets de MM. Méline et de Pontbriand.

Toutefois, ainsi que nous l'avons fait observer à propos du projet de M. Méline, il faut, sans hésiter, éliminer tous les éléments de nature à diminuer ou à fausser la valeur de l'institution elle-même.

On ne peut admettre, en effet, que des fonctionnaires d'ordre administratif, des instituteurs, voire même des vétérinaires, qui n'ont évidemment aucun intérêt direct à l'existence d'une bonne représentation agricole, fassent partie du corps électoral. Quant à y comprendre les ouvriers agricoles, journaliers ou tâcherons, que M. Méline admet dans une pensée démocratique assurément fort louable, ce serait exposer l'élection des chambres d'agriculture à toutes les surprises d'un suffrage universel, inconscient, mal éclairé et, par suite, trop susceptible de subir des influences complètement étrangères à l'agriculture proprement dite. Ces intéressants auxiliaires sont assurément dignes de toute sollicitude, mais ils n'ont pas un intérêt suffisant et souvent ils seraient peu capables d'apprécier la véritable valeur des éligibles.

Pourquoi, au surplus, si le principe du suffrage universel est si parfait, ne pas l'avoir appliqué à l'élection des chambres de commerce, qui ne sont élues, cependant, que par une catégorie restreinte de commerçants patentés ! Les réformateurs les plus hardis en cette matière n'ont jamais songé à donner le droit électoral aux ouvriers et employés des usines, pas plus qu'aux fonctionnaires de l'enseignement commercial.

L'agriculture a droit aux mêmes garanties que le commerce, et je regrette, afin de justifier l'exclusion que je crois nécessaire, de ne pouvoir reproduire *in extenso* certains passages du rapport de M. Léon Renard devant la Commission de la Chambre chargée de la question des chambres de commerce et présidée par l'honorable M. Aynard. Ils semblent rédigés, en effet, légalement pour la matière qui nous occupe.

Vous protesterez donc, Messieurs, contre toute inégalité de traitement entre l'agriculture et le commerce, car les chambres d'agriture peuvent avoir à défendre des intérêts aussi considérables, parfois même contraires à ceux confiés aux chambres de commerce, et, à aucun prix, il ne faudrait que leur origine puisse compromettre, vis-à-vis d'elles, leur autorité et leur compétence.

2° *Eligibilité et composition des Chambres d'agriculture.*

En ce qui concerne l'éligibilité, la logique semble indiquer que tout électeur soit éligible.

Il y aurait danger et injustice à entraver le libre choix des électeurs qui sont les meilleurs juges des services que peut rendre un candidat. Il y a lieu de protester, dès lors, contre l'obligation de résidence dans l'arrondissement inscrite dans le projet Méline (art. 12), car il aurait pour résultat d'éliminer toute une catégorie d'intéressés qui, soit par suite d'un mandat politique, soit par suite des exigences d'une profession libérale, peuvent être astreints à une résidence habituelle hors de l'arrondissement.

Cette exigence semble d'autant moins justifiée que, dans l'ordre politique, elle n'existe pas, même pour les fonctions qui, comme celle de maire par exemple, sembleraient motiver une résidence effective dans la commune.

— 54 —

3º *Circonscription.*

Quelle unité administrative faut-il prendre pour base de la circonscription des chambres d'agriculture ?

Les motifs qui ont fait adopter dans la plupart des projets, la création d'une chambre par arrondissement ne me paraissent pas convaincants.

Sans doute il faut, autant que possible, rapprocher l'élu de l'électeur, lui faciliter la présence aux sessions de la chambre, sans trop l'éloigner de ses propres affaires; il faut tenir compte aussi des différences de culture qui peuvent entraîner, entre les divers arrondissements d'un même département, de véritables conflits d'intérêts.

Mais que valent toutes ces considérations, si l'on songe à la facilité actuelle des communications, toujours plus complète, avec le chef-lieu d'un département, et aux avantages que présenterait la réunion des chambres dans cette ville ?

Par leur importance plus grande, leur rapprochement de tous les centres administratifs, les facilités plus complètes qui leur seraient données pour la centralisation des renseignements et documents utiles, les chambres départementales seront, à mon avis, appelées à rendre de plus grands services. Elles jouiront de plus d'autorité et d'influence et je n'hésite pas à penser que leur recrutement sera plus facile et leur fonctionnement mieux assuré.

Il n'y a pas lieu, dès lors, d'examiner l'hypothèse d'une circonscription cantonale que le projet de M. Bouthier de Rochefort avait prévue.

4º *Attributions.*

Tout d'abord il faut éliminer le qualificatif de chambres consultatives que leur donne le projet Méline.

Sans doute les chambres d'agriculture sont appelées surtout à être consultées par les pouvoirs publics, mais il ne faut pas perdre de vue qu'elles doivent avoir, comme les chambres de commerce, une large initiative et une complète indépendance, non seulement pour les vœux à présenter, mais encore pour la création ou la gestion de tous les établissements qu'elles jugeraient utiles à l'agriculture du département.

Par leur titre, comme par leurs attributions, elles doivent être les égales des chambres de commerce, et il faut réclamer pour elles les mêmes privilèges et la même dénomination.

Je ne crois pas utile d'examiner en détail toutes les questions qui doivent leur être soumises et qu'elles auront le droit de traiter. J'insiste seulement sur l'obligation, pour le gouvernement, de les consulter : sur toutes les questions importantes concernant les changements projetés dans la législation agricole et douanière ; les tarifs et règlements de transport ; la création d'établissements d'enseignement agricole ou vétérinaire, des stations agronomiques, des foires et des marchés ; les travaux publics d'intérêt général et notamment ceux d'irrigation et d'assainissement ; enfin les dégrèvements consentis, secours ou subventions accordés aux agriculteurs.

Comme les chambres de commerce elles doivent être déclarées établissements d'utilité publique et spécialement autorisées à acquérir, recevoir à titre gratuit, posséder et aliéner, sous réserve seulement de l'autorisation préalable.

IV

Conseil supérieur d'agriculture

Je ne m'occuperai du conseil supérieur d'agriculture, qui doit être placé à côté du ministre, que pour indiquer qu'il doit être une émanation directe des chambres d'agriculture.

Ses membres doivent être élus par elles, car il ne faut pas que des éléments étrangers à l'agriculture viennent dénaturer l'esprit de cette institution.

Si donc on accorde au gouvernement le droit de lui adjoindre un certain nombre de notabilités agricoles ou scientifiques, ce ne peut être que dans une très modeste proportion.

Quant aux membres de droit, que leur adjoint le projet de loi Méline, ils ne peuvent être que les présidents des trois grandes Sociétés d'agriculture, la Société Nationale d'Agriculture, l'Institut agronomique et la Société des Agriculteurs de France, auxquels je propose d'ajouter encore, et ce serait justice, les présidents des Unions régionales de syndicats agricoles.

N'êtes-vous pas, en effet, Messieurs, les véritables intéressés à une bonne représentation agricole et, comme nous l'avons déjà dit, les représentants les plus autorisés des agriculteurs ?

L'activité, le dévouement dont ont fait preuve les Syndicats agricoles depuis leur récente création, les services qu'ils ont déjà rendus et qu'ils sont appelés à rendre, leur donnent le droit d'être écoutés et leur imposent le devoir de porter bien haut le drapeau des revendications de l'agriculture.

Vœux

En conséquence, j'ai l'honneur de soumettre à l'approbation du Congrès les vœux suivants, que j'emprunte en partie, à la Société des Agriculteurs de France (réunion générale de 1891).

Le Congrès des Syndicats agricoles émet le vœu :

1º Que l'agriculture soit dotée, dans le plus bref délai, au même titre que l'industrie et le commerce, d'une représentation officielle basée sur les mêmes principes et jouissant de droits et de prérogatives égales.

2º Qu'à cet effet, il soit institué des Chambres départementales d'agriculture, composées de membres élus par le suffrage d'un corps électoral comprenant les propriétaires de fonds ruraux inscrits au rôle de la contribution foncière, les agriculteurs, les viticulteurs, fermiers ou métayers.

3º Qu'il soit institué un conseil supérieur d'agriculture composé de membres élus par les Chambres départementales d'agriculture, auxquels on pourrait adjoindre, comme membres de droit, les présidents de la Société Nationale d'Agriculture, de l'Institut agronomique, de la Société des Agriculteurs de France et des différentes Unions régionales de Syndicats agricoles.

4º Le Congrès proteste énergiquement contre tout mode d'organisation de cette représentation qui aurait pour effet de la dénaturer dans son principe, d'en altérer la sincérité dans ses origines et de fausser ainsi le caractère de son institution et, notamment, contre l'adjonction, soit au corps électoral, soit au Conseil supérieur et aux Chambres départementales, des ouvriers agricoles et des fonctionnaires de tous ordres.

M. le Président. — Vous venez d'entendre ce rapport si complet qui met au point toutes les graves questions de la représentation professionnelle agricole dont nous nous occupons depuis de longues années. Nous devons surtout désirer qu'on nous la donne bonne cette représentation ; je crois que le rapport de M. Ducurtyl y pourra aider puissamment lorsque la discussion viendra à la Chambre et, à ce titre, je lui en adresse des remerciements sincères.

Je ne pense pas qu'il soit utile de scinder les quatre parties des conclusions, toutefois je consulte l'assemblée.

M. Kergall, de Paris.— Je n'ai pas demandé la parole pour combattre les conclusions de M. Ducurtyl ; je voudrais seulement qu'il me permette d'ajouter au 1º de ses conclusions : « Attendu qu'il est contraire à tout droit et à toute justice que l'intermédiaire jouisse des privilèges refusés aux producteurs. »

M. le Président. — Céci sera au procès-verbal, mais comme le vœu a une tournure législative, il me semble difficile de l'intercaler dans les conclusions.

M. Kergall. — Il faut en faire au contraire un considérant dominant le vœu.

M Durand, de l'Isère.— Dans les vœux de M. Ducurtyl il est dit que nous réclamons le même traitement que le commerce ; à quoi bon alors ce considérant qui a une tournure agressive contre le commerce ?

M. le Président. — Il est clair qu'il n'y a pas d'intentions hostiles contre le commerce, mais l'objection de M. Durand est tellement venue à mon esprit que j'ai interrompu M. Kergall pour que son observation n'entre pas dans le corps du vœu.

M. Josseau, de Coulommiers. — Je demande la parole pour appuyer ce qu'a dit M. Durand ; l'observation proposée est une redite ; ce vœu est la reproduction des vœux émis si souvent depuis de longues années par la Société des Agriculteurs de France ; je suis heureux de voir les syndicats s'associer à ces vœux et j'espère qu'ils auront plus de succès que nous.

M. le Président. — Donc la proposition de M. Kergall aura sa place dans le compte rendu sténographique et non dans les conclusions. (Approbations).

M. Milcent, de Poligny. — J'ai une observation à faire sur le § 4 : Je demande qu'on ajoute un mot qui explique ce qu'on entend par « ouvriers agricoles », car, dans nos campagnes, il y a une foule d'ouvriers agricoles qui sont eux-mêmes de petits propriétaires ; ce mot devrait indiquer que cette élimination s'applique aux seuls ouvriers non propriétaires. Il y aurait un danger à maintenir ces mots, ouvriers agricoles ; on s'en ferait une arme contre nous.

M. le Rapporteur. — Le § 2 indique de quoi se compose le corps électoral ; je n'ai jamais voulu éliminer les ouvriers qui sont en même temps de petits propriétaires.

M. le Président. — L'observation de M. Milcent mérite pourtant toute notre attention.

M. Josseau. — Pour éviter toute équivoque, je propose de retrancher ces mots : « ouvriers agricoles ». Même avec l'addition de M. Milcent, on dénature le rapport. D'ailleurs le grand danger n'est pas l'ouvrier, mais le fonctionnaire.

M. le Président. — Je crois que M. Josseau n'a point tout à fait compris une partie du rapport : le rapporteur a soutenu qu'il nous fallait une représentation professionnelle sur la même base que les Chambres de commerce ; or, celles-ci n'admettront jamais que l'électorat appartienne à l'ouvrier qui n'a point d'intérêt dans le capital engagé ; donc il ne faut pas nous séparer de notre rapporteur.

M. le Rapporteur. — Je crois que vous devez maintenir les conclusions que j'ai formulées, sauf adjonction de l'amendement de M. Milcent ; les simples journaliers sont les plus nombreux et un corps électoral ainsi formé (comme le veut M. Méline) aura-t-il la compétence nécessaire pour choisir des représentants capables de défendre les intérêts généraux de l'agriculture ? Non. Ce qu'il faut, c'est avoir des chambres émanant vraiment de ceux qui ont des intérêts agricoles certains à défendre. Quand il faut défendre le sol, c'est aux propriétaires du sol qu'il faut s'adresser pour leur demander de lutter contre tous les ennemis de l'agriculture. Si les Chambres de l'agriculture n'émanent pas d'un corps autorisé, elles n'auront point autorité pour lutter efficacement contre les Chambres du commerce, quand nous serons en lutte avec elles.

Le projet de M. Méline admet les ouvriers d'une façon formelle, il y a là un danger.

M. Romieux, de la Rochelle. — Je veux simplement dire avec le rapporteur que le § 2 contient tout ce qu'il faut ; si on croit que la phrase « ouvriers agricoles » produit mauvais effet, je ne vois pas d'inconvénients à la supprimer.

M. le marquis de Barbentane, de Saône-et-Loire. — Dans les métayers, M. le Rapporteur comprend-il les vignerons ? Cela a une grosse importance dans notre région.

M. le Rapporteur. — Oui.

M. le Président. — C'est évident ; si nous avions cru qu'il en fût autrement, nous aurions déjà posé cette question.

M. de Laage de Meux, d'Orléans. — Le § 2 est assez explicite pour qu'on supprime ces mots dont on fera une arme contre nous. Je suis de l'avis de M. Romieux.

M. le Président. — Je propose donc d'arrêter le § 4 au mot « institution ».

M. Milcent. — Je me rallie à la proposition de M. de Laage.

M. Josseau. — Je propose d'arrêter le texte à ces mots : « Et notam_ment, etc. »

M. le Président. — La clôture est prononcée ; je mets aux voix les § 1, 2 et 3 qui n'ont donné lieu à aucune observation.
(Adopté.)
Pour le § 4, je demande au rapporteur s'il maintient son texte en entier ou s'il veut l'arrêter à ces mots : « ..... le caractère de son institution ».

M. le Rapporteur. — Je m'en rapporte à l'appréciation de l'assemblée.

M. le Président. — Je mets aux voix le § 4 arrêté à ces mots : « ..... le caractère de son institution ».
(Adopté moins 7 voix.)
Il me reste à constater que l'assemblée, au fond, est entièrement d'accord avec le rapporteur et qu'elle n'a voulu éviter qu'une fâcheuse interprétation de ses sentiments.

En conséquence :
Le texte des conclusions définitivement adoptées est donc le suivant :

1° Que l'agriculture soit dotée, dans le plus bref délai, au même titre que l'industrie et le commerce, d'une représentation officielle basée sur les mêmes principes et jouissant de droits et de prérogatives égales;

2° Qu'à cet effet, il soit institué des Chambres départementales d'agriculture, composées de membres élus par le suffrage d'un corps électoral comprenant les propriétaires de fonds ruraux inscrits au rôle de la contribution foncière, les agriculteurs, les viticulteurs, fermiers ou métayers ;

3° Qu'il soit institué un conseil supérieur d'agriculture composé de membres élus par les Chambres départementales d'agriculture, auxquels on pourrait adjoindre, comme membres de droit, les présidents de la Société Nationale d'Agriculture, de l'Institut agronomique, de la Société des Agriculteurs de France et des différentes Unions régionales de Syndicats agricoles;

4° Le Congrès proteste énergiquement contre tout mode d'organisation de cette représentation qui aurait pour effet de la dénaturer dans son principe, d'en altérer la sincérité dans ses origines et de fausser ainsi le caractère de son institution.

M. le Président. — L'heure avancée nous fait reporter le rapport de M. Ducurtyl, sur le tribunal arbitral, après celui de M. de Gailhard-Bancel, dont il est comme la continuation.
Les rapports de MM. Rieu et Bord seront lus à la séance de l'après-dîner avec ceux de MM. Denizet et Riboud sur les mêmes sujets, à propos des Unions.
La séance est levée à midi.

PREMIÈRE JOURNÉE. — 22 Août 1894.

Séance de l'après-midi.

PRÉSIDENCE DE M. GUINAND.

———

La deuxième séance du Congrès des Syndicats agricoles a été ouverte à 2 h. 1/2 de l'après-midi, dans la grande salle des fêtes de l'Hôtel de Ville, sous la présidence de M. A. Guinand, vice-président de l'*Union du Sud-Est,* assisté du même bureau qu'à la séance du matin.

M. LE PRÉSIDENT. — L'ordre du jour me fait appeler M. de Laage de Meux pour la lecture de son rapport.

RAPPORT DE M. DE LAAGE DE MEUX, président du Syndicat des Agriculteurs du Loiret.

SUR

Les Unions régionales, leurs Circonscriptions

Des unions régionales et de leurs circonscriptions, telle est la question que je suis chargé d'exposer brièvement devant vous.

Vous vous rappelez avec quelle rapidité les syndicats agricoles se sont multipliés en France après la promulgation de la loi du 21 mars 1884 ; mais ces associations professionnelles destinées à venir en aide à des situations particulières avaient sur plusieurs points affecté des formes très différentes et attribué à leur activité une zône plus ou moins étendue suivant les circonstances. Ils comprenaient un département, un arrondissement, d'autres fois ne s'étendaient que sur un canton ou même une commune. Ces derniers principalement, en présence du vaste horizon qui s'ouvrait devant eux, ne tardèrent pas à sentir les inconvénients de leur isolement et la nécessité qui s'imposait de s'entendre avec ceux qui, fonctionnant à côté d'eux, avaient les mêmes intérêts à sauvegarder. Cette pensée donna naissance à des Unions départementales fondées sur les bases prévues par l'art. 6 de la loi de 1884 : nous pouvons citer entre'autres l'Union de la Drôme, les Unions du Jura, de la Côte-d'Or, de l'Ardèche, etc.

Les syndicats départementaux, d'autre part, qui avaient donné à leurs opérations un développement considérable, ne tardèrent pas à éprouver la nécessité, tant au point de vue de leur recrutement que du fonctionnement de leurs différents services, de se décentraliser en de nombreux groupes cantonaux, plus à même de guider la direction sur les institutions annexes utiles à la culture. Ils devaient également chercher à trouver un accès facile auprès des pouvoirs publics pour y faire valoir les intérêts qu'ils étaient chargés de défendre. La Société des Agriculteurs de France fit l'accueil le plus bienveillant aux ouvertures qui lui furent faites dans ce but et, le 3 mars 1886 grâce à l'initiative et au dévouement de M. Deusy, elle fondait l'Union des syndicats des Agriculteurs de France dans le but de susciter partout des syndicats agricoles, d'assurer la régularité de leur fonctionnement et, en même temps, de se faire le défenseur de leurs intérêts auprès des différentes administrations.

L'expérience ne tarda pas à montrer, à côté des avantages incontestables de ces deux fondations, certains inconvénients auxquels il serait peut-être possible de remédier.

L'Union des syndicats des Agriculteurs de France siégeant à Paris était le plus souvent à une distance trop éloignée pour connaître les notabilités agricoles des différentes contrées, se mettre en rapport avec celles disposées à lui prêter leur concours, surveiller le fonctionnement des différents services du Syndicat central auprès des associations qui lui étaient affiliées et leur apporter en temps opportun les conseils qui leur étaient utiles.

La circonscription départementale, d'autre part, était généralement une base trop étroite pour fournir aux collectivités de syndicats des conditions favorables au développement de leur activité, pour arriver à grouper un nombre d'adhérents suffisant pour réduire au minimun les frais généraux et obtenir de l'association tous les avantages qu'elle pouvait donner.

On se trouva ainsi amené à créer des Unions régionales comprenant une circonscription plus étendue et correspondant, en quelque sorte, aux douze régions agricoles de la France, partagée suivant la nature de nos productions. C'est cette pensée qui inspira, le 3 juin 1888, les fondateurs de l'Union du Sud-Est.

Celle-ci ne devait pas faire tort à l'Union centrale, nous dit le rapporteur, les intérêts nationaux étant défendus par l'une, les intérêts régionaux par l'autre, les Syndicats seraient engagés à faire partie de l'une et de l'autre. L'appel fut entendu et l'Union du Sud-Est ne tarda pas à montrer les services qu'elle pouvait rendre dans sa sphère particulière.

On était alors à la veille du centenaire de la Révolution Française. Une assemblée nombreuse réunissait à Romans, dans la Drôme, un certain nombre des Etats provinciaux du Dauphiné qui, cent ans auparavant, avaient rédigé les cahiers de la province et réclamé la convocation des Etats régionaux. Après une étude approfondie des réformes sociales qu'il y avait lieu de présenter aux pouvoirs publics, elle dressa un programme très complet de décentralisation administrative comprenant notamment la reconstitution de nos anciennes provinces si conformes à la réalité des choses et la liberté d'association pour la défense des intérêts professionnels des travailleurs.

Au commencement de l'année suivante presque toutes nos anciennes provinces eurent successivement leurs assemblées régionales pour discuter et arrêter les principales réformes qu'elles croyaient utile de signaler à l'attention publique.

Ces différents travaux furent ensuite centralisés à Paris et présentés par les délégués des différentes réunions provinciales. Une commission spéciale dirigée par M. de St-Victor, l'ancien et regretté président de l'Union du Sud-Est, fut chargée de dresser les doléances de l'agriculture et elle renouvela notamment, par l'organe de son président, les revendications de l'agriculture en faveur de la reconstitution provinciale et de la représentation des intérêts professionnels.

Il n'a pas été donné encore suite, par les pouvoirs publics, à ces vœux de nos assemblées régionales de 1889.

Néanmoins, dès 1891, un grand nombre de membres de ces réunions se demandaient si, sur le domaine agricole, l'initiative privée ne pourrait pas suppléer en partie aux pouvoirs publics et constituer, sur la base de la loi de 1884, des Unions régionales destinées à grouper d'anciennes provinces présentant les mêmes ressources. Ils se mirent à l'œuvre et fondèrent successivement les Unions régionales de Bourgogne et de Franche-Comté, de Normandie, de Provence, du Nord, du Centre et de l'Ouest, comprenant, comme certaines Unions d'outre-Rhin, une étendue de 7 ou 8 départements ayant pour objet de les réunir dans une action commune toutes les fois que l'occasion s'en ferait sentir.

Nous tenons à faire remarquer que cette tendance qui se manifesta en 1889 en faveur de la réorganisation des anciennes provinces et la représentation des intérêts professionnels ne fut pas un fait isolé. En juillet 1892, un groupe de publicistes et de membres de la Société d'économie sociale se réunissait à Angers et rédigeait, avec un soin minutieux, un programme de réformes pratiques relatives à la commune, au département, à la province qu'il croyait utile de reconstituer. Sur ce point, il exprimait le vœu que la législation favorisât le groupement des départements, déjà effectué dans plusieurs régions sur le terrain des intérêts agricoles, économiques et moraux, qu'elle accordât en outre à ces groupements provinciaux la personnalité civile.

La ligue populaire pour la revendication des libertés publiques, fondée à Bordeaux par M. Gaston David, donna son entière approbation à cette conclusion et dans des sphères absolument différentes, nous dit M. de Rocquigny, dans son ouvrage sur les syndicats agricoles, on vit également souscrire à l'idée d'une reconstitution provinciale des hommes politiques sur lesquels on ne croyait pas devoir compter, tels que MM. Hovelacque, Henry Maret, Bourgeois et Charles Dupuy, président actuel du Conseil des Ministres, etc.

Un programme, qui réunit des adhésions aussi nombreuses de personnes appartenant à des opinions aussi diverses est-il de nature à recueillir actuellement dans nos Chambres une majorité suffisante pour en assurer prochainement l'adoption et la mise en application? C'est une question que nous ne pouvons que poser pour le moment. Nous ne croyons pas cependant qu'il y ait lieu d'attendre cette réalisation pour multiplier en France la création d'Unions régionales destinées à mettre en relations constantes les syndicats agricoles d'une même circonscription appelés à s'entendre pour assurer les développements nécessaires qu'ils sont appelés à prendre dans l'intérêt de notre production nationale. Nous pensons, que dans la situation présente, il y aurait lieu de prendre comme base de leur zône d'activité, soit la circonscription de nos douze régions agricoles, soit même la division en 18 régions militaires, en plaçant le siège social de ces Unions au siège de nos corps d'armée.

Nous avons, en conséquence, l'honneur de vous proposer la résolution suivante :

« Le Congrès national des syndicats agricoles décide que toutes les régions agricoles de la France doivent être dotées le plus tôt possible d'Unions régionales destinées à venir en aide aux différents syndicats agricoles de leur circonscription, aussi bien dans l'exercice de leur rôle matériel que dans l'accomplissement de leur rôle social, et il émet le vœu qu'une loi dote ces Unions de la personnalité civile.

M. LE PRÉSIDENT. — Messieurs, nous remercions le Rapporteur de son intéressant travail.

M. DE LARNAGE, du Loiret. — En l'absence de M. Le Trésor de la Rocque, je crois devoir rappeler qu'une conférence ayant pour but cette délimitation régionale a eu lieu à Paris.

M. LE PRÉSIDENT. — Pardon de vous interrompre, mais nous verrons ceci dans le rapport de M. Deusy.

M. DE LARNAGE. — Je ne veux parler que de la délimitation des Unions.

M. LE PRÉSIDENT. — Je crois que la meilleure manière d'avoir à ce sujet une discussion sérieuse sera de désigner une commission qui étudiera ces questions et proposera des résolutions à la fin du Congrès ; je crois que la question est assez importante pour qu'elle ne soit pas portée immédiatement devant l'Assemblée

Lorsque nous avions prié M. de Laage de Meux de faire le rapport que nous avions indiqué, nous n'avions pas reçu de réponse ferme de M. le Rapporteur, de sorte que nous avions désigné un deuxième rapporteur qui s'est placé à un autre point de vue, c'est M. de Fontgalland. Le bureau a pensé que vous donneriez la parole aux deux rapporteurs. (Applaudissements). La parole est à M. de Fontgalland.

RAPPORT DE M. A. DE FONTGALLAND, Président de l'Union de la Drôme et du Syndicat des Agriculteurs de Die.

La loi du 21 mars 1884, en autorisant les syndicats professionnels à former des Unions, a très heureusement complété l'organisation syndicale, quoiqu'elle ait refusé aux Unions la personnalité civile, le droit de posséder aucun immeuble et d'ester en justice.

Les Unions sont appelées, malgré ces restrictions, à rendre d'importants services aux syndicats et il est regrettable qu'elles n'aient pas pris jusqu'à ce jour une plus grande extension. Grâce à elles, l'agriculture possède une véritable représentation, dont la puissance est telle que certains de nos amis laissent entendre que la loi en projet depuis si longtemps dans les chambres d'agriculture est devenue presque inutile.

En effet, si nous considérons l'organisation syndicale, telle qu'elle existe aujourd'hui, nous voyons que l'agriculture est absolument représentée, au point de vue hiérarchique et administratif, comme nous le sommes au point de vue politique.

En politique, le conseil municipal est le 1er degré, le conseil d'arrondissement le 2e, le conseil général le 3e, la Chambre des députés le 4e et enfin le Sénat le 5e degré.

Le syndicat agricole de commune ou de canton, à circonscription restreinte, représente à la base le conseil municipal des agriculteurs, soit le 1er degré; l'Union départementale, constituée par les divers syndicats, personnifie au 2e degré le conseil d'arrondissement et n'a, comme lui, que des vœux à émettre, ou des questions locales à étudier; mais, au-dessus, se trouve l'Union régionale, comme celle du Sud-Est, qui groupe les syndicats de plusieurs départements ayant des intérêts communs. Elle est, au 3e degré, le conseil général des agriculteurs de la région. Là, la vie est plus active; les questions, déjà étudiées dans les diverses Unions environnantes, sont reprises et soumises aux délibérations d'assemblées plus nombreuses et plus puissantes par la diversité des membres qui les composent. On y sent un courant plus intense; ce ne sont plus des vœux que l'on émet, comme à l'Union départementale, ce sont des projets de loi que l'on prépare et que l'on soumet aux Chambres; ce sont des œuvres qui se créent à côté, comme la Coopérative agricole du Sud-Est, l'Union des producteurs et des consommateurs.

Si nous montons encore d'un degré, nous trouvons, à Paris, l'Union des syndicats des agriculteurs de France, qui est, pour nous, notre Chambre des Députés agricoles librement élus, où l'on reprend les travaux et les vœux des Unions départementales ou régionales, que l'on présente enfin au Conseil et à la Société des Agriculteurs de France qui constitue le Sénat de l'Agriculture et auquel les syndicats font parfois une douce violence, pour faire adopter leurs vœux.

La dernière session de février a démontré la force du courant imprimée par les syndicats, lors de la discussion en assemblée. générale, du droit sur les blés et sur le crédit agricole. En . 1889-90 les syndicats et les Unions ont aussi joué un grand rôle lors de la discussion des tarifs de douane

Telle est donc l'organisation puissante des syndicats agricoles groupés en Union.

Mais si nous revenons à notre point de départ et s'il est nécessaire que le syndicat n'embrasse pas une étendue plus considérable que la circonscription cantonale, pour avoir toute l'influence utile sur ses membres et les intéresser au succès et à la prospérité de l'œuvre qui fonctionne sous leurs yeux, il est aussi absolument indispensable que l'Union soit départementale.

Si l'Union se bornait en effet à grouper les syndicats d'un arrondissement, elle n'aurait qu'une influence locale trop spéciale au milieu dans lequel elle agirait. Bien plus, elle empiéterait sur les syndicats qui la composeraient, elle n'aurait pas une marche suffisamment distincte en s'occupant des mêmes intérêts, et souvent même les questions de personnes pourraient y jouer un rôle fâcheux.

L'Union départementale, au contraire, en groupant les syndicats des diverses régions, a une organisation absolument distincte ; aucune confusion n'est possible avec les syndicats qui la composent, les intérêts locaux ou particuliers disparaissent et enfin l'autorité de l'Union est d'autant plus considérable qu'elle a un plus grand nombre de syndicats groupés autour d'elle.

Elle étudie les questions qui intéressent tous les agriculteurs du département, avec plus d'indépendance.

Elle prépare les marchés pour les engrais, elle émet des vœux au nom de tous les syndicats et, lorsqu'elle agit, c'est avec une autorité et souvent une puissance que jamais une Union plus restreinte, et surtout le modeste syndicat cantonal ou communal ne pourrait avoir.

La conclusion s'impose donc d'elle-même, comme suite au rapport de mon collègue, le comte de St-Pol, sur l'étendue que doit avoir le syndicat. A la base de notre organisation syndicale, le syndicat à circonscription restreinte autant que possible, pour que son action soit plus directe et plus active ; au dessus, au second degré, l'Union départementale qui, groupant tous ces petits syndicats, constitue un faisceau important pour la véritable représentation des intérêts professionnels agricoles.

L'Union départementale est absolument indispensable, elle ne saurait être remplacée ni par l'Union régionale, ni par l'Union de Paris qui, toutes deux, constituent, ainsi que nous l'avons vu plus haut, les organes puissants et essentiels de notre représentation syndicale agricole.

Telles sont les conclusions que j'ai l'honneur de soumettre à l'approbation du congrès.

M. LE PRÉSIDENT. — Vous avez entendu ces deux rapports sur la même question. Je vais relire les conclusions de M. de Laage de Meux, puis celles de M. de Fontgalland.
Je mets aux voix les conclusions de M. de Laage de Meux.
(Adoptées).
J'ouvre ensuite la discussion sur les conclusions de M. de Fontgalland.

M. DE LAAGE DE MEUX, d'Orléans. — M. de Fontgalland a-il prévu le cas où il y a un syndicat départemental divisé en sections ?

M. DE FONTGALLAND. — Là où il y a un syndicat départemental, il ne peut évidemment pas y avoir une Union départementale.

M. DENIZET. — Dans le Loiret nous avons fondé un syndicat d'arrondissement; nous avons pensé que d'autres se formeraient; il n'y a eu que l'arrondissement de Gien où cela s'est fait. Des autres arrondissements il nous est venu un grand nombre d'adhérents, de sorte qu'on nous a demandé de constituer un syndicat départemental avec sections cantonales. Bien plus, le Loir-et-Cher qui n'avait pas de syndicat nous a envoyé un millier de membres. C'est donc une question d'affinités; ceci prouve qu'il est difficile de prendre des décisions pour toute la France.

M. LE PRÉSIDENT. — Je crois que M. Denizet est en pleine communauté d'idées avec le Rapporteur, en ce sens que partout où il y a un syndicat départemental il n'y a pas lieu de faire une Union.

M. DE LAAGE DE MEUX. — Nous demandons que cela soit ajouté aux conclusions.

M. COUPRIE, de Villefranche. — Il me semble que nous exprimons à nouveau des idées émises ce matin; il me semble que le Congrès a voté une résolution, après le rapport de M. de Saint-Pol, en ce qui concerne les syndicats départementaux. Je relis les conclusions de ce rapport et je vois que c'est bien le programme que M. de Fontgalland s'est tracé. Je crois donc qu'après avoir voté les conclusions de M. de Laage de Meux, il n'est pas nécessaire d'adopter les conclusions de M. de Fontgalland, parce qu'elles rentrent dans les propositions votées ce matin.

M. DE FONTGALLAND. — L'idée générale que le bureau avait lorsqu'il a fait le programme du Congrès était celle-ci : quelle est la circonscription la plus utile au point de vue syndical?

Mon rapport tend à démontrer que nous avons formé un faisceau de forces agricoles qui repose sur une base solide, le syndicat communal. Si dans un département il y a plusieurs syndicats, il leur faut un trait d'union qui est l'Union départementale ; mais il est clair que lorsqu'il y a un syndicat départemental, l'Union est inutile. Donc, au point de vue du Loiret, au sujet duquel on a soulevé la question, il ne peut être question d'Union départementale.

M. DE LARNAGE. — Pardon, dans le Loiret, il y a aussi le syndicat de Gien qui est peut-être le plus important.

M. LE RAPPORTEUR. — Alors il peut y avoir utilité de créer une Union départementale. Quant à l'Union régionale, personne ne peut douter de son utilité, quand on voit ce qui a été fait par l'Union du Sud-Est.

M. COUPRIE. — Si M. de Fontgalland disait : le couronnement de l'œuvre des syndicats est leur réunion en Unions générales, je crois que nous serions tous disposés à voter les conclusions de son rapport. Mais ce que je me permets de critiquer, c'est qu'il remet en question les bases adoptées ce matin. Donc, je crois que si M. de Fontgalland voulait raccourcir son vœu, nous le voterions.

M. DE FONTGALLAND. — Je crois que l'intérêt des syndicats est d'avoir une Union par chaque département ; car vous groupez ainsi toutes les forces vives d'une même région et vous avez connaissance de tout ce que pensent les agriculteurs.

M. MAURIN, de Nîmes. — Il me paraît que, sur cette question, les membres du Congrès se laissent trop préoccuper par cette croyance que nous sommes une assemblée qui prépare un projet de loi. Non, nous étudions seulement les questions intérieures et ce qu'il convient de faire pour développer l'institution. A ce point de vue, je remarque que M. de Saint-Pol, ce matin, M. de Laage de Meux et M. de Fontgalland, ce soir, représentent le principe de l'Union ; ils ont un idéal égal : grouper les syndicats ; ces groupes se réunissent et deviennent des Unions générales. Or, je vois que beaucoup de collègues, préoccupés de la question des syndicats départementaux, croient que la discussion consiste à ruiner les syndicats départementaux; telle n'est pas la pensée du Congrès. Le Congrès doit étudier la question des Unions de syndicats, car nous aurons alors plus de force. Ne votons que la question de principe; affirmons le grand principe de l'union départementale quand nous pouvons la faire par département, régionale quand on le pourra, puis générale tout au haut de l'édifice; ne nous laissons pas arrêter par des questions de détail. Pour le moment, affirmons seulement la nécessité des Unions.

M. LE PRÉSIDENT. — Je crois la question assez étudiée et M. Maurin a très bien résumé le rapport de M. de Fontgalland qui se rallie à ses idées.

Je mets aux voix les conclusions du rapport de M. de Fontgalland, modifiées suivant le texte de M. Maurin.

(Adopté).

En conséquence :

Le texte des conclusions définitivement adoptées est le suivant :

Le Congrès national des syndicats agricoles décide :

1° Que toutes les régions agricoles de la France doivent être dotées le plus tôt possible d'Unions régionales destinées à venir en aide aux différents syndicats agricoles de leur circonscription, aussi bien dans l'exercice de leur rôle matériel que dans l'accomplissement de leur rôle social, et il émet le vœu qu'une loi dote ces Unions de la personnalité civile.

2° Que l'Union pourra être départementale lorsque ce sera possible, mais à la condition de ne pas empêcher les syndicats en faisant partie, d'entrer dans une Union régionale.

M. LE PRÉSIDENT. — L'ordre du jour appelle la lecture du rapport de l'honorable M. Deusy; en son absence, je prie M. de Larnage, secrétaire de l'Union du Centre, de lire le rapport.

RAPPORT DE M. E. DEUSY, président de l'Union du Centre des Syndicats agricoles et vinicoles

SUR

Les Rapports entre Unions

L'embarras du rapporteur si gracieusement, mais si témérairement désigné par les organisateurs de ce Congrès, est grand.

La mission d'un rapporteur, son nom l'indique, est de constater par écrit des prescriptions nettes et fermes, arrêtées, acceptées par une commission, par une assemblée, après une discussion qui les motive et qui ne laisse aucun doute sur le but à atteindre.

Comment déterminer les rapports entre les Unions régionales : entre ces Unions et l'Union des Agriculteurs de France ?

Comment mettre au jour de toutes pièces une sorte de réglementation à proposer et à faire accepter sans accord préalable, sans cette harmonie consentie d'où sortiraient tant de précieux résultats ?

Notre éminent et cher collègue, M. Sénart, que j'ai consulté à cet égard, ne voit d'autre moyen de sortir de cette difficulté que de recourir à une sorte d'enquête préalable auprès des Unions, et de déduire des réponses obtenues une série de règles, où l'on combinerait, dans les meilleures proportions possibles, la liberté et l'autorité, l'indépendance et l'assistance réciproques.

Le temps manque absolument pour suivre cet excellent conseil. Je vais donc aborder la difficulté et soumettre à vos délibérations le résultat de mes constatations personnelles et de mes réflexions.

Posons la question. — S'agit-il seulement de déterminer et de faire respecter le ressort de chacune des Unions régionales ; de donner une sanction aux refus d'admission et aux sentences d'exclusion ? Pour tout dire, en un mot, s'agit-il d'éviter l'anarchie ? La question a été tranchée par l'Union du Sud-Est des syndicats agricoles qui marche toujours à l'avant-garde, et le rapporteur n'aurait, après avoir constaté le fait, qu'à présenter à votre approbation le projet de règlement que cette Union a élaboré.

Mais si le rapporteur ne se trompe pas, vos aspirations visent plus haut. L'expérience vous a prouvé que l'individualisme peut devenir un danger pour les Unions régionales comme pour les syndicats si bien qualifiés d'*associations primaires* des intérêts professionnels. — Vous savez que la plupart de ces Unions ne peuvent vivre qu'à la condition de s'entr'aider, de s'instruire mutuellement et de se prêter au besoin le concours le plus empressé et le plus efficace.

Vous comprenez qu'il serait désirable, tout en sauvegardant leur indépendance, leur complète liberté et leur autonomie, de relier ces Unions entr'elles et à l'Union des Agriculteurs de France par des relations continues, cordiales et fécondes, et d'écarter par une réglementation très claire, toutes les causes de rivalité et de division, qui substitueraient bien vite l'anarchie à l'harmonie que vous désirez voir régner entre vous.

Est-il possible légalement de réaliser cet accord ; de fixer les rapports entre Unions ; de réunir au besoin leurs forces et leur influence ; de les relier entr'elles et à l'Union des Agriculteurs de France, par une chaîne volontaire, sans aliéner une parcelle de leur liberté, de leur indépendance et de leur autonomie ? Est-il possible, en un mot, de faire du tout une puissance légalement unifiée, qui constituerait la représentation du travail et des intérêts professionnels agricoles ?

La question est plus facile à poser qu'à résoudre. L'opposition ne saurait partir de vos rangs. Les Unions régionales, en effet, distinctes dans leur existence, poursuivent toutes un but identique: l'étude et la défense de leurs intérêts économiques et agricoles, en même temps que l'amélioration continue du sort des travailleurs. Comment pourrait être combattue et repoussée une réglementation qui leur permettrait de porter au plus haut degré de puissance la bienfaisante activité des syndicats unis ?

Le danger n'est pas de ce côté. Serait-il dans la loi si libérale des 21-22 mars 1884 ?

Il ne faut pas se le dissimuler, l'article 5 se dresse devant vous si d'autres le tournent, le violent impunément, nous ne saurions imiter leur exemple, et marcher sur leurs traces. Regardons-le en face, et voyons s'il nous permet, au moins dans certaines limites, de réaliser nos desiderata pour le bien de l'agriculture.

Il est ainsi conçu : « Les syndicats professionnels régulièrement constitués pourront se concerter pour l'étude et la défense de leurs intérêts économiques, industriels, commerciaux et agricoles. Ces Unions devront faire connaître les noms des syndicats qui les composent. Elles ne pourront posséder aucun immeuble ni ester en justice ».

L'article 5 permet donc aux syndicats professionnels de se concerter librement, pour l'étude et la défense de leurs intérêts économiques... agricoles ; il est muet, sous ce rapport, en ce qui touche les Unions.

Les Unions ont-elles le même droit que les syndicats ?

Non. — Mais, consultons les travaux du rapporteur de la loi, à la Chambre des députés, l'appréciation du gouvernement, l'interprétation et le commentaire qu'il en donne dans la circulaire ministérielle du 25 août 1884. Peut-être y trouverons-nous un trait de lumière qui nous fera connaître le véritable esprit de la loi, et qui nous permettra de conclure en connaissance de cause.

M. Lagrange, dans son rapport du 6 mars 1884 à la Chambre des députés (Dalloz, 1884, 4° partie, page 133) après avoir constaté que le Sénat avait enfin admis le principe des Unions, mais leur avait refusé rigoureusement toute portion de personnalité civile, s'exprime en ces termes : « Les Unions continueront « d'exister et de fonctionner comme elles fonctionnent actuelle- « ment avec la sécurité que leur donne la loi nouvelle Si la per- « sonnalité civile leur fait défaut, elles sauront chercher et *trouver* « *dans le texte même adopté par le Sénat, et dans l'organisation* « *des syndicats particuliers* les moyens de donner, quant à pré- « sent, une suffisante satisfaction à leurs légitimes besoins ».

L'avis du gouvernement, proclamé dans la circulaire ministé- rielle du 25 août 1884, est peut-être plus net et plus clair encore ; le voici textuellement. « La pensée dominante du gouvernement « et des Chambres, dans l'élaboration de la loi du 21 mars 1884, a « été de développer parmi les travailleurs l'esprit d'association... « Aussi le vœu du gouvernement et des Chambres est-il de voir se « propager, dans la plus large mesure possible, les associations « professionnelles et les œuvres qu'elles sont appelées à engen- « drer.

« Cette loi a remis *complètement* aux travailleurs le soin et les « moyens de pourvoir à leurs intérêts;... son *laconisme, qui est* « *tout à l'avantage de la liberté,* pourra causer au début quelques « hésitations et quelques incertitudes. Il serait difficile de prévoir « à l'avance toutes les difficultés qui pourront surgir. ELLES « DEVRONT TOUJOURS ÊTRE TRANCHÉES DANS LE SENS LE PLUS FAVORABLE « AU DÉVELOPPEMENT DE LA LIBERTÉ ». (Circulaire ministérielle, inté- « rieur, 25 août 1884).

Ces textes nous permettent de conclure que si les Unions n'ont pas, comme les syndicats, la faculté de se concerter librement pour l'étude et la défense de leurs intérêts économiques et agricoles, elles peuvent néanmoins se soumettre toutes à une réglementation identique, ayant uniquement pour objet leur conservation, leurs progrès, leur prospérité et l'extension de leur bienfaisante action.

Qui pourrait leur contester le droit de *s'instruire* les unes les autres, de *s'entr'aider*, de *chercher* à connaître, pour s'en inspirer, les résultats acquis, les exemples capables d'éclairer leur voie pour s'éviter ainsi bien des faux pas et des essais inutiles?

Pourvu qu'elles évitent soigneusement de se concerter directe ment entre elles sur leurs intérêts économiques et agricoles, elles restent dans la légalité et, si le *concert* est nécessaire, quel est le texte qui leur défend de réunir dans un congrès comme celui-ci tous les syndicats unis et même ceux qui restent en dehors de la grande famille des Unions, et de prendre telles décisions qu'il écherra concernant leurs intérêts ?

Qui les empêche de former dans ce Congrès des groupes d'études et de nommer des délégués chargés de représenter tous les syndicats de France et de parler en leur nom ?

Telle est notre pensée ; tel est notre avis personnel que nous livrons à vos méditations, que nous soumettons à vos décisions, afin que vous puissiez les discuter et en décider en dehors de toutes considérations étrangères.

Nous avons essayé de vous faire entrevoir le but de la réglementation des rapports entre les Unions, son importance et les effets moraux que nous en attendons. A vous de trancher la question, de voir si elle est suffisamment élucidée pour l'adopter, et s'il ne convient pas, après en avoir accepté le principe, de confier à une commission spéciale le soin de rédiger et de codifier souverainement cette réglementation.

Ces considérations posées, et toutes réserves faites, nous avons l'honneur de proposer au Congrès :

« 1° D'accepter le principe d'une réglementation entre Unions régionales ;

« 2° De nommer une Commission de 9 membres chargée de rédiger le texte du règlement qui vous sera soumis avant la clôture du Congrès. »

M. LE PRÉSIDENT. — Nous remercions M. Deusy de ce rapport important plus qu'on ne le suppose,

Je mets aux voix la première partie des vœux de M. Deusy.

M. le Comte LEJÉAS, de la Côte-d'Or. — Messieurs, j'entends depuis ce matin parler de liberté et je m'en réjouis ; maintenant on me parle de réglementation, j'hésite ; on parle de réglementation entre gens bien élevés et ayant tous un but commun, le bien de l'Agriculture. Vous voulez légiférer, vous ne le pouvez pas ; vous ne pouvez engager personne à obéir à une loi ; est-il utile de faire un règlement sans sanction ? car vous ne pouvez contraindre les Unions à le suivre. Nous avons, en Bourgogne, des rapports entre Unions ; nous envoyons à toutes nos décisions ; mais comment, sur quelle obligation établirez-vous la réglementation ? Allez-vous dire : vous ne jouirez pas de la liberté intérieure ? Pour ma part, je n'accepte pas. J'accepte fort bien les relations courtoises, les conseils, mais pas la main mise par les autres Unions sur une Union. Je demande de ne pas prendre cela en considération, car cela n'a pas de sanction.

M. Duport. — Je ne m'attendais pas à prendre la parole sur une aussi grave question que celle des rapports entre Unions ; je croyais que le rapport si complet et si calme de M. Deusy, notre vénéré collègue, aurait donné satisfaction à tous et je ne comprends pas pourquoi mon collègue de l'Union de Bourgogne proclame avec tant de netteté un *non possumus* absolu sans savoir ce que seront les décisions de cette commission. Il n'est ni dans nos forces ni dans nos intentions de vouloir légiférer sur des rapports actuellement courtois, mais ce que nous croyons sage avec M. Deusy et ce que je crois que M. Lejéas trouvera lui-même fort sage, c'est d'avoir une base à ces rapports pour qu'ils restent courtois. Il n'en résulte pas du tout qu'une Union quelconque ait l'intention de mettre la main sur une Union en particulier. Bien au-dessus est la pensée de progrès qui domine nos travaux et nous rejetons cette idée qu'on pourrait s'ingérer dans les actes d'une autre Union. Ce matin, on parlait de la liberté à propos du pouvoir administratif qui s'ingère le plus possible dans nos actes et on la réclamait uniquement parce que là il y a une sanction ; tandis que ce que nous proposons, c'est seulement une réglementation sans sanction pour faire continuer des rapports qui doivent toujours être courtois. Je conclus et je demande, non pas d'adopter telle ou telle forme, mais de nommer une commission dans laquelle M. le comte Lejéas figurera tout d'abord, il pourra faire valoir ses droits ; d'autres personnes encore sont hostiles à l'idée, qu'on les choisisse et je crois que si vous nommez une commission composée en nombre égal des deux opinions contraires, vous arriverez, après explications, à avoir l'unanimité dans cette commission et alors il n'y aura pas besoin de réglementation avec sanction ; nous n'avons besoin que de la sanction de nos bonnes volontés pour maintenir l'accord absolu entre nos Unions, afin de constituer cette entente de l'agriculture qui fera la force et le bien du pays.

Comme complément, je demande de ne pas même voter le principe, mais de nommer une commission de neuf membres chargée de préparer un règlement.

M. de Larnage. — Je demande comme sanction à ces travaux de faire figurer dans cette commission toutes les Unions.

M. le comte Lejéas. — Du moment qu'on ne vote pas sur le principe, je me rallie à la nomination d'une commission.

M. le Président. — Etes-vous d'avis de ne pas voter ?

M. de Larnage. — Vous avez accepté un vœu tendant à accepter des

Unions régionales, il faut qu'il en sorte un principe, il faut trouver quelles bases on choisira pour la création de ces Unions.

M. LE PRÉSIDENT. — Je mets aux voix les conclusions modifiées du rapport (adopté).

En conséquence :

Le texte des conclusions définitivement adoptées est le suivant :

Le Congrès est d'avis :
De nommer une Commission de 9 membres chargée de rédiger le texte d'un règlement.

M. LE PRÉSIDENT. — Je crois qu'un certain nombre de noms s'imposent pour former la Commission ; en tous cas, M. de Larnage voudra bien remplacer M. Deusy comme rapporteur.

Sont choisis comme membres de la Commission :

MM. LE TRÉSOR DE LA ROCQUE ;
DE VILLENEUVE, de l'Union de Provence ;
MADARÉ, de l'Union du Nord ;
LE COMTE LEJÉAS, de l'Union de Bourgogne ;
NICOLLE, de l'Union de l'Anjou ;
BORD, de l'Union de Guyenne et Gascogne ;
MILCENT, de l'Union de la Franche-Comté ;
A. GUINAND, de l'Union du Sud-Est ;
RIBOUD, de l'Union du Sud-Est ;
DE LARNAGE, de l'Union du Centre (rapporteur).

M. LE PRÉSIDENT. — L'ordre du jour appelle le rapport de M. de Gailhard-Bancel.

2ᵉ Partie. — *SERVICES ÉCONOMIQUES*

RAPPORT DE M. DE GAILHARD-BANCEL, président des Syndicats agricoles d'Allex et de Crest (Drôme)

SUR

Les Institutions d'assistance et de prévoyance dans les Unions de Syndicats agricoles.

Les services professionels et matériels étaient nécessairement les premiers que les syndicats agricoles devaient rendre à leurs membres. Ils s'adressaient à tous ceux qui avaient un intérêt immédiat à tirer un meilleur profit de la terre, en améliorant leurs cultures, ils pouvaient aider les cultivateurs à traverser moins péniblement la crise qui sévissait sur l'agriculture et en atténuer les conséquences désastreuses.

Vous savez que les syndicats n'ont pas failli à cette mission et comment ils l'ont remplie. Je n'ai pas à rappeler ici les progrès immenses réalisés par l'agriculture depuis dix ans, progrès dont l'honneur revient pour une très grande part aux syndicats.

Mais là ne doit pas se borner leur action ; le rôle bienfaisant qu'ils ont joué dans la crise agricole, ils doivent le jouer aussi dans la crise sociale qui menace notre pays. Leur ambition doit être de devenir, dans la lutte de classes qui est engagée à cette heure, les agents de la réconciliation et de la paix sociale, de rechercher, pour les appliquer sans retard, les moyens de retenir aux champs les jeunes générations, qui ne songent, hélas ! qu'à les quitter, et, après avoir si bien servi les intérêts de ceux qui possèdent, d'aller au devant des travailleurs des champs qui ne possèdent pas, ou qui possédent si peu qu'ils ne voient pour eux aucun intérêt à entrer dans un syndicat, de tendre la main à ces deshérités, de leur ouvrir largement leurs portes et de fonder des institutions dont les avantages leur apparaissent et les attirent.

Les institutions, grâce auxquelles ces résultats peuvent être obtenues, sont les institutions d'assistance et de prévoyance.

I.

Assistance. — L'assistance dans les circonstances difficiles, en cas de maladie, d'accidents, de difficultés de toute sorte, est le premier moyen qui s'offre aux syndicats pour venir en aide à leurs membres peu fortunés, et ils peuvent la pratiquer de mille manières, sous mille formes différentes.

La plus simple paraît être d'établir une caisse de secours alimentée par des souscriptions, ou par une somme votée en assemblée générale. Les fonds de cette caisse seraient distribués aux sociétaires qui, par une cause ou par une autre, seraient dans le besoin, ou seraient destinés à leur procurer les soins du médecin et les remèdes qu'il aurait prescrits.

Plusieurs syndicats sont déjà entrés dans cette voie et ont assuré le service médical à tous leurs membres, quelle que soit d'ailleurs leur situation de fortune.

Il serait à souhaiter que les ressources des syndicats leur permissent d'étendre ces secours non seulement à leurs sociétaires, mais encore à tous les membres de leurs familles. Ils gagneraient ainsi plus complètement la sympathie et l'attachement de leurs membres et deviendraient de véritables institutions sociales. Ce serait, en même temps, le commencement d'une organisation réelle et libre de l'assistance dans les campagnes dont il est question de charger les Communes et l'Etat, lesquels n'y apporteront jamais l'esprit familial et fraternel qui anime les syndicats.

**

Une autre forme de l'assistance c'est l'assistance en travail. Au moment où les travaux des champs battent leur plein un petit cultivateur tombe malade, ou est victime d'un accident. Que vont devenir ses récoltes, qui sont mûres, s'il ne peut pas les lever? Le syndicat pourra se charger de ce soin et assurer ainsi à une famille éprouvée la conservation de ses ressources.

**

Les vieillards et les orphelins sont parfois exposés à être délaissés dans les campagnes, ou sont envoyés au hasard dans un hospice ou un orphelinat, dans lesquels rien ne leur rappelle la vie des champs qui a été leur vie, ou à laquelle ils étaient destinés.

Pourquoi les syndicats ne s'appliqueraient-ils pas à chercher, pour les vieillards et les orphelins, qu'un lien rattache à eux, des familles rurales qui consentiraient à les recueillir moyennant une modique rétribution, laquelle viendrait s'ajouter aux quelques services que ceux-ci seraient susceptibles de rendre?

Combien il serait plus doux pour un pauvre vieux paysan de finir ses jours au milieu des champs où il a vécu, à l'ombre du clocher qui a retenti de ses joies et de ses douleurs, près du champ de repos où dorment ses anciens, et où il reposera bientôt lui-même à côté d'eux !

Et pour l'orphelin, combien la vie au grand air lui sera meilleure ! Il apprendra à aimer la terre et les travaux des champs ; il se développera, il se fortifiera, au lieu de s'étioler dans des salles étroites, sans air et sans soleil, et, devenu grand, il restera à la campagne, au lieu d'aller grossir le nombre des ouvriers des villes.

Que si l'on ne trouve pas de famille pouvant le recevoir, le syndicat choisira pour lui de préférence un orphelinat agricole où l'on saura aussi lui inculquer l'amour des choses des champs.

*
* *

Mais ce ne sont pas seulement les pauvres, les malades, les deshérités à qui le syndicat pourra apporter son assistance. Qui donc peut se vanter, surtout par le temps qui court, d'être à l'abri de toute vexation, de toute difficulté grave, de toute injustice ? Ce sera à propos d'une question d'eau, de voirie, d'impôt, d'enregistrement, de reboisement, de régie, etc., qu'un cultivateur se trouvera aux prises avec une administration animée trop souvent d'un esprit étroit et tracassier. Il sera singulièrement plus fort pour résister à des prétentions exagérées ou injustes s'il se sent soutenu, appuyé, défendu même, par une association puissante, décidée à faire respecter les droits de son sociétaire. La seule entrée dans la lice de l'association suffira parfois pour faire cesser les tracasseries et mettre fin aux difficultés; c'est un résultat qui a été déjà plus d'une fois obtenu.

II

Prévoyance. — Au premier rang des institutions de prévoyance se placent les assurances contre l'incendie, les accidents, la grêle, la mortalité du bétail, etc. Elles ont fait l'objet d'un rapport spécial et nous n'en dirons rien. Nous retiendrons seulement les assurances contre la maladie et la vieillesse, autrement dit les sociétés de secours mutuel et les caisses de retraites, et l'assurance contre le chômage.

L'utilité des sociétés de secours mutuel et des caisses de retraites n'est pas à démontrer. Nous pouvons dire même que leur établissement et surtout la création des caisses de retraites serait un excellent moyen pour les syndicats de remplir une partie de leur mission sociale en retenant les jeunes gens à la campagne. Combien en voyons-nous de ces jeunes gens qui viennent nous demander une recommandation, un appui pour être admis dans une administration publique ou privée. Et lorsque nous leur disons qu'ils feraient mieux de rester aux champs, ils nous répondent :

« Pour le moment c'est vrai peut-être ; mais plus tard, quand nous aurons peiné toute notre vie, nous n'aurons pas le moyen de nous reposer grâce à une retraite ; au contraire, après trente années de service, nous pourrons nous retirer de l'administration dans laquelle nous serons entrés avec une pension, qui nous assurera au moins du pain pour nos vieux jours ».

Cette réponse n'est-elle pas la meilleure démonstration de la nécessité des caisses de retraite ? Des jeunes gens sérieux et travailleurs quittent les champs parce qu'ils ont le désir bien légitime d'assurer leur avenir ; ils y seraient restés s'ils avaient pu y trouver ce qu'une administration leur donnera.

La fondation d'une caisse de retraite est assurément une œuvre délicate, difficile, au-dessus des forces d'un syndicat isolé. C'est par une entente avec les compagnies d'assurance sur la vie, actuellement existantes, que nous croyons leur solution possible, pour le moment du moins.

Quant aux sociétés de secours mutuels, elles existent un peu partout depuis longtemps déjà, et il est inutile d'insister sur les services qu'elles rendent en assurant à leurs membres les soins du médecin, les remèdes et le paiement d'une indemnité journalière, correspondant à une partie du salaire, pendant la durée de la maladie.

Rappelons seulement que l'art. 6 de la loi du 21 mars 1884, donne aux syndicats le droit de fonder *sans autorisation* des caisses de secours mutuel et de retraite pour leurs membres.

** **

Les sociétés de secours mutuels, par l'indemnité qu'elles payent à leurs sociétaires malades, constituent en même temps une sorte d'assurance contre le chômage, qui est la conséquence de la maladie. Mais il y a, surtout pour les agriculteurs, bien d'autres causes de chômage que la maladie, on peut même dire que dans aucune industrie le travail n'est aussi aléatoire que dans l'agriculture. Que de journées perdues, pendant l'hiver à cause de la gelée et de la neige, pendant la bonne saison à cause de la pluie et du temps qu'il faut passer à chercher un travail nouveau, quand un premier travail est fini. Cette incertitude est aussi pour beaucoup de jeunes gens une des raisons qui les poussent à déserter la campagne pour aller chercher à la ville un travail qu'ils espèrent devoir être plus régulier.

Les syndicats agricoles feraient donc sûrement œuvre utile en créant pour leurs membres une caisse d'assurance contre le chômage, ou en favorisant l'établissement d'une industrie agricole, qui leur fournirait du travail pendant l'hiver.

III.

Rôle des Unions de Syndicats. — L'action des institutions d'assistance et de prévoyance et, partant, leur organisation, ne peut être qu'essentiellement locale.

Les Unions de syndicats ont cependant à ce point de vue une très importance mission à remplir, et nous ne craignons pas d'affirmer que certaines institutions de prévoyance ne pourront être fondées que grâce à leur concours et à leur initiative.

Cette mission consiste d'abord dans l'impulsion à donner à la création d'institutions d'assistance et de prévoyance. Bien petit est le nombre des syndicats qui en ont établi. Combien ne l'ont pas fait parce qu'ils n'y ont pas songé ! Combien d'autres ont été arrêtés par d'apparentes difficultés, par la crainte d'embarras et d'obstacles imaginaires.

Aux Unions il appartient de provoquer les initiatives, de les encourager, de les aider par des conseils, des renseignements, des conférences, par la publicité donnée aux résultats obtenus. Des syndicats n'ont pas chez eux le moyen de placer leurs vieillards et leurs orphelins, et les confieraient volontiers à d'autres syndicats qui trouveraient dans leur rayon un foyer hospitalier disposé à les recevoir. Pourquoi les Unions ne leur serviraient-elles pas d'intermédiaire ?

Elles pourraient aussi grouper les syndicats pour la fondation des institutions qu'un syndicat est par lui-même dans l'impossibilité de fonder, des caisses de retraites, par exemple, des caisses de secours familiales, et tendre ainsi à l'organisation de l'assistance dans toute une région.

*
* *

L'assistance, que les syndicats prêtent à leurs membres aux prises avec des difficultés administratives ou judiciaires, les Unions pourront la prêter aux syndicats qui rencontreront eux-mêmes des difficultés du même genre. Et souvent ce seront les droits de tous les syndicats qu'elles sauvegarderont en venant au secours de l'un d'entr'eux. A plusieurs reprises déjà, le cas s'est présenté, et l'Union des Syndicats des Agriculteurs de France, l'Union du Sud-Est n'ont jamais manqué d'intervenir en faveur de syndicats qui, laissés à eux-mêmes, auraient été impuissants à se défendre.

IV

Conclusion

Ce ne sera certes pas en un jour que toutes ces institutions pourront être fondées ! Mais, pour les syndicats aussi bien que pour les Unions de syndicats, le passé nous répond de l'avenir, et nous pouvons être assurés que, sur le terrain des institutions d'assistance et de prévoyance, les uns et les autres feront tout ce qui sera possible de faire, comme ils l'ont fait déjà sur le terrain professionnel et agricole.

Le fait seul d'avoir mis cette question à l'ordre du jour du congrès n'est-il pas la meilleure garantie que le dévoué président de l'Union du Sud-Est et ses excellents collaborateurs sont décidés à inciter les syndicats et à les aider à poursuivre jusqu'au bout l'accomplissement de la grande mission sociale qui leur incombe?

Ils y réussiront sûrement grâce à leur dévouement sans bornes, servi par une volonté énergique et par une intelligence, aussi juste que complète, des besoins de nos populations rurales.

Mais, pour qu'ils y réussissent, il est indispensable que les syndicats de leur côté ne soient pas moins décidés à marcher dans la voie qui leur sera frayée.

Qu'ils y marchent hardiment et résolument.

Je vous propose donc, Messieurs, de voter à la suite de ce trop long rapport les conclusions suivantes :

Le Congrès affirme que l'assistance étant le but final de l'association, les Syndicats agricoles doivent s'efforcer de la réaliser sous ses diverses formes dès qu'ils en auront réuni les moyens.

M. le baron DE GOMBERT. — Je remercie M. le rapporteur des encouragements qu'il nous a donnés.

Dans ma région, il ne s'agissait pas pour nous de nous occuper de coopération, mais là, comme dans les grandes villes, il y a des questions arbitraires et nous étions persécutés entr'autres choses pour l'élevage des bestiaux pour les marchés publics et pour les questions d'octroi ; alors j'ai eu l'idée de fonder un Syndicat pour la défense des intérêts agricoles pour la commune de Marseille et nous nous sommes placés sur le terrain de la défense. Il y a deux moyens de voir les intérêts de l'agriculture ; un principal, la coopération, les Unions s'y rapportent ; mais il y en a un autre qui est non seulement de faire gagner de l'argent au cultivateur, mais de lui éviter d'en sortir de sa poche, ce à quoi tend l'octroi ; tous les jours, il se crée des projets de loi pour frapper de droits d'octroi une commune ; donc rapportez chez vous cette pensée qu'on doit pousser les Syndicats à faire protester leurs membres contre l'octroi. Je vais parler maintenant des patentes ; il y a une tendance, c'est à faire frapper d'un droit de patente tous ceux qui font des ventes portant sur un produit autre qu'un produit direct de la terre ; prenez garde, on arrivera à vous écorcher tous, comme on arrive à frapper les éleveurs de vaches qui, pourtant, ne sont pas des industriels ; déjà, à Marseille, la vente des volailles n'est plus considérée comme vente d'un produit direct du sol. Prenez donc garde à la patente, il y a là un grand danger, car l'élevage du bétail est une chose importante en France.

M. le Président. — Je remercie l'orateur de ce qu'il vient de dire, mais je ne peux pas faire voter, car c'est en dehors de la question. Je mets aux voix les conclusions de M. de Gailhard en ajoutant ceci : « En utilisant, au besoin, leur groupement dans les Unions. »

M. de Larnage. — Je vois dans les observations de M. de Gailhard une phrase où il demande une assurance contre le chômage ; qu'entend-il par là ?

M. de Gailhard. — Il faut que les Syndicats aient une grande utilité, car ils ont un rôle social à remplir : empêcher l'émigration vers les villes et maintenir la paix entre propriétaires, ouvriers, fermiers et métayers. Il y a énormément de jeunes gens qui quittent les campagnes pour aller à la ville chercher un travail régulier. Je crois qu'il serait utile que les Syndicats arrivent à établir une caisse spéciale alimentée par des cotisations ou autrement et ayant pour but de donner des secours à ceux qui restent quelque temps sans travail. Je ne peux pas être plus précis, car c'est là une question neuve ; donc je crois que les Syndicats pourraient avoir une caisse analogue, il y a là un côté pratique, je n'ai pas encore trouvé comment on y arrivera, mais c'est une idée.

M. Couprie. — Messieurs, je crois que les conclusions de M. le rapporteur seront votées à l'unanimité, car elles traduisent d'une façon trop nette le sentiment qui nous anime tous : rendre service. Mais le congrès me permettra une réflexion à savoir que, si tout à l'heure, mon ami M. de Gailhard signalait la désertion de la campagne, c'est qu'il y a là un mal plus grave encore : cela vient de l'esprit excessif d'indépendance qui fait qu'un grand nombre de jeunes gens ne veulent pas accepter de poste fixe dans une maison parce qu'ils seraient astreints à un service régulier et qu'ils veulent jouir d'une indépendance complète. Je demanderai donc, en dehors de cette assistance matérielle, une assistance morale dès le premier âge ; et, pour cela, invoquant les procédés de la Société des Agricu teurs de France, je voudrais que nous entretenions des relations avec les instituteurs, que nous arrivions à leur faire comprendre combien il est nécessaire de faire pénétrer l'amour de la campagne chez les jeunes gens, combien il est possible de faire saisir la différence entre les ouvriers de la campagne qui s'entr'aident et les ouvriers de la ville qui meurent de faim. Pour cela, je demande qu'on prenne l'enfant en bas âge pour avoir des paysans solides et robustes attachés à la terre. Je demande de couronner cette œuvre d'assistance matérielle par l'assistance morale afin de préparer des générations fortes qui restent fidèles à la terre.

M. DE GAILHARD. — Il a été fait quelque chose dans ce sens dans l'Ouest, du côté des Côtes-du-Nord : l'enseignement primaire avait baissé, alors on a pensé à substituer au certificat d'enseignement primaire un certificat d'instruction agricole et un comité libre s'est formé dans le département d'Ile-et-Vilaine. A l'heure qu'il est on délivre des certificats d'instruction agricole et les résultats obtenus sont déjà excellents.

M. P. SÉNART. — La société d'Ile-et-Vilaine il est vrai avait convié tous les instituteurs de toutes les écoles libres ou communales ; au premier moment, les instituteurs laïques s'étaient tous fait inscrire, mais au moment du concours aucun n'a eu l'autorisation de se présenter ; 65 écoles libres se sont présentées comprenant 7 à 800 élèves ; on donne des prix aux instituteurs eux-mêmes selon le nombre de leurs élèves qui ont réussi.

M. LE PRÉSIDENT. — Messieurs, pas de conversations, s'il vous plaît, nous avons un programme trop chargé.

M. DE FONTGALLAND. — Il me sera facile de compléter les observations de M. de Gailhard ; j'avais proposé un programme d'instruction agricole et je n'ai reçu aucune proposition. Le cas est donc jugé. Mais, pour rappeler le nom du frère Abel, permettez-moi de vous raconter ce qu'ont fait les frères de Ploërmel ; ils avaient été tout feu et flamme pour le certificat d'études primaires, ils s'aperçurent bien vite qu'ils allaient à l'encontre de ce qu'ils s'étaient proposés ; tous les enfants qui avaient le certificat d'études se regardaient comme trop instruits pour rester à là queue de la charrue. Les bons frères, qui sont gens pratiques avant tout, se sont dit : il y a quelque chose à faire, plus de certificats d'études, mais de l'enseignement agricole. Depuis ce jour, autant les enfants étaient peu nombreux qui désiraient le certificat d'études, autant ils sont désireux d'avoir le certificat agricole et depuis ce temps on a vu peu d'enfants quitter le pays. Guidé par les exemples du frère Abel, j'avais étudié un programme pour un concours à Die en septembre, or pas un instituteur ne s'est fait inscrire, mais je reviendrai à la charge parce qu'il y a là un mouvement à créer.

M. LE PRÉSIDENT. — Le temps presse, il faut conclure, si vous le voulez, nous reprendrons le vœu de M. de Gailhard pour le mettre aux voix. (Adopté).

En conséquence :

Le texte des conclusions définitivement adoptées est le suivant :

Le Congrès affirme que l'assistance matérielle et morale étant l'un des buts principaux de l'association, les syndicats agricoles doivent s'efforcer de la réaliser sous ses diverses formes, dès qu'ils en auront réuni les moyens, en utilisant les Unions régionales.

M. LE PRÉSIDENT. — La parole est à M. Ducurtyl.

RAPPORT DE M. G. DUCURTYL, président du Comité de contentieux et de législation de l'Union du Sud-Est

SUR

Le Tribunal Arbitral

Obéissant à une pensée très généreuse, les organisateurs de ce congrès ont voulu soumettre à votre appréciation l'idée d'instituer dans tout syndicat agricole un tribunal arbitral.

Ils estiment que procurer aux agriculteurs, qui en font partie, les moyens d'éviter les frais de justice et les lenteurs de la procédure devant les tribunaux de droit commun, ce serait leur rendre un très grand service et, certainement aussi, remplir le devoir de protection et d'assistance mutuelle que les syndicats doivent se proposer comme but.

Nul n'ignore les haines, les mauvais procédés, parfois même les vengeances, que suscitent entre deux paysans, les procès interminables et coûteux que les hasards du voisinage ou des affaires ont fait naître.

Une prompte solution de la difficulté naissante, un arrangement amiable, moins coûteux qu'un procès gagné après une longue attente devant une juridiction souvent lointaine, et, à plus forte raison, qu'un procès perdu, serait donc, incontestablement un gage de paix, et en tous cas, un bon exemple à donner aux plaideurs de l'avenir.

Or, les syndicats professionnels qui veulent, avant tout, être de véritables associations fraternelles, ne peuvent-ils pas provoquer ce résultat désirable, en fournissant aux plaideurs de la campagne un tribunal de paix et de conciliation, pris dans son sein, et contribuer aussi efficacement à l'Union parfaite de tous ceux qui vivent de la terre ?

Chargé par votre bureau de présenter un rapport sur cette intéressante question, je ne voudrais pas trahir une confiance qui m'honore en recherchant si, derrière ces séduisantes perspectives, ne se cachent pas quelques illusions que la réalité de l'avenir pourrait dissiper. On m'accuserait, à bon droit peut-être, d'avoir puisé au contact des hommes d'affaires et des plaideurs, qui recourent aux juridictions de droit commun, un scepticisme fâcheux, qui témoigne plus des inconvénients et des dangers de la procédure régulière que de la clairvoyance que l'on acquiert en la pratiquant. J'aime mieux partager, s'il le faut, des illusions et croire à l'efficacité d'un système qui peut devancer l'avénement de l'âge d'or, trop heureux si ma modeste participation peut y contribuer.

Le but à atteindre est donc d'organiser dans chaque syndicat une sorte de tribunal de famille, librement accepté, auquel chaque adhérent pourra soumettre les litiges qui l'intéressent, sous la seule condition d'en accepter sans appel les décisions.

Sa principale mission devrait être de concilier et, à défaut, de juger le litige sans s'astreindre aux règles de la procédure et en s'inspirant principalement des principes d'équité et des usages locaux.

Je crois qu'il n'est pas inutile de rappeler ici qu'aux termes de la loi (art. 1003. Code de Proc. civ.) : « *toutes personnes peuvent compromettre sur les droits dont elles ont libre disposition* » ; que les seules conditions pour que le compromis soit valable, c'est qu'il en soit dressé procès-verbal écrit, et que le compromis désigne les objets du litige et le nom des arbitres (Articles 1005 et 1006 du Cod. proc. civ.).

Le tribunal arbitral ne serait donc valablement saisi, dans chaque affaire, qu'après l'acceptation, par chaque plaideur, des membres qui le composent comme arbitres, et la signature du compromis dont je viens de parler.

Les décisions du tribunal, ainsi régulièrement saisi, auraient force de jugement et pourraient devenir exécutoires, en se conformant aux dispositions des art. 1020 et suivants du Code de Procédure civile.

Mais, afin d'assurer le respect de ses décisions sans exposer les parties aux frais qu'entraînent ces formalités et sans intervention de justice, les statuts du syndicat pourraient sanctionner le refus d'exécution volontaire par la radiation de droit du membre réfractaire.

Enfin, dans le but de permettre au tribunal de juger surtout en équité, sans être astreint aux règles du droit, le compromis, ou acte de nomination, devrait mentionner expressément que les parties donnent à ses membres le pouvoir de se prononcer comme amiables compositeurs (art. 1019 Code de Pr. civ.).

Il serait indispensable encore de mentionner expressément aussi que les parties dispensent de l'observation des formes et délais de la procédure ordinaire et déterminer le délai dans lequel le jugement devrait être rendu.

Bien entendu cette justice serait entièrement gratuite et les minimes frais pouvant résulter de ce service judiciaire devraient être supportés par la caisse syndicale.

Il faut, en effet, pour encourager les plaideurs à recourir à cette juridiction gracieuse, pouvoir leur dire, empruntant la verve sarcastique de Voltaire dans une lettre où il signale l'existence en Hollande d'une institution qu'il admire :

« La meilleure loi, le plus excellent usage, le plus utile que j'ai vu,
« c'est en Hollande. Quand deux hommes veulent plaider l'un con-
« tre l'autre, ils sont obligés d'aller d'abord au tribunal des juges
« conciliateurs, appelés faiseurs de paix. Si les parties arrivent
« avec un avocat et un procureur, on fait d'abord retirer ces der-
« niers, comme on ôte le bois d'un feu qu'on veut éteindre. Les
« faiseurs de paix disent aux parties : Vous êtes de grands fous
« de vouloir manger votre argent à vous rendre mutuellement mal-

« *heureux ; nous allons vous accommoder sans qu'il vous en coûte*
« *rien* ».

Peut-être les cultivateurs de vos syndicats comprendront-ils ce
langage et vous sauront-ils gré de leur assurer économie et bonne
justice.

En ce qui concerne la composition du tribunal elle pourrait être
de trois ou cinq membres, choisis parmi les hommes d'expérience
et de dévouement, qui ne font défaut, j'en suis sûr, dans aucun de
vos syndicats.

Il s'en est trouvé déjà qui ont accepté et rempli ces fonctions à
la satisfaction de leurs justiciables. Le syndicat de Belleville-sur-
Saône, notamment, n'a pas attendu votre invitation pour inaugurer
dans son sein cette institution si respectable et si utile. Le tribunal,
si j'en crois la déclaration de son distingué président, dont je tai-
rai le nom par respect pour sa modestie, a réglé déjà plusieurs
litiges à l'entière satisfaction des intéressés.

Je propose donc à l'agrément du congrès le projet de résolution
suivante, qui résume, je crois, tous les éléments que je considère
essentiels pour que l'institution du tribunal arbitral puisse fonctionner légalement, en répondant au but de sa création.

Projet de résolution

1° Il doit être créé autant que possible, dans chaque syndicat
agricole, un tribunal arbitral, dont les membres, seront désignés à
la majorité des suffrages, et qui aura pour mission de concilier ou
de juger, sans appel, les contestations ayant un caractère professionnel qui leur seront soumises par les adhérents.

2° A cet effet, dans chaque affaire, les parties devront signer un
compromis acceptant la juridiction du tribunal arbitral à titre d'a-
miables compositeurs, déterminant l'objet du litige, fixant les
délais de comparution, de production de pièces, et de prononcé du
jugement, autorisant l'audition de témoins s'il y a lieu et renonçant expressément aux délais et formalités de procédure ainsi qu'à
l'appel de la décision à intervenir.

3° Les frais pouvant résulter de ce service judiciaire, dont tous
les emplois seront gratuits, doivent être supportés par la caisse du
syndicat.

4° En cas de refus de la part d'un syndicataire, ayant accepté la juridiction du tribunal, de se conformer volontairement à la sentence rendue, l'exclusion de ce membre du syndicat sera de droit.

M. LE PRÉSIDENT. — Nous remercions M. Ducurtyl de son intéressante communication.

M. POINSIGNON, des Deux-Sèvres. — Ce que vient de dire le rapporteur fonctionne depuis longtemps dans certains syndicats. Il y a 9 ans, dans les Deux-Sèvres, j'ai organisé cette commission dans mon syndicat et elle a très bien fonctionné pendant quelque temps. Les syndiqués s'engageaient, conformément à la loi, à respecter les décisions, mais, au bout d'un certain temps, les syndiqués n'ont plus voulu accepter ; et je dois avouer que l'institution est tombée en désuétude. C'est excellent, mais difficile à faire fonctionner.

M. LE PRÉSIDENT. — Un échec, des difficultés certaines, ne doivent pas nous empêcher de chercher à établir ce qui est bon. Je mets aux voix les conclusions telles qu'elles sont présentées par M. Ducurtyl.

(Adopté).

En conséquence :

Le texte des conclusions définitivement adoptées est le suivant :

1° Il doit être créé, autant que possible, dans chaque syndicat agricole, un tribunal arbitral, dont les membres, seront désignés à la majorité des suffrages, et qui aura pour mission de concilier ou de juger, sans appel, les contestations ayant un caractère professionnel qui leur seront soumises par les adhérents.

2° A cet effet, dans chaque affaire, les parties devront signer un compromis acceptant la juridiction du tribunal arbitral, à titre d'amiables compositeurs, déterminant l'objet du litige, fixant les délais de comparution, de production de pièces, et de prononcé du jugement, autorisant l'audition de témoins, s'il y a lieu, et renonçant expressément aux délais et formalités de procédure ainsi qu'à l'appel de la décision, à intervenir.

3° Les frais pouvant résulter de ce service judiciaire, dont tous les emplois seront gratuits, doivent être supportés par la caisse du syndicat.

4° En cas de refus de la part d'un syndicataire ayant accepté la juridiction du tribunal, de se conformer volontairement à la sentence rendue, l'exclusion de ce membre du syndicat sera de droit.

M. LE PRÉSIDENT. — Suivant l'ordre du jour, je devrais donner la parole à M. Rieu, mais si c'est l'avis de l'assemblée, nous pourrions suspendre la séance pendant un quart d'heure, ce qui nous permettrait de nous rafraîchir à la buvette installée par l'Union des Producteurs et Consommateurs, pour prendre des forces afin d'aller jusqu'au bout de l'ordre du jour encore fort chargé (Marques d'approbation).

La séance est suspendue à 5 heures.

La séance est reprise à 5 heures 1/4.

M. LE PRÉSIDENT. — La parole est à M. Rieu pour traiter des achats par les syndicats agricoles ; M. Rieu demande à ce que la lecture de son rapport soit faite par son fils.

SERVICES MATÉRIELS

RAPPORT DE M. RIEU, administrateur du Syndicat agricole Vauclusien.

SUR

Les Achats par les Syndicats agricoles

Mon embarras est grand pour vous exposer quelles sont les meilleures méthodes à suivre par nos syndicats, pour effectuer leurs achats. Il est d'autant plus grand, que la sphère dans laquelle je suis appelé à me mouvoir est plus restreinte ; si j'aborde, en effet, le côté technique qui vise plus spécialement l'achat en tant qu'opération administrative, je ne pourrais vous fixer des règles plus claires, plus précises, que celles données déjà par M. le Comte de Rocquigny dans une brochure que tous nous avons entre nos mains. Si, d'autre part, j'envisage la question d'un point de vue plus élevé, en tant que groupement par exemple, je me trouve empiéter sur le rapport de mon honorable collègue, M. H. Denizet, qui doit étudier les achats par les Unions de syndicats.

Pour nous tous, jusqu'à ce jour, cette question a été une question vitale ; autour d'elle gravite, en quelque sorte, l'existence même de nos institutions ; de leur succès dépend notre plus ou moins rapide développement. *Sans ce but intéressé la loi de 1884 aurait été lettre morte pour l'agriculture.*

Comme vous le savez, Messieurs, les discussions théoriques ont peu de succès dans nos campagnes. Il faut à nos cultivateurs des faits, des actes précis qui leur permettent de juger, d'évaluer les avantages qu'ils retireront de leur affiliation aux syndicats. La mutualité des achats leur a fait comprendre combien grande était la force mise à leur disposition et la seule considération des services rendus les a décidés à s'enrôler sous la bannière de nos revendications agricoles. Leur éducation économique est commencée, notre devoir est de la continuer et de leur rendre toujours et quand même des services nouveaux. Ce but, comment pourrions-nous mieux l'atteindre, que par une extension ou une organisation meilleure des achats.

De par la force des choses, nous sommes condamnés au mieux à perpétuité.

Dans tous nos marchés, nous avons à considérer deux parties très distinctes: l'une, technique, administrative; l'autre, purement commerciale.

Le cahier des charges, qui représente la partie administrative, est loin d'être conforme pour tous nos syndicats. Nous y trouvons, en effet, les plus grandes diversités de clauses et conditions, diversités voulues, il est vrai, et motivées par celles même des régions où ils opèrent.

Dès le début de nos institutions, ces cahiers des charges eurent une grande importance. Il fallait des clauses rigoureuses, draconiennes même, pour tenir en tutelle un commerce qui était loin de se respecter. Il fallait moraliser la vente des engrais, apporter dans les campagnes la pratique des analyses chimiques, base de tout contrôle sérieux. Nos syndicats s'étaient armés à cette intention et volontiers, avaient imité l'Etat dans ses dispositions autoritaires.

Ce but est désormais atteint ; le commerce interlope est annihilé d'une manière à peu près complète. La baisse de prix constante, que nous sommes parvenus à produire sur le marché des matières premières, a enlevé tout moyen d'action aux revendeurs, autrefois les maîtres, et les quelques agriculteurs qui sont encore leurs dupes, sont précisément ceux qui refusent l'intermédiaire de nos syndicats, ou qui, ne possédant pas un capital suffisant, sont malheureusement obligés de recourir aux crédits usuraires de ces petits négociants, ne pouvant s'adresser au crédit agricole non encore organisé.

Est-ce à dire qu'aujourd'hui, comme au début, les mêmes règles s'imposent, qu'aucun changement ne peut être apporté aux clauses du cahier des charges, aucun adoucissement aux dispositions trop sévères de nos marchés ? Telle n'est pas notre intention.

En dix années de vie, nos associations syndicales ont eu le temps d'atteindre leur âge de raison, de se former à la pratique des affaires et d'envisager sous un aspect différent les opérations qu'elles sont appelées à conclure journellement.

Telle est la raison pour laquelle, chez nos administrateurs ou directeurs, la partie commerciale tend à prendre le pas sur la partie administrative. Ils la considèrent comme de beaucoup la plus importante, et négligent de jour en jour davantage, l'application stricte de clauses ou de conditions qui n'ont plus raison d'être, dans la généralité des cas présents.

L'importance des affaires, actuellement traitées avec nos fournisseurs, comportant plus de célérité et plus de loyauté dans les relations, ne devons-nous pas, en quelque sorte, nous plier aux circonstances présentes, qui ne ressemblent en rien à celles d'autrefois et nous imposent des charges et des devoirs tout différents ?

Quelles seront donc les conditions requises pour acheter, dans les meilleures conditions, un produit donné ?

C'est : 1° d'être acheteur de grosses quantités ;

2° d'offrir toutes les garanties de parfait paiement ;

3° d'acheter ferme.

Si ces trois conditions sont remplies, tout industriel intelligent, consentira à fabriquer telles quantités qui lui seront demandées, tout en ne se réservant qu'une simple commission, sur les prix réels de revient.

Mais nos syndicats remplissent-ils ces conditions ? Acheteur de gros est un terme bien relatif. Le gros pour les engrais composés sera un minimum pour les matières premières. Le maximum d'y il y a 6 ou 7 ans est un minimum aujourd'hui. Le gros pour les nitrates, n'est plus le même que pour les sulfates d'ammoniaque. Tel syndicat qui traitait 1.000 tonnes de superphosphates, il y a quelques années, ferait petite figure, aujourd'hui que les usines ont pris une si grande importance, que leur production a triplé ou quadruplé. Acheter 1,000 ou 1.500 tonnes de superphosphates n'est plus le gros à notre époque.

Acheter « en gros » signifie donc prendre la plus grosse partie de la production d'une usine, afin que l'industriel soit assuré du maximum de sa fabrication, avec un minimum de frais généraux. Les syndicats qui traitent de telles quantités sont encore l'exception.

La deuxième condition, tout aussi indispensable que la précédente, est, que le vendeur soit assuré du parfait paiement de ses fournitures. De ce côté, satisfaction complète est donnée. Que les syndicats garantissent le paiement, ou que le vendeur fasse traite individuelle, le résultat est le même.

Il n'y a pas de non valeurs !

Mais les syndicats achètent-ils « ferme » les produits qui leur sont nécessaires. En un mot, peuvent-ils s'engager comme le ferait un négociant?

Question délicate, car il est très difficile d'obtenir des cultivateurs, quelques mois à l'avance, l'engagement ou même la simple déclaration des quantités dont ils sont preneurs pour la campagne prochaine. Si quelques-uns donnent satisfaction à ce sujet, le plus grand nombre s'y refuse malgré les plus pressantes invitations. Les récoltes sont si aléatoires, les prix si avilis, les avances dont ils disposent si réduites, que ce refus peut même s'expliquer en partie.

Jusqu'à ce jour, la plupart des fournisseurs ont passé outre ; ils s'en rapportent à l'engagement moral pris par les syndicats, parce que les prix ont été avantageux pour eux et que l'extension ininterrompue de nos associations syndicales leur a permis de livrer des quantités toujours croissantes; mais si les fluctuations du prix des engrais devenaient fréquentes ou considérables, nos fournisseurs seraient exposés à faire des approvisionnements inutiles ou onéreux et se verraient alors, pour se couvrir d'un aléa aussi dangereux, dans la nécessité de relever leur prix de vente, ou de ne consentir aucun rabais nouveau.

Il ressort donc que nos syndicats, au point de vue achat, sont plus mal placés que le simple négociant en gros. Il leur est difficile d'acheter ferme en effet et, dans leur ensemble, ils ne présentent pas les qualités d'acheteurs de « gros ». Ils offrent, il est vrai, une honorabilité indiscutée, une régularité scrupuleuse dans leurs paiements, mais ces considérations ne font qu'atténuer les inconvénients précités, elles ne les suppriment pas.

Nos syndicats doivent donc tendre à annuler ces difficultés sérieuses, réelles, mais non insurmontables.

La première est destinée à disparaître à mesure que, par une organisation intérieure plus complète, mieux comprise, nos associations prendront un contact plus rapide, plus fréquent, journalier même, avec chacun de leurs membres et, cela par la création de comités communaux, dirigés par les syndicats départementaux et d'arrondissements, ou bien encore par l'union des syndicats locaux ou cantonnaux là où ces formes ont prévalu.

En attendant que cette organisation s'étende à tous nos syndicats, ce qui, d'ailleurs n'est qu'une affaire de temps, il serait facile, pour ceux qui ne la possèdent pas encore et dont la clientèle éparse sur toute l'étendue d'un département, empêche toute concentration opportune, d'établir des moyennes annuelles qui leur permettront de connaître, avec assez de précision, les quantités maximum pour lesquelles ils peuvent s'engager, sans courir de risques réellement graves, s'ils sont sérieusement organisés et fonctionnent depuis plusieurs années.

Le temps seul pouvant et devant résoudre cette première difficulté, examinons la deuxième.

La majorité de nos syndicats ne peut prétendre actuellement à desservir plus d'un département, encore moins une région et, par suite, fournir à des usines données un chiffre d'affaires suffisant pour discuter les prix, de puissance à puissance. Cependant comme le salut et l'avenir de nos associations sont là, nous devons saisir le seul moyen qui se présente à nous pour atteindre ce but ; et ce moyen est la concentration des ordres et des commandes par département, et, si cela ne suffit pas, par région. Mais une condition inéluctable domine tous ces groupements : la distance qui les sépare des usines appelées à leur fournir les matières premières. La question des transports est ici prépondérante et doit servir de base à ces unions d'achats. Plus les usines sont espacées, éloignées les unes des autres, plus ces groupements auront chance de réunir des tonnages tels, qu'ils deviendront les dispensateurs, les régulateurs du marché de ces produits. Et il ne faut pas se le dissimuler, ce n'est qu'à cette condition que nos syndicats obtiendront de nouveaux succès et seront appelés à rendre de nouveaux services à leurs adhérents.

La loi de 1884 a été, il est vrai, une loi de liberté, mais le laconisme qui a présidé à sa rédaction laisse peser sur tous nos achats, une incertitude qui a motivé, à plusieurs reprises, l'émission de vœux tendant à rendre effective la liberté, seulement relative, dont nous jouissons.

Et, en attendant, beaucoup d'administrateurs de syndicats, effrayés par le vague ou les restrictions de la loi, préfèrent fonder des *sociétés coopératives* annexes, afin de recouvrer une liberté d'action indispensable à leur bonne gestion.

Car, il faut bien le reconnaître, les achats de nos syndicats sont actuellement faits dans des conditions commerciales défectueuses ;

obligés, par la loi, d'avoir des ordres à exécuter avant de s'en
assurer la contre-partie, ces achats se font généralement au moment
même de leur emploi, alors que la hausse est en quelque sorte
inévitable.

D'un autre côté, il nous est offert parfois des marchandises que des
circonstances fortuites de place feraient céder à des cours très avantageux, mais dont il est impossible de bénéficier. Si une entente deve-
nait, en outre, nécessaire entre plusieurs syndicats, pour acheter en
commun des matières premières et de provenance étrangère, sur
lesquelles ils trouveraient une grande différence de prix, comment, avec leur organisation actuelle, pourraient-ils en profiter,
s'ils ne sont pas aptes à traiter commercialement? C'est la raison
qui nous fait augurer un accroissement rapide de ces coopératives,
qui répondent si bien à des besoins réels et immédiats.

C'est dans le but de faciliter les opérations d'achats des engrais
chimiques et des matières fertilisantes que j'ai préconisé le groupement régional qui, du reste, a déjà fait ses preuves. Mais, en
dehors des engrais, il existe une foule de produits accessoires,
sels chimiques, instruments et machines agricoles, pour lesquels
ce groupement n'aurait malheureusement pas assez d'ampleur, ne
posséderait pas la situation prépondérante que nous désirerions
pour lui.

Bien que considérable, la vente des outils ou des matières
secondaires agricoles est encore restreinte eu égard au marché
national. Les prix que nous pouvons individuellement obtenir ne
sont pas assez bas pour nous permettre de lutter avec de grands
avantages contre certaines maisons de gros.

Pour obvier à cet inconvénient majeur selon moi, n'y aurait-il
pas lieu de proposer la création de grandes coopératives régionales
plutôt que départementales, dont les syndicats pourraient être
seuls actionnaires fondateurs, et qui auraient pour unique mission de centraliser les commandes et les renseignements commerciaux et opéreraient absolument à notre égard comme nous
opérons nous mêmes vis-à-vis de nos syndiqués.

Pour les outils ou les machines agricoles, par exemple, les frais
de transports ne sont pas d'une importance extrême. Ils peuvent au
besoin, et sans trop d'inconvénients, venir d'un point central.
Tandis que pour les superphosphates, sulfates de fer, etc., les
distances opposent une barrière infranchissable.

Ces coopératives, acheteurs de gros, nous fourniraient les sulfates d'ammoniaque, sels de potasse, sulfates de cuivre, fils de fer, faulx, faucilles, pelles, fourches, faucheuses, etc., à de meilleures conditions que nous ne les obtenons actuellement.

Et si toutefois par leurs achats particuliers, individuels, leur action n'était pas encore assez puissante, elles pourraient former de grandes unions, qui faisant un bloc de toutes les commandes, leur permettraient d'acquérir une influence prépondérante sur le marché français. Elles rempliraient ainsi un rôle des plus utiles en ce qui concerne les nitrates et les sels de potasse par exemple, dont de grandes compagnies monopolisent le commerce. Ces unions de coopératives pourraient, même au besoin, compter, comme membres adhérents, les fournisseurs attitrés de nos syndicats pour les engrais chimiques, qui, au point de vue de leurs achats, n'étant guère plus avancés que nos groupements régionaux, sont eux-mêmes forcés de subir les exigences des importateurs ou des représentants étrangers.

Cette organisation nouvelle me paraîtrait destinée à rendre de réels services. Elle compléterait et faciliterait ceux que les groupements d'achats commencent à nous donner.

Les circonstances et les événements doivent modifier notre règle de conduite, car nous ne pouvons rester stationnaires, alors que tout se transforme autour de nous, par nous et pour nous.

MESSIEURS,

Lorsque, au début de nos institutions syndicales, les matières fertilisantes étaient cotées à des prix qui n'avaient de limites que la crédulité de l'acheteur ou la rapacité du fabricant, alors que nul contrôle et nulle contrainte ne s'opéraient sur ce marché si étendu, et que l'agriculteur était si indignement trompé, de faciles triomphes couronnèrent nos efforts.

Chacun de nos syndicats était assuré de remporter de légitimes avantages pour ses achats, sa sphère d'action, fût-elle très petite.

Il suffisait de s'unir pour combattre l'exploitation éhontée dont les campagnes étaient victimes. Il suffisait de s'unir pour supprimer tous ces intermédiaires parasites et profiter immédiatement de très grandes réductions de prix.

Aujourd'hui les conditions sont tout autres.

A ces temps héroïques, à cet âge d'or où la cognée syndicale manœuvrait avec tant de zèle dans la sombre forêt des monopoles commerciaux, l'âge de fer va succéder.

Les résolutions que nous avons à prendre deviennent de plus en plus importantes; à chaque instant notre responsabilité morale est en jeu. La lutte se fait plus vive, plus tenace, entre syndicats et commerçants. A mesure que la baisse de prix fait de nouveaux progrès, ces derniers opposent une plus grande résistance. Plus d'intelligence, plus d'esprit de suite, deviennent nécessaires. De leur côté, les syndicats, que la concentration des ordres, la qualité des acheteurs, l'importance des commandes transmises placent à un niveau commercial plus élevé, ne peuvent se résoudre à voir de simples particuliers bénéficier des mêmes prix qu'ils ont eu tant de peine à obtenir.

De là, lutte; de là, nouveaux efforts en vue de conditions meilleures.

S'il est certain que l'agriculture profite de toutes ces diminutions de prix, que tous ces efforts, ce travail latent, ne demeurent pas inutiles, nos institutions en subissent toutefois le contre-coup. Elles ne se développent plus avec la rapidité que nous pourrions en attendre, sur laquelle nous serions en droit de compter, en raison des services rendus.

C'est une situation que nous ne pouvons accepter. Nous lutterons jusqu'à ce qu'elle prenne fin, parce qu'il est une chose indispensable, capitale, qui doit tout primer et vers laquelle doivent tendre tous nos efforts : c'est l'avenir, c'est la puissance de nos associations.

Il faut qu'elles soient fortes par le nombre de leurs adhérents, pour qu'elles soient écoutées. Il faut qu'elles soient puissantes par leurs ressources et l'étendue de leurs opérations, pour qu'elles soient respectées.

Mais, pour atteindre ce but, nos forces ne doivent plus être éparses; il ne faut plus que nos syndicats restent isolés, divisés, rivaux même.

C'est une évolution forcée, indispensable. Groupons les forces de nos syndicats et nous serons les premiers acheteurs du monde.

Comme conclusion à ce rapport, je vous demande donc, Messieurs, de vouloir bien accepter le vœu suivant, qui me parait d'une très grande importance pratique et dont l'adoption est commandée par les circonstances présentes :

Les Syndicats agricoles, quelle que soit d'ailleurs leur circonscription, n'étant qu'imparfaitement armés, pour obtenir du commerce tous les avantages auxquels ils peuvent légitememcnt prétendre dans leurs achats, il y a lieu de compléter leurs facultés, en leur adjoignant, sous certaines conditions,des sociétés coopératives agricoles. Ces coopératives, en agissant directement ou en se groupant entre elles, seront plus aptes à traiter toutes les questions.

M. LE PRÉSIDENT. — Vous avez entendu le rapport de M. Rieu, que M. Rieu fils a lu en son nom.

On me fait observer qu'il faudrait peut-être reporter la discussion après la lecture du rapport sur la même question de M. Denizet.

(Adopté).

La parole est donc à M. Denizet.

RAPPORT DE M. HENRI DENIZET, vice-président du Syndicat des Agriculteurs du Loiret.

SUR

Les Achats par les Unions de Syndicats

Je ne fais partie ni du Bureau, ni du Conseil d'administration d'aucune Union de syndicats, je n'étais donc guère préparé à répondre à l'invitation si flatteuse du président du Congrès, M. Duport, de venir traiter devant vous la manière dont les Unions régionales peuvent aider leurs syndicats pour les achats.

Je ne serai point en mesure de vous rendre compte d'une application à laquelle j'aurais pris part, le syndicat du Loiret dont je fais partie, n'ayant fait aucun achat par l'appui de l'Union du Centre à laquelle il est affilié.

Ce que je pourrai vous exposer c'est donc plutôt mes vues, mes idées personnelles sur la nécessité d'utiliser les Unions régionales pour les achats des syndicats, résultant d'une expérience de huit années consacrées au syndicat des agriculteurs du Loiret comme secrétaire général d'abord et ensuite comme vice-président.

En créant les syndicats nous poursuivons un but généreux, élevé, qui est d'en faire une famille agricole composée de membres honnêtes, actifs, intelligents, travailleurs, accessibles au progrès, mais il faut reconnaître que tous nos efforts viendront se heurter devant une indifférence absolue si aux avantages moraux, nous n'ajoutons pas des avantages matériels qui séduiront tout d'abord les cultivateurs.

Sans les avantages matériels, nous le savons tous, les syndicats de l'Union des Agriculteurs de France n'auraient pu grouper et réunir un million d'agriculteurs et, je n'hésite pas à le dire, tous nos efforts doivent tendre à multiplier ces avantages, à les perfectionner, nous devons surtout chercher à vendre toujours meilleur marché, car c'est là le point qui frappe le plus, et si, depuis quelque temps, certaines associations ont vu diminuer le nombre de leurs adhérents, c'est que, s'en tenant aux résultats du passé, elles ont oublié que, pour conserver leur situation, il fallait toujours aller de l'avant. En matière de syndicat, rien n'est plus dangereux que de piétiner sur place, on est bien près de décliner lorsqu'on cesse de marcher.

En ce qui concerne nos achats surtout, qu'il s'agisse des engrais, des denrées, des instruments, il importe que nos prix soient toujours sensiblement inférieurs à ceux du commerce, et comme le commerce de détail fait tous ses efforts pour se rapprocher de nos prix nous avons le devoir d'acheter mieux que lui.

J'ai souvent entendu émettre cet avis : peu importe que vous vendiez cher pourvu que vous ne vendiez que des produits de bonne qualité.

L'expérience a démontré depuis longtemps, que pratiquement ce principe était faux, qu'il fallait vendre, en effet, des marchandises de bonne qualité, mais qu'il fallait surtout les vendre bon marché.

Aussi, lorsqu'on a voulu l'appliquer dans certains syndicats, on s'est bientôt aperçu que les syndiqués désertaient pour retourner chez le marchand qui vendait moins cher, auprès duquel ils trouvaient meilleur accueil que dans nos magasins, et surtout des facilités de paiement que beaucoup de syndicats considèrent encore comme un devoir de ne pas leur accorder.

Pour ne citer qu'un exemple, rappelons-nous ce qui s'est passé pour les superphosphates ; dès la création de nos syndicats les prix en étaient tellement exagérés, surtout chez les intermédiaires de nos campagnes, que nous avons pu les livrer avec des écarts de plus de cent pour cent, et ce seul avantage nous attira de nombreux adhérents ; mais, depuis lors, le commerce a dû abaisser successivement ses prix et, aujourd'hui, nous n'arrivons plus à les fournir qu'avec des différences presqu'insensibles.

Qu'arrive-t-il alors ? c'est que dès l'instant qu'on ne trouve plus un avantage suffisant à se fournir à nos magasins, on commence à les abandonner.

En ce qui nous concerne, justement préoccupés d'un assez grand nombre de désertions survenues au début de cette année, nous avons tenu à faire une enquête : un employé a été chargé de présenter les quittances à domicile et de noter par écrit les motifs de refus. Parmi les réponses qui nous sont toutes passées sous les yeux, nous avons souvent trouvé celle-ci : « Le syndicat vend maintenant aussi cher que le marchand, je n'ai donc plus besoin d'en faire partie ».

Je reconnais cependant que les syndicats ont tout fait pour se maintenir, ils ont fait de grands efforts pour obtenir des prix toujours plus bas au moyen de gros marchés ; mais alors les marchandises sont restées longtemps en magasins et se sont trouvées atteintes bien souvent par la baisse des prix.

L'industrie a refusé de nous accorder les mêmes prix qu'au commerce, malgré toutes les garanties de sécurité et d'honorabilité que nous leur présentions.

Enfin nous nous sommes heurtés, comme le commerce lui-même, à cette vaste association cosmopolite d'importation qui fait la loi en France, qui nous ruine par ses bas prix dans les années d'abondance, et qui nous exploite dans les années de disette.

J'ai été frappé une fois de plus de cette vérité l'hiver dernier. La récolte d'avoine avait été presque nulle dans le centre de la France et, dès le mois de novembre, toutes les réserves étant épuisées, partout on nous demandait de faire venir des avoines étrangères pour la consommation. Devant ces demandes réitérées, notre conseil d'administration, pensant obtenir de meilleures conditions, avait décidé d'acheter ferme d'un seul coup 200,000 kil. d'avoine dont le placement était assuré d'avance. On s'adressa à Dunkerque, au Havre, à Rouen, à St-Nazaire, à Bordeaux, à Marseille pour rechercher le prix le moins élevé ; toutes les réponses furent identiques, partout on nous fit le même prix, à 5 centimes près, partout le prix fut le même, que la commande fut de

200,000 kilos ou qu'elle fut seulement d'un wagon de 5,000 kilos.

C'était bien la preuve que toute l'importation était dans la même main qui dirigeait tout le marché, et qui l'a tenu jusqu'au bout, puisqu'à la veille même de la récolte, elle a pu maintenir ces prix élevés que nous avons dû subir depuis près d'un an.

Si alors, l'Union du Centre avait pu réunir les ordres d'achat de tous les syndicats de la région, et les transmettre à une coopérative solidement constituée, elle aurait pu par l'importance de ses affaires éviter de passer par ces exigences; au lieu d'aller demander de avoines aux importateurs, elle aurait pu devenir elle-même importatrice et faire profiter nos cultivateurs des bénéfices qu'ont dû encaisser les spéculateurs.

De tout ce qui précède il faut conclure qu'alors qu'il y a sept ou huit ans, un syndicat pouvait fonctionner seul et présenter des prix assez bas pour satisfaire ses adhérents, il n'en est plus de même aujourd'hui; les petits syndicats surtout commencent à péricliter, et le jour n'est pas loin où, s'ils restent isolés, ils seront impuissants à se maintenir.

Il importe donc de réagir contre une situation qui, fatalement, nous entraînerait tous depuis les plus puissants jusqu'aux plus faibles.

Les Unions régionales, à la constitution desquelles l'honorable M. Deuzy a tant travaillé, ont d'abord été proposées comme le moyen de faire sortir les syndicats de leur isolement, de leur permettre de se concentrer pour les achats.

Mais M. Deuzy lui-même dut bientôt reconnaître que les Unions ne pouvant pas faire elles-mêmes d'opérations d'achats pour leur compte ou même pour le compte des syndicats adhérents, n'atteindraient pas leur but si elles ne pouvaient s'appuyer sur une société coopérative régionale constituée avec le concours de tous les syndicats de l'Union.

C'était faire dans un cadre restreint, facile à embrasser, ce que M. Rostand qui, il faut le reconnaître, a rendu de réels services à la cause des syndicats, avait rêvé d'organiser, à Paris, pour toute la France.

Si la conception trop étendue de M. Rostand semblait d'une application difficile parce qu'elle faisait reposer sur un seul homme le sort de toutes nos associations syndicales, il n'en était pas de même de l'idée des coopératives régionales, plus faciles à diriger parce qu'elles devaient opérer sur un champ moins étendu et servir de lien commercial entre des syndicats d'une même contrée, ayant les mêmes affinités et les mêmes besoins.

C'est à l'Union du Sud-Est qu'était réservé l'honneur d'établir auprès d'elle la première coopérative régionale. Grâce au zèle, à l'intelligence et surtout à l'esprit pratique de M. Duport, des statuts qui sont un modèle du genre, étaient rédigés, et dès le 1er mars 1893, la coopérative du Sud-Est commençait à fonctionner, nous savons tous avec quel succès croissant.

Malheureusement, il n'en fut pas de même partout. A l'Union du Centre, malgré les courageux efforts de M. Deusy, président, et de M. le baron de Larnage, son secrétaire général, la coopérative ne put être fondée.

Il ne m'appartient pas de dire ici les raisons multiples qui ont empêché cette création, vous les connaissez d'ailleurs, car elles ont été invoquées lors de la création de la coopérative du Sud-Est, mais pour moi qui y ai travaillé de toutes mes forces, j'ai la conviction que l'avenir nous l'imposera dans un délai rapproché.

Des considérations que j'ai eu l'honneur de vous présenter se dégage cette conclusion que les syndicats agricoles ont besoin d'améliorer les services matériels sur lesquels comptent leurs adhérents, et que, parmi ces services, celui des achats ne pourra être assuré, dans l'avenir, que par des marchés très importants de façon à produire de nouveaux abaissements des prix. Que ces résultats ne pourront être obtenus que par une entente entre les syndicats d'une même région au moyen des Unions et des coopératives régionales.

Une société coopérative, administrée par des membres des conseils d'administration des syndicats, semble préférable au système du courtier tel que l'avait établi d'abord l'Union du Sud-Est.

La coopérative reste de cette façon une émanation des syndicats ; elle est, pour ainsi dire, une fraction d'eux mêmes, tandis que le courtier n'est qu'un agent toujours en suspicion et contre lequel les syndicats seraient trop souvent en lutte.

Quant au mode de fonctionnement de la coopérative à côté des syndicats, je n'ai point à en parler ici d'une manière étendue, cette question sera longuement traitée dans la journée de vendredi ; je crois d'ailleurs qu'il devra varier avec les contrées suivant l'organisation actuelle des syndicats.

Les syndicats qui sont déjà pourvus de magasins et de dépôts pourront désirer les conserver en considérant la coopérative comme leur fournisseur de gros, tandis que ceux qui n'ont pas la même organisation préféreront s'adresser directement à la coopérative qui se chargera pour eux, à la fois, de tout le service matériel des achats et des livraisons

Ces deux systèmes sont d'ailleurs pratiqués à la coopérative du Sud-Est qui s'en trouve bien, pouvons-nous mieux faire que de la prendre pour modèle et de suivre son exemple ?

Ceci me conduit à vous proposer les conclusions suivantes :

Le Congrès est d'av s que les Unions rég onales de syndicats ne pouvant opérer elles-mêmes les opérations d'achats et de ventes pour leurs syndicats unis, il y a nécessité de constituer à côté des Unions et sous leur influence immédiate, des coopératives agricoles de production et de consommation.

M. LE PRÉSIDENT. — Le rapport de M. Denizet comprend effectivement toutes les difficultés qui se rencontrent à l'heure actuelle pour nos syndicats ; il les a résumées d'une façon lumineuse et nous l'en remercions.

J'ouvre la discussion sur les rapports de MM. Rieu et Denizet.

M. RENÉ JACOB, de la Côte-d'Or. — Vous venez d'entendre deux remarquables rapports, les conclusions sont identiques : « Adoption ou création de coopératives. » En Bourgogne, nous avons mis en pratique, après Lyon, cette idée. Je voudrais émettre mes opinions personnelles après un an 1/2 d'expérience pour éviter un sentiment qui pourrait naître de ce que vous avez entendu dire à l'orateur précédent. Je ne crois pas qu'il faille d'immenses coopératives ; j'ai rencontré beaucoup d'anciens négociants qui m'ont fait remarquer qu'il n'y avait pas de différence entre le gros acheteur et le très gros acheteur ; vous avez des syndicats éloignés des centres, ils ne doivent pas se décourager, ils n'ont qu'à créer eux-mêmes une coopérative. Mais, s'il y a de gros achats il faut de gros acheteurs, mais pas de très gros acheteurs, car vous dépasseriez les forces de production des petites usines de votre périmètre et alors vous favoriseriez les grosses usines qui tuent les petites et vous seriez à leur merci pour la hausse et la baisse. L'intérêt des syndicats est donc de soutenir les petites industries. Sous le bénéfice de ces observations, je m'associe au rapport.

M. le rapporteur RIEU. — En matière de syndicat et d'union, il n'y a rien d'absolu ; on verra, d'après la contrée, ce qu'il faut faire ; il y a des marchandises pour lesquelles on achète en petit et d'autres en gros.

M. le Président. — Je mets aux voix les conclusions de M. Rieu. (Adopté).

Aux conclusions de M. Denizet, on pourrait ajouter le mot qui ressort de son rapport tout entier : « Les coopératives agricoles *régionales* de production et de consommation... » (Approbation).

M. Saint Prix-Desbois. — Je crois qu'il vaut mieux mettre « utilité » que « nécessité. »

M. de Larnage. — J'insiste sur la nécessité absolue, ce n'est pas le lieu de le rappeler, mais il est indispensable de créer des coopératives.

M. Denizet. — De mon rapport il découle d'abord que ces Unions n'ont pas de raison d'être si on ne crée pas, à côté, des coopératives. Ensuite c'est que nous, syndicat du Loiret, nous pouvons faire nos affaires nous-mêmes, parce que nous sommes forts, d'autres ont beaucoup de peine ; s'ils étaient aidés, ils travailleraient mieux.

M. le Président. — Il faut rétablir la question à son vrai point de vue : M. Denizet dit que s'il n'y a pas de coopératives les Unions n'ont pas d'utilité ; il faut rectifier cette manière de voir ; car, certainement, nos syndicats ont pour but de rendre des services matériels à leurs membres, mais ça n'est pas tout, l'Union a aussi sa raison d'être pour rendre des services économiques.

Étant donné ce que vous venez d'entendre je vous propose de voter le texte tel qu'il est.

M. Saint-Prix-Desbois. — Je demande qu'on vote sur le mot nécessité. (Rejeté).

M. le Président. — Je mets aux voix d'abord le texte des conclusions de M. Rieu (adopté) et maintenant le texte des conclusions de M. Denizet. (adopté).

En conséquence :

Le texte des conclusions définitivement adoptées est le suivant :

Le Congrès est d'avis ;

Que les Syndicats agricoles, quelle que soit d'ailleurs leur circonscription, n'étant qu'imparfaitement armés, pour obtenir du commerce tous les avantages auxquels ils peuvent légitimement prétendre, dans leurs achats, il y a lieu de compléter leurs facultés, en leur adjoignant, sous certaines conditions, des sociétés coopératives agricoles. Ces coopératives agricoles, en agissant directement, ou en se groupant entre elles, seront plus aptes à traiter toutes les questions.

Que les Unions régionales de syndicats ne pouvant opérer elles-mêmes les opérations d'achats et de ventes pour leurs syndicats unis, il y a nécessité de constituer, à côté des Unions et sous leur influence immédiate, des coopératives agricoles régionales de production et de consommation.

M. le Président. — La parole est à M. Bord.

RAPPORT DE M. BORD, secrétaire général du Syndicat
agricole de Cadillac

SUR

Les Ventes par les Syndicats agricoles

En agriculture, comme en toute autre industrie, il ne suffit pas de produire à bon compte, il faut encore assurer aux produits un écoulement régulier et rémunérateur.

Créés pour la défense de tous les intérêts professionnels, les syndicats agricoles ne pouvaient se désintéresser de la vente des récoltes de leurs adhérents. Presque tous ont inscrit dans leur programme cette importante question, quelques-uns l'ont sérieusement mise à l'étude, un très petit nombre seulement a essayé de la réaliser pratiquement.

Ce sont les produits de la laiterie dont la vente a le mieux et le plus généralement réussi. Le Syndicat du Calvados et les Syndicats paroissiaux de Basse-Bretagne l'ont organisée avec soin et, grâce à la vulgarisation des colis-postaux, ils en ont étendu le bénéfice au plus grand nombre.

Pour le bétail et les chevaux, le Syndicat du Calvados, le Syndicat des agriculteurs Charolais ont créé un service spécial qui affranchit l'acheteur de l'intermédiaire des maquignons, tant pour les animaux de service que pour les reproducteurs.

Les résultats paraissent moins favorables pour les grains. Quelques syndicats peuvent fournir des semences ; nous n'en connaissons aucun qui soit capable d'assurer, dans des conditions normales, sa provision d'avoine à un autre syndicat comsommateur de cette denrée. Le Syndicat d'Anjou n'a point obtenu tout ce qu'il espérait de son essai, pourtant très pratique, de consignation et de warrantage des blés.

Nous devons cependant une mention particulière aux adjudications célèbres des Syndicats de l'Indre, pour le blé, et de Meaux, pour la paille à fournir à l'administration de la guerre. Ces adjudications, gênées depuis par le formalisme bureaucratique, demeureront comme une preuve de la puissance d'initiative des associations rurales.

Quelques syndicats du Midi envoient dans l'Est, au moment des vendanges, des raisins frais pour boisson.

La vente du vin a été tentée à peu près sous toutes ses formes; dans la Touraine et le Blésois, les syndicats accompagnent au vignoble les acheteurs en gros; à Narbonne et dans plusieurs localités de l'Hérault, ils groupent des échantillons au siège social; dans le Beaujolais, à Mâcon, à Perpignan, ils ont ouvert des marchés publics où vignerons et marchands peuvent se rencontrer. Il ne semble pas que ces diverses innovations aient donné une bien vive impulsion à la vente.

Le Syndicat du Haut-Beaujolais a organisé un office de courtier qui surveille les expéditions et revêt les fûts d'un cachet d'origine et, malgré ses qualités, ce système n'obtient pas auprès du consommateur tout le succès qu'il mérite. C'est cependant le *nec plus ultra* de ce que peuvent faire les syndicats, à moins d'imiter celui de Montagnac (Hérault) qui a abordé hardiment la fourniture directe de la clientèle, dite bourgeoise, en donnant sa garantie personnelle. Toutefois, l'insuccès du dépôt de vins de consommation courante que ce petit syndicat avait installé à Paris avec ses propres ressources doit donner à réfléchir aux coopérateurs trop ardents.

La vente des huiles, des fleurs et des légumes est assurée par les syndicats de Salon (Bouches-du-Rhône), de Toulon et Ollioules (Var) et des maraîchers de Dunkerque (Nord).

Le Syndicat des cultivateurs-herboristes de Milly (Seine-et-Oise) expédie annuellement pour 120.000 francs (200.000 kilos) de plantes sèches médicinales en Angleterre, en Amérique, en Russie et en Italie. Enfin le Syndicat des houblons de Bourgogne — un modèle du genre — a réussi à ramener l'attention sur les houblons français, en pratiquant pour le compte de ses membres une série d'opérations très délicates qui donnent à leurs produits une plus-value justifiée.

Cette énumération — tout incomplète qu'elle est — donne une idée suffisamment exacte des tentatives les plus intéressantes conçues au point de vue strictement syndical.

Avouons-le, les résultats en sont manifestement insuffisants.

Le faible développement des ventes syndicales doit être attribué en partie au personnel restreint sur qui repose la direction effective de nos associations. Les services nombreux et importants créés dès le début absorbent toutes les facultés des administrateurs ; et, comme ceux-ci sacrifient à la gestion des affaires communes beaucoup de leur temps et de leurs intérêts personnels, leur exemple n'est malheureusement pas contagieux.

Un autre obstacle est le peu d'empressement mis par les syndiqués à seconder les efforts les plus louables. Ici, à Lyon, ils négligent de tirer parti d'admirables institutions parfaitement organisées, comme les boucheries de l'Union des Producteurs et Consommateurs. Ailleurs, ils lassent les meilleures volontés par leur impatience et leurs exigences et forcent bien des syndicats à renoncer à toute entremise même officieuse. En somme, si quelques-uns ont réussi, c'est, d'une part, en se consacrant plus spécialement à la vente d'un produit particulier et d'autre part, en ne demandant à leurs associés aucun sacrifice et en se bornant à utiliser des pratiques déjà familières à la culture.

L'intervention des syndicats était-elle donc inutile ou inopportune ? Loin de là.

Tandis que les producteurs souffrent de la mévente, les consommateurs se plaignent à l'envi des falsifications. Ce sont deux manifestations distinctes d'un même mal : la multiplication abusive des intermédiaires. Pour le guérir, il faut épurer radicalement la légion des parasites qui ne cesse de s'accroître sans nécessité ni mesure. Le remède, c'est la coopération : hors de là point de salut.

Or les Syndicats, qui ont fait germer dans les campagnes les idées de coopération, sont parfaitement qualifiés pour leur faire porter tous leurs fruits. Nous persistons donc à trouver leur initiative bonne en soi ; c'est plutôt à la façon dont elle s'est produite, qu'elle doit d'avoir donné de si faibles résultats.

Pour tout dire en un mot, nous croyons que les syndicats agricoles doivent demeurer les promoteurs et les patrons de toutes les œuvres rurales ; mais ils ont trop à faire, ils ont trop besoin de leur liberté pour pouvoir les réaliser eux-mêmes. Les syndicats sont la pépinière qui fournira les protagonistes de ces institutions dont le bénéfice doit, en principe, être réservé à leurs membres ; ils accorderont leur concours moral, mais devront se garder de toute intervention matérielle. A défaut de la loi leur intérêt l'exige.

Des caisses spéciales ont été prévues pour le crédit et l'assurance ; des sociétés annexes ont été conseillées pour l'achat et la répartition des denrées de consommation ; de même la vente des produits du sol ne sera efficacement résolue que par des associations distinctes, associations locales, pourvues à la fois d'un capital propre et d'un personnel bien à elles.

Mais, dira-t-on, n'est-ce pas le rôle des sociétés coopératives de production et de consommation ?

Les sociétés coopératives telles qu'on les conçoit et, d'ailleurs, telles qu'elles existent, c'est-à-dire, s'occupant à la fois de consommation et de production et rayonnant sur un vaste territoire, seront impuissantes à organiser, à elles seules, l'écoulement des produits.

Elles seront de merveilleux instruments de vente, si elles disposent de capitaux puissants et d'une nombreuse clientèle. Elles pourront s'occuper avantageusement du placement des fourrages, des grains, de certains légumes, des miels, des cocons et des animaux de tout espèce, c'est-à-dire de tous les produits qui se vendent dans l'état où on les récolte et dont la vente, qui peut être différée sans inconvénient, peut se traiter sur échantillons ou d'après un type convenu, au besoin sans quitter la ferme.

Mais il est des produits qui ne peuvent être conservés et dont la vente doit suivre sans aucun délai la cueillette : tels les fruits, les légumes frais, les fleurs. Pour ceux-là, le soin et la surveillance à apporter aux emballages, la précision et la rapidité de transmission des renseignements qui commandent de hâter ou de retarder les envois, tout nous porte à croire qu'il est plus commode et moins onéreux de recourir à des sociétés moins dispersées. Dans le Lot-et-Garonnne, deux sociétés coopératives d'arrondissement dont l'une a son siège à Agen et l'autre à Villeneuve-sur-Lot (et qui sont d'anciens syndicats transformés) nous donnent un curieux exemple de spécialisation : tandis qu'Agen se borne à la production et à l'expédition des oignons, Villeneuve poursuit la culture et la vente des petits pois.

Enfin certains produits ne peuvent être livrés à la consommation en nature et nécessitent une transformation radicale ; d'autres, très importants, exigent des soins nombreux et méticuleux. Par exemple : le lait, l'huile, le cidre, le vin et les eaux-de-vie. La préparation préalable pour les uns ; pour les autres, le conditionnement de la marchandise exercent sur sa valeur une influence marquée ; mais les soucis de la production empêchent l'agriculteur de s'adonner à ces multiples opérations : il est forcé de céder son produit brut à un intermédiaire à qui il abandonne en même temps une bonne part de son bénéfice.

Les profits de la culture devenant de plus en plus problématiques, l'agriculteur s'avise de se faire industriel et il essaie d'entreprendre en société, avec des procédés perfectionnés, ce que les anciens errements interdisaient à lui seul.

Mais toute industrie ne prospère que grâce à un labeur constant, à une économie stricte et à une surveillance de tous les instants; aussi estimons-nous que les sociétés de production ont le devoir de débuter modestement, avec un noyau restreint de sociétaires bien unis, et de se limiter à la production d'un objet bien déterminé. La direction devra posséder à la fois la compétence technique et l'entente des affaires.

Quant à leur forme — civile ou commerciale — elle n'est que secondaire : à chacune de s'inspirer de son milieu et de son but. L'important est qu'elles soient animées du pur esprit coopératif.

Les sociétés de cette nature sont loin d'être nouvelles. Les fruitiers de Savoie et de Franche-Comté nous en donnent la preuve. Les beurreries coopératives de Chaillé (Charente-Infre) et de Leschelle (Aisne) nous offrent un exemple récent de sociétés prospères avec une organisation souple et parfaite, qui a suscité autour d'elles de nombreuses imitations et qui sollicite les Syndicats paroissiaux Bretons à une installation analogue.

Les Associations de Vignerons de la Prusse Rhénane, trop peu connues en France, mettent en commun leurs raisins, et le vin ainsi fabriqué obtient une plus-value considérable.

C'était un des projets du regretté M. Rostand, d'établir dans les principaux centres des Charentes des distilleries dont le produit eût été écoulé par la Coopérative de La Rochelle.

Il n'y a là, au surplus, que la mise en pratique par tous les agriculteurs du principe appliqué déjà par les industriels aux sucreries, aux distilleries et aux féculeries et qui peut être étendu facilement au moissonnage, au battage et à la mouture des grains, à la production et au triage des semences, à la stérilisation et à la vente en nature du lait, à la fabrication des conserves de viande et de légumes, au séchage des fruits et à toutes les opérations généralement quelconques dont M. le comte de Rocquigny, qu'il faut toujours citer en cette matière, faisait récemment l'énumération (1).

C'est donc à favoriser la création et le développement de semblables sociétés que doivent s'appliquer les syndicats, parce que c'est surtout en ce sens que peut s'exercer leur légitime influence.

---

1) *Démocratie rurale*, 8 juillet 1894.

D'ailleurs, qu'on ne s'y trompe pas, le fait seul d'exister et de fonctionner créera à ces sociétés, au point de vue de la vente proprement dite, une situation exceptionnellement favorable ; leurs produits loyaux, traités rationnellement et par grandes quantités, constitueront de véritables marques qui feront prime sur les marchés. Les beurres de Chaillé jouissent d'une cote spéciale aux Halles centrales et ceux des Syndicats paroissiaux de Basse-Bretagne sont recherchés par les exportateurs d'Isigny.

Leur moralité indiscutable, l'homogénéité de leur fabrication assureront aux Sociétés des débouchés qu'un usage intelligent de leur capital contribuera à augmenter, ou provoquer au besoin.

En réformant les conditions de la production, les syndicats auront plus fait pour elle qu'en essayant de modifier les habitudes de la consommation.

Ces syndicats penvent-ils d'ailleurs raisonnablement prétendre à une action quelconque sur la consommation ? Oui ; notamment dans deux cas spéciaux :

Le premièr, c'est en obtenant pour les producteurs la possibilité de soumissionner les fournitures à l'armée, à l'assistance publique, aux lycées, etc., c'est en faisant que les produits français ne soient plus systématiquement exclus par les administrations françaises.

L'autre, c'est en consentant à favoriser, dans la mesure de leurs moyens, les échanges entre les agriculteurs. Est-ce trop exiger que leur demander de condescendre au rôle d'intermédiaires entre leurs membres et ceux des autres syndicats, moyennant une faible rétribution payée par le vendeur ? Des syndicats comme ceux de la Vendée, de la Manche, d'Evreux, du Calvados, ne croient point déroger en rendant ce service à leurs adhérents, qui leur en sont reconnaissants.

A défaut, nous oserons demander plus d'ampleur dans les Bulletins périodiques pour la page des *Offres et Demandes*, avec des insertions de faveur pour les produits agricoles étrangers à la région.

Les syndicats feraient ainsi œuvre doublement utile tout en demeurant fidèles à leur mission et à leur rôle.

Quant à supposer que, même groupés, les producteurs pourront révolutionner les mœurs des consommateurs des grandes villes, il serait naïf de l'espérer. Le principal intéressé, le consommateur, s'y prête mal, et c'est seulement l'élite — combien peu nombreuse — des classes laborieuses qui a songé à créer des sociétés de consommation. Pour atteindre directement la masse de la clientèle, les sociétés, quelles qu'elles soient, seront forcées d'employer, bon gré mal gré, les procédés de publicité, de personnel et de luxueux étalages usités par le commerce. Il faudra se plier aux goûts et à la fantaisie des clients, c'est-à-dire risquer beaucoup d'argent pour un résultat aléatoire.

L'idéal serait l'ouverture, dans tous les centres populeux, de magasins généraux d'alimentation comme ceux que vient d'inaugurer, à Lyon, l'Union des Producteurs et Consommateurs. Mais des entreprises pareilles qui, n'étant pas coopératives font cependant participer aux bénéfices fournisseurs, acheteurs et employés, exigent une somme trop rare d'intelligence et de désintéressement.

Le mieux n'est-il pas de prendre notre parti des lacunes de l'organisation actuelle de la société et d'essayer de tourner à notre profit les forces qui nous sont hostiles?

Les sociétés qui, faute de mieux, font vendre leurs produits aux Halles, se plaignent des abus monstrueux que commettent, en dépit d'une surveillance rigoureuse, les agents commissionnés. Pourquoi ne s'entendraient-elles pas avec le Syndicat des revendeurs des quatre-saisons qui vient de se fonder à Paris, rue Tiquetonne, pour éviter, à son tour, les frais et les pertes de temps de l'approvisionnement aux Halles centrales ? Mais c'est un syndicat d'intermédiaires? Assurément, mais c'est surtout un Syndicat destiné à supprimer beaucoup d'intermédiaires, et ignore-t-on que les sociétés de consommation, créées pour s'affranchir des majorations et des chances d'adultération des intermédiaires, ne s'adressent pas toutes ni toujours aux producteurs ?

Ne perdons pas de vue que la grande majorité n'a ni les moyens ni la volonté de se passer d'intermédiaires et, qu'en ce cas, si l'intermédiaire n'exige qu'une rémunération correspondant au service rendu, il n'est ni onéreux ni inutile, mais bienfaisant.

Les grands magasins de Paris qui sont des entreprises purement privées rendent autant de services que les meilleures coopératives. Sans tenir compte de l'économie des frais généraux portant sur un chiffre de plus de 100 millions d'affaires, le bénéfice net réalisé en 1893 se réduit à la proportion de 6.90 % pour le *Louvre* et à 5 % seulement pour le *Bon Marché*. Aussi leur importance, encouragée par la confiance du public, ne cesse-t-elle de s'accroître.

Un publiciste relatait récemment, dans une grande revue française, ces excellents effets du système de *tout vendre à petit bénéfice pour vendre beaucoup*, et constatait en même temps la tendance des grands magasins à multiplier leurs rayons. « Le marchand, disait-« il, qui tient un client dans sa boutique s'applique, pour l'y « retenir, à lui vendre de tout. Il l'habille aujourd'hui et le meu-« ble; demain peut-être il le nourrira ».

Une telle perspective n'est point pour nous déplaire. Ces grands bazars, dont la probité a fait la vogue, pourraient fort bien servir de trait d'union entre producteurs et consommateurs. Ils ont moralisé le commerce, ils ramèneraient vite la consommation au goût des choses vraies et saines.

Des sociétés importantes, basée sur les mêmes principes.qu'elles soient créées par des capitalistes ou par des coopérateurs rendront d'ailleurs tôt ou tard au public pour l'alimentation les mêmes services que les grands magasins pour le vêtement.

Acceptons-en l'augure et soyons bien persuadés que, avec des petites sociétés pour la production et des grands magasins pour la vente, se soudant directement et sans échelons intermédiaires, la vente des produits agricoles dans les villes aura reçu la meilleure des solutions.

En attendant, je vous demande de vouloir bien adopter les vœux suivants :

Vœux.

1º Que, pour faciliter la vente des produits agricoles, les syndicats favorisent la création des sociétés coopératives locales de production, formées d'éléments pris uniquement dans leur sein;

2º Que, par tous les moyens en leur pouvoir, les syndicats agricoles s'emploient à obtenir l'abrogation des mesures législatives, ou autres, pouvant gêner la formation et l'action des sociétés de production et de consommation;

3º Que les syndicats agricoles accordent, dans leurs Bulletins périodiques, la plus large publicité aux offres de produits agricoles faits par les sociétés de production ou les syndicats d'autres régions.

M. LE PRÉSIDENT. — Comme pour les rapports précédents, je renvoie la discussion après la lecture du rapport de M Riboud (assentiment). Je donne la parole à M. Riboud.

RAPPORT de M. Léon RIBOUD, administrateur délégué du Syndicat agricole et viticole du Haut-Beaujolais, vice président de l'Union du Sud-Est.

SUR

La vente des Produits agricoles par les Unions de Syndicats

Je n'ai pas à démontrer l'utilité des Unions de Syndicats agricoles. Je tiens la démonstration pour faite, et je vais m'appliquer à chercher, dans les limites du rôle qui m'a été confié, par quels moyens ces Unions peuvent rendre des services au point de vue spécial de l'écoulement des produits de la terre.

Cette question de la vente de nos récoltes n'est pas des plus simples, à en juger par les bien minces résultats auxquels nous sommes arrivés malgré les études nombreuses dont elle a été l'objet et les conseils qui nous sont venus de toutes parts.

Il faut pourtant aboutir, aux risques d'avouer notre impuissance, et il appartient au premier congrès des Syndicats agricoles de trouver la clef du mystère, de résoudre ce problème qui constitue de beaucoup la plus importante de nos préoccupations professionnelles.

A mon sens, il en est encore de la vente de nos produits, comme il en était jadis de l'achat de nos moyens de production. C'est encore l'isolement, le morcellement des forces, l'individualisme qui président à nos transactions, et nous n'avons pas encore su nous convaincre que c'est dans l'association, et dans l'association seule, que nous trouverons le remède à la mévente de nos récoltes, comme nous y avons trouvé des avantages incontestables pour l'achat des facteurs de la production.

Certes, je ne voudrais pas être trop absolu, et je ne saurais oublier que certaines industries agricoles, telles que fruitières, laiteries, boucheries, distilleries, revêtent parfois le caractère coopératif et procèdent par voie d'association. Mais ce sont là comme des spécialités qui ne visent que certains produits, qui n'intéressent que des catégories d'agriculteurs, et qui en tous cas ne découlent pas d'un système général de vente.

Or, ce que nous devons chercher, c'est ce système général, ou, si vous aimez mieux, la méthode à suivre pour pourvoir le plus efficacement aux intérêts du plus grand nombre.

Si nous regardons autour de nous, nous constatons bien que des tentatives plus ou moins sérieuses ont été faites. Des hommes entreprenants, pour la plupart amis de l'agriculture, parfois agriculteurs eux-mêmes, ont pris, de différents côtés, l'initiative de fonder des sociétés destinées à faciliter la vente des produits agricoles.

Les résultats ont-ils été heureux ? Il serait prématuré de porter un jugement définitif, il faut au moins laisser le temps à ces sociétés de s'organiser, d'agir, de se défendre. Mais au moins ont-elles chance de réussir, ou du moins de rendre les services que nous en attendons ?

Ces sociétés se présentent généralement, sous le nom d'agences ou d'offices généraux, de compagnies ou de comptoirs, comme des intermédiaires dévoués spécialement aux intérêts agricoles, apportant aux cultivateurs les avantages de leur situation, de leurs relations, de leur organisation commerciale. Elles joignent à de nobles ambitions de puissants capitaux, dont elles se proposent parfois de faire usage pour fonder le crédit à l'agriculture par l'installation de magasins généraux et des avances sur marchandises.

On ne saurait blâmer de telles conceptions, on ne peut même que féliciter leurs auteurs de leurs intentions aussi généreuses que grandioses, mais il est permis de se demander s'ils prennent bien le bon chemin, le plus favorable à toutes les classes du monde agricole.

J'avoue que, sur ce point, je suis quelque peu sceptique et pour plusieurs raisons.

Tout d'abord, et je le dis avec franchise, je ne peux éloigner de moi cette pensée, que de tels instruments portent en eux-mêmes un premier danger latent, la spéculation. Certes, je ne doute pas de la pureté des intentions des fondateurs, mais tous nous passons et nul de nous ne peut répondre de l'avenir. Or, il est évident que les intérêts de l'agriculture seraient bien mal servis s'ils devaient jamais tomber entre les mains d'hommes assez habiles pour ne penser qu'aux leurs. Et je tremble, parce que si nous effaçons par la pensée nos amis d'aujourd'hui, nous nous trouvons en présence d'une personne anonyme dont le désintéressement ne nous est plus assuré.

Et puis, je ne crois pas que ce soit par de tels organismes centralisateurs qu'il faille commencer. Il me semble que par leur essence même ils sont peu faits pour répondre aux besoins de la masse de nos cultivateurs. Assurément il est des régions de grands propriétaires, de gros fermiers même, qui sauront et pourront en user, mais dans un pays comme le nôtre, où dans son ensemble le sol est très morcelé, il est à craindre que la majorité des agriculteurs, les petits, les moins fortunés, les plus intéressants sans contredit, ne soient dans l'impossibilité d'en tirer profit.

Evidemment on ne peut compter que, de leur propre mouvement, ces paysans, dominés par la routine hériditaire, viendront demander appui et secours à cet office, à cette agence qui se dit pourtant générale ou nationale. Ils n'en soupçonneront même pas l'existence.

Si du moins la société en question pouvait venir frapper à leur porte! Mais par quelle voie? par des représentants, des agents provinciaux? mais ceux-ci se heurteront à la méfiance; et puis, que d'années pour aboutir à des services pratiques, et encore le résultat ne sera qu'incomplet, parce qu'un tel instrument ne sera pas un enseignement. L'esprit nouveau, nous le savons, rencontre toujours des résistances et si les habitudes sont tenaces c'est surtout à la campagne. Pour avoir raison des ruraux, il faut autre chose que de vastes conceptions élaborées de loin ; il faut quelque chose qu'ils voient, qu'ils touchent, un instrument qu'ils manient eux-mêmes, qui devienne leur, au point qu'ils s'en déclarent bientôt les propres inventeurs. Cet instrument, c'est l'association, c'est-à-dire la mise en commun de toutes les intelligences, de toutes les initiatives, de tous les besoins, c'est le seul qui porte en lui un véritable enseignement et qui puisse atteindre tous les replis de notre production agricole.

Ce qui revient à dire que les puissantes sociétés dont je parle ne sont pas faites pour rendre des services aussi généraux que ceux que nous réclamons. Elles sont trop éloignées de la culture, elles sont trop peu liées à la production, elles n'en sont pas l'émanation vraie, directe, immédiate, et par suite ne sauraient mettre en mouvement dans toutes les communes, dans toutes les bourgades, les forces combinées de tous les cultivateurs.

Quelles soient d'une certaine utilité pour les privilégiés de l'agriculture, je n'en disconviens pas, mais aujourd'hui cela ne saurait nous suffire, les idées de mutualité nous entraînent et nous devons chercher à mettre en pratique nos sentiments de confraternité professionnelle.

C'est précisément à de tels sentiments que nous devons obéir, pour organiser le service de l'écoulement des produits. C'est par en bas qu'il faut commencer. Il faut donner au monument une base solide et large, l'association ; il faut en confier la construction à ceux-là mêmes qui sont appelés à en user, aux petits comme aux grands. Et plus tard, pour couronner l'édifice, alors nous demanderons peut-être à une vaste et puissante société le complément de notre organisation.

Notre association professionnelle, le Syndicat agricole, a donné déjà des preuves irréfutables de sa prodigieuse fécondité. Sur le terrain économique, dans le domaine des achats, il a presque répondu complètement à notre attente.

Mais si le Syndicat est indispensable pour remanier de fond en comble le monde agricole, il n'est pas à dire qu'il lui suffise d'exister pour résoudre les difficultés. Il revêt des formes variées, il subit jusqu'à un certain point l'effet des mœurs locales, il est plus ou moins riche en hommes d'initiative et de dévouement, et souvent il est arrêté dans son développement faute de conseils et d'appui.

Dans ces conditions, il eut été peut-être imprudent de compter sur un tel auxiliaire pour mener à bien notre service de vente. Quoique pourtant certains d'entre les Syndicats nous aient fourni des arguments bien convaincants.

Il en est, en effet, qui plus particulièrement favorisés, soit par leur situation géographique, soit par leur étendue et le nombre de leurs membres, soit par l'habileté de ceux qui sont à leur tête, il en est, dis-je, qui n'ont pas attendu cette réunion, pour mettre en pratique les idées que j'ai l'honneur de défendre. Il en est qui ont à leur actif des ventes importantes, une organisation ad hoc savamment comprise, et nous savons tous que certaines créations d'offices de vente ont donné déjà plus que des espérances.

Il faut reconnaître cependant qu'en principe, le Syndicat agricole, aussi bien le syndicat de département que le syndicat de commune, bien que les raisons ne soient peut-être pas les mêmes, n'a pas les moyens suffisants pour répondre à toutes les nécessités professionnelles. La preuve est faite au point de vue des achats, il ne saurait en être autrement au point de vue des ventes.

Mais aujourd'hui les Unions régionales existent, de toutes parts nos associations se groupent, s'unissent pour mettre en commun leurs expériences réciproques. Dès lors nous pouvons ne plus parler de l'impuissance du Syndicat agricole, nous voyons chacun d'eux profiter de la puissance commune et nous nous trouvons en présence de corps professionnels ayant force et aptitude suffisantes, selon moi, pour répandre dans les campagnes tous les bienfaits de la coopération.

D'où il suit que le service de l'écoulement des produits peut être confié à l'association, mais à l'association dans l'Union.

Abordons maintenant l'application de ces idées et voyons comment les Unions régionales vont procéder.

Il est possible qu'elles songent tout d'abord à un courtier. Je ne saurais les en blâmer, au début surtout, car le courtier, sous la surveillance et la direction de l'Union, est bien le véritable ouvrier de la première heure. Il resserre les liens entre les Syndicats unis, il leur montre la voie, fait leur éducation, prépare l'avenir.

Il peut assurément chercher des acheteurs, trouver des débouchés, devenir un trait d'union utile entre producteurs et consommateurs, mais en somme, il n'est qu'un agent de transmission, rien de plus ; et cela ne suffit pas. Ce qu'il faut, c'est mettre à côté et au service des Syndicats unis un être responsable, agissant pour son propre compte, traitant ferme avec eux, offrant toutes garanties de solvabilité, se chargeant, à ses risques et périls, d'écouler nos récoltes.

Il va de soi qu'il n'y a qu'un instrument commercial, une Société, qui puisse remplir ces conditions et c'est ici qu'apparaît la nécessité des *Coopératives de production et de vente*.

Faut-il justifier le choix, parmi les différentes sortes de sociétés, de celle à capital et personnes variables, vulgairement appelée coopérative ? Je ne le crois pas. Mais, comme des coopératives agricoles ont été fondées avant qu'on parlât d'Unions, et qu'il s'en crée en dehors d'elles, je tiens à ajouter de suite, qu'à mon sens, il est préférable que ces sociétés soient les instruments des Unions et par suite soient *régionales*.

Je sais que certains Syndicats, comprenant l'utilité d'un tel auxiliaire, ont constitué des Coopératives de consommation et de production pour leur usage personnel. Mais cette juxtaposition de deux êtres, obéissant à des préoccupations souvent opposées, me semble présenter quelque danger. Il est à craindre, et cela s'est vu, que l'un n'absorbe l'autre, que l'argent fasse taire les sentiments ;

or, si l'œuvre syndicale ne doit pas dédaigner les résultats matériels, elle doit avant tout rester une œuvre, car la question agricole n'est pas seulement une question de bénéfices. Nous avons inscrit dans notre programme les mots de réforme économique, assistance, prévoyance, crédit, etc., dont nous ne devons pas oublier la portée.

L'idée syndicale doit toujours dominer, elle doit planer au-dessus de toutes nos créations, c'est elle qui doit les inspirer, les diriger, et c'est une des raisons pour lesquelles je suis particulièrement partisan des Coopératives régionales, parce que créées par une pluralité de syndicats elles trouvent à l'occasion en face d'elles un contre-poids efficace à leurs velléités d'indépendance.

Et dans cet ordre d'idées, il est clair que ce sont les Unions régionales composées d'une infinité de petits syndicats communaux ou cantonaux, qui sont dans les meilleures conditions pour créer une Coopérative agricole dont elles n'aient pas à redouter les écarts. Car chacun de ces syndicats, ayant un ou plusieurs représentants dans le conseil d'administration de la Coopérative, celui-ci pourra être exclusivement professionnel et dès lors imposer ses vues à la direction. Il aura d'autant moins à redouter l'influence, l'omnipotence d'un directeur qui, guidé par des idées purement mercantiles, songerait à se servir des syndicats et non à les servir.

Il est essentiel aussi de ne demander le capital qu'à des agriculteurs faisant partie des syndicats unis, ce qui est plus facile qu'on ne croit, afin d'introduire le moins possible dans la place le ferment de la spéculation.

Enfin, Messieurs, il est permis de penser qu'une Coopérative régionale aura plus de ressources à sa disposition, qu'ayant un champ plus vaste à exploiter elle fera des affaires plus importantes, réalisera des bénéfices, constituera des réserves, et par suite qu'elle sera dans de meilleures conditions pour rendre des services et assurer en particulier à nos produits un écoulement plus rémunérateur.

Quant à sa constitution, je n'ai pas à en parler, je sortirais des limites qui m'ont été imposées si j'entrais dans l'examen des statuts d'une telle société. Toutefois je tiens à appeler votre attention sur la nécessité de veiller à ce que les Syndicats fondateurs ne soient en aucune façon responsables des opérations de la Coopérative. Que chaque Syndicat uni aide à la création de la Société, qu'il lui apporte un appui moral et matériel, c'est naturel;

c'est même essentiel ; mais il doit conserver son entière indépendance, afin qu'il ne soit jamais atteint par la moindre éclaboussure dans sa caisse ou dans sa réputation. L'indépendance des Syndicats unis est la première des conditions pour que l'Union régionale reste maîtresse de la Coopérative.

Je crois aussi devoir vous rappeler l'heureux jour de la répartition des bénéfices. Ce jour-là justifie à lui seul le choix de la forme coopérative, qui, faisant une juste application des idées de confraternité, réserve à tout coopérateur, porteur de part ou non, les fruits du dernier exercice autrement dit le trop perçu. Ce jour-là les Syndicats auront à leur disposition des munitions souvent importantes, j'en parle par expérience, dont ils sauront faire usage, au moment voulu, en faveur des œuvres de paix sociale, œuvres d'assistance et de prévoyance, qui seront les chapitres les plus intéressants de leur histoire.

Et, maintenant, Messieurs, comment la Coopérative agricole va-t-elle procéder pour organiser le service de vente des produits des syndiqués coopérateurs?

Elle a, en somme, à se livrer à une double opération. Elle doit acheter au producteur, puis vendre au consommateur. C'est, en réalité, un double service à organiser.

Sur le service de vente à la consommation, je n'ai rien à dire, je craindrais d'empiéter sur les attributions de nos collègues qui traiteront devant nous des rapports des Coopératives de production et de vente avec les consommateurs en général. Faudra-t-il se contenter d'entrer en relations d'affaires avec les Coopératives de consommation auprès desquelles nous trouverons assurément un gros acheteur et un client de premier choix; faudra-t-il aller jusqu'à s'unir à elles pour créer des magasins de gros; faudra-t-il installer dans ces magasins une exposition permanente d'échantillons de produits agricoles ; faudra-t-il se livrer dans les grands centres à la vente au détail; faudra-t-il, au moyen de placeurs, visiter le client à domicile pour l'arracher aux innombrables représentants du commerce; faudra-t-il concourir aux adjudications des grandes administrations et de l'État ; faudra-t-il monter des boucheries, des boulangeries coopératives; faudra-t-il aider à la création de fabriques coopératives pour la transformation et l'amélioration de nos produits; faudra-t-il, d'accord avec les autres Coopératives agricoles régionales, organiser un service d'exportation et créer dans Paris un courtier général, voire même une grande machine, comme disait un honorable député, quelque chose comme la Grande-Maison des Coopératives de France, j'allais dire le Bon-Marché agricole, tout cela, bien entendu, avec réflexion, avec méthode et à son heure? C'est ce que nous examinerons dans la troisième journée de notre Congrès.

Pour l'instant, n'envisageons que l'autre face de la question, le service d'achats aux coopérateurs.

C'est ici qu'apparaît, selon moi, le rôle essentiel du Syndicat agricole. La Coopérative trouve en lui une organisation bien préparée, une clientèle toute faite, un représentant tout indiqué. Le Syndicat a su grouper les cultivateurs pour leurs achats; pourquoi ne saurait-il pas les grouper pour leurs ventes? C'est à lui à se charger de l'enseignement dont je vous parlais au début, à compléter l'éducation économique de nos populations rurales. C'est à lui qu'il appartient de démontrer aux cultivateurs, au milieu desquels il vit de la même vie, qu'on cherche à les soustraire aux exigences habituelles des intermédiaires, qu'on ouvre de nouveaux débouchés à leurs produits, qu'on veut faire d'eux de gros vendeurs afin qu'ils trouvent plus facilement des acheteurs, qu'on a la généreuse ambition, au moyen de prêts sur dépôts de récoltes, d'atténuer leur infériorité pécuniaire, parce que, selon le mot de M. Méline : « ce qui tue le progrès, c'est la misère ». C'est le Syndicat qui doit être le vulgarisateur de toutes ces idées, pour en poursuivre ensuite l'application comme auxiliaire dévoué de la Coopérative.

Mais au moins faut-il qu'il soit en mesure de remplir une pareille mission. Dès lors on conçoit que la Coopérative de son côté, aura souvent à faire l'éducation du Syndicat, si elle veut se décharger sur lui d'une partie de sa besogne.

Elle devra en faire un agent de renseignements pour être tenue par lui au courant des offres de la culture, de la nature des produits, de leur variété, de leur quantité, et cela surtout au début, parce que la prudence la plus élémentaire lui commandera de ne pas tout embrasser à la fois, d'opérer par séries et de se préoccuper tout d'abord de la culture principale de chaque région. Elle devra en faire en outre un agent d'exécution, capable d'acheter en son nom, de grouper, d'expédier, car avant de centraliser elle-même il faut qu'une première centralisation ait lieu dans le centre de production. Elle veillera en même temps à ce que le Syndicat obtienne de ses membres de la conscience dans leurs livraisons, qu'il les habitue à livrer conforme, à prendre les menus soins destinés à faire valoir les marchandises, à les bien emballer, à les bien présenter. Elle exigera pour ses magasins de détail des expéditions régulières et continues. Elle tiendra le Syndicat renseigné très exactement sur ses besoins et lui indiquera les cours moyens des produits afin qu'ils soient portés à la connaissance des producteurs. Elle en fera en somme son correspondant, ou mieux sa véritable succursale.

Mais cette succursale, pour qu'elle soit bien montée, la Coopérative devra la munir de rouages pratiques. Elle devra, dès lors, dans la plupart des cas, pousser, aider même de ses propres ressources à la création dans chaque syndicat d'un Office de vente.

C'est par cet office et ses employés, c'est-à-dire par les délégués, qu'il aura dans chaque canton, dans chaque commune, que le syndicat pourra établir des rapports étroits entre la Coopérative et ses membres ; c'est par l'office qu'il pourra le mieux rechercher et provoquer les offres, grouper les échantillons, centraliser les produits, c'est par lui, et au moyen de registres préparés ad hoc, que le Syndicat pourra donner périodiquement à la Coopérative un état toujours à jour des disponibilités ou des stocks d'approvisionnement.

Et comme elle sera régionale, puisqu'elle aura la même circonscription que l'Union, la Coopérative pourra avoir autant de succursales qu'il y aura de syndicats dans l'Union ; ce seront autant de petites maisons de commerce qui, dans chacun des centres de production de la région, traiteront ses affaires et auxquelles elle pourra tout naturellement confier la surveillance et la direction des dépôts locaux, voire même des magasins généraux qu'elle pourrait être amenée à installer.

La création de l'office sera du reste tout bénéfice pour le syndicat, parce que, d'une part, il trouvera dans une commission, proportionnée au chiffre des ventes, le prix du concours qu'il apportera à la Coopérative et, d'autre part, il sera de ce fait doté d'un organe commercial auquel reviendra tout naturellement la gestion de son rayon de marchandises. Si cet organe joue le rôle d'office de vente vis-à-vis de la Coopérative, il sera en réalité pour le syndicat un office général d'achats et de ventes, l'homme d'affaires de l'association. Et alors nous verrons les opérations du syndicat peu à peu devenir plus nombreuses, son rôle devenir plus important. C'est à lui que reviendra le mérite des services de plus en plus grands rendus par la Coopérative aux populations environnantes, c'est lui qui en profitera. Attirée par les bienfaits de la coopération, la démocratie rurale dans son ensemble viendra à lui. Ses ressources augmenteront. Il pourra rêver des opérations plus profitables, il pourra songer à se charger lui-même de grouper les récoltes pour son propre compte, de les triturer même pour leur donner son estampille, leur marque d'origine, pour faire par exemple le *Vin du Syndicat*, dont parlait un jour notre vénéré président d'honneur. M. Deusy ; il pourra songer aussi, comme on l'a proposé, à déposer les produits collectivement en son nom, dans les docks de la coopérative, afin de réduire pour les cultivateurs syndiqués les frais de warrantage et faciliter la vente des lots warrantés.

Petit à petit l'organisation se perfectionnera, les résultats deviendront plus grands et en même temps les opérations se trouveront simplifiées. Et, par ce jeu combiné de deux forces indispensables l'une à l'autre, le Syndicat et la Coopérative, le marché de consommation sera intimement lié au marché de production.

En tout cela, Messieurs, ne voyez qu'un canevas, des jalons destinés à vous guider dans vos essais. Je n'ai pas la prétention de vous apporter une organisation toute d'une pièce, mais j'ai la conviction que dans ses grandes lignes, avec les modifications de détails que l'expérience, les lieux, les mœurs locales, la nature des produits pourront imposer, un tel programme pourra s'exécuter. Je sais qu'il faut se défier des exagérations, mais j'en appelle à ceux d'entre vous qui sont à la tête de sociétés coopératives agricoles, ils nous diront si le présent ne répond pas de l'avenir. Il suffira, soyez-en sûrs, d'un peu d'entente et de persévérance, d'un peu de dévouement de part et d'autre, et cela doit nous rassurer, pour organiser tous ensemble, en partant des mêmes principes et d'après un plan déterminé, le service de la vente de nos produits.

Le réveil de notre profession s'est fait par l'association, restons-lui fidèles. C'est par elle que nous avons résolu le problème des achats, c'est par elle, par elle seule, que nous résoudrons le problème des ventes, dans l'intérêt du plus grand nombre.

Fondez des Unions régionales, doublez-les de Coopératives régionales, entrez franchement dans la voie toujours féconde de la décentralisation, en créant un certain nombre de grands centres professionnels. Et un jour viendra, je l'espère, où vous pourrez faire contre-poids aux appétits parfois exagérés du commerce, où vous pourrez résister à l'aristocratie des Halles centrales et de Bercy, où vous pourrez tenir tête aux monopoles et aux grandes puissances financières qui savent trop facilement imposer la hausse ou la baisse sans se soucier de l'agriculture.

Je conclus et je propose au Congrès de décider :

Que c'est par les Syndicats agricoles, groupés en Unions régionales, que doit être organisée la vente des produits agricoles au moyen de Coopératives régionales.

M. LE PRÉSIDENT. — Je ne peux dire qu'une chose, c'est que ce rapport est aussi remarquable par la lucidité des idées que par le fond; nous sommes reconnaissants à M. Riboud de la façon magistrale dont il a traité la question.

Les rapports se complètent et nous remercions ces Messieurs de l'appui qu'ils nous donnent dans la voie si difficile de la vente de nos produits.

M. MAURIN. — Je remercie également les rapporteurs du remarquable travail qu'ils ont présenté. Cela dit, je constate, d'une façon très nette que, les deux rapporteurs ont écarté la vente par les syndicats eux-mêmes et j'en retiens ceci: que la vente directe par les syndicats est imposs ble.

M. DUPORT. — Légalement, si, pratiquement, non.

M. MAURIN. — J'aborde maintenant la question légale et, dans le rapport de M. Riboud, je crois relever, à ce point de vue, une difficulté que rencontrera son projet. M. Bord, comme M. Riboud, suppose une lo qui n'existe pas encore: la loi coopérative.

Vous supposez que votre société aura pour actionnaires les syndicats agricoles — c'est ce que j'ai cru lire — actuellement un syndicat ne peut pas être actionnaire d'une société coopérative.

(Bruits, interruptions diverses.)

M. LE PRÉSIDENT. — La question a été étudiée attentivement à Paris et, avant de fonder la Coopérative du Sud-Est, nous avons consulté des jurisconsultes éminents, et M. Sénart, dans un rapport qu'il nous a adressé, n'a pas hésité à dire que s'il n'y avait que des syndicats comme actionnaires, il y aurait le danger de voir supposer qu'il s'agit d'une Union déguisée faisant des affaires; mais, disait-il, les syndicats peuvent être actionnaires à côté de personnalités; de sorte que, basant notre organisation sur cette conception, nous avons admis les syndicats comme actionnaires et en un plus grand nombre les individus; de sorte que, dans la coopérative, il y a des syndicats et des individualités.

M. Maurin. — Je suis très heureux de cette explication, mais je pense être dans la vérité en disant que les syndicats ne peuvent être actionnaires (Protestations énergiques).

M. le Président. — Nous qui sommes syndicat, par exemple, nous avons des fonds, il est certain que, comme personnalité civile, nous pouvons en disposer et que nous pouvons acheter soit un immeuble pour notre usage, soit des actions; en somme, les sociétés coopératives ne sont que des sociétés et si le syndicat peut acheter des P.-L.-M., il peut acheter des actions de telle autre société, coopérative ou non.

M. Maurin. — Permettez-moi de vous dire qu'il y a une ombre. Une loi la fera disparaître un jour, c'est la loi coopérative et après demain je demanderai un vote sur cette question qui a une grande importance.

M Duport. — M. Doumer vient pour cela.

M. le Président. — Et il est le rapporteur de la loi.
Voulez-vous que nous votions sur les conclusions de M. Bord ou de M. Riboud ?

M de Laage de Meux. — Il faudrait préciser, car le Congrès recommande les coopératives *locales* et *régionales*.

M. Duport. — Un mot ; l'observation de M. de Laage est juste, le premier rapport ne vise que la création des coopératives *locales* de production.

M. Riboud. — Je crois que nos rapports ne sont pas en désaccord, loin de là. D'une part, je fais allusion à la création d'industries coopératives *locales* dans certains cas ; d'autre part, je dis que les coopératives régionales devront faire organiser dans chaque syndicat des offices de vente qui constitueront pour elles de vraies succursales. Or, je pense, comme M. Bord, que dans des cas particuliers et pour une nature spéciale de produits, elles pourront faire naitre de petites coopératives de production; les deux systèmes se complètent donc.

M. le Président. — Voici les conclusions des deux rapports, voulez-vous les voter conjointement (adopté).

M. Duport. — Je demande qu'on indique que les conclusions de ces deux rapports étaient liées, et je le fais remarquer parce que je n'aurais pas voté l'un sans l'autre.

M. de Larnage. — Les deux rapports se complètent et dans les deux cas indiquent la nécessité de coopératives soit locales soit régionales.

M. LE PRÉSIDENT. — On pourrait donc les combiner et les voter ensemble (Elles sont adoptées).

En conséquence :

Le texte des conclusions définitivement adoptées est le suivant :

Le Congrès décide :

1° Que c'est par les Syndicats agricoles, groupés en Unions régionales que doit être organisée la vente des produits agricoles au moyen de coopératives régionales, ou locales dans des cas particuliers et pour des natures spéciales de produits.

2° Que, par tous les moyens en leur pouvoir, les syndicats agricoles s'emploient à obtenir l'abrogation des mesures législatives ou autres, pouvant gêner la formation et l'action des sociétés de production et de consommation.

3° Que les syndicats agricoles accordent, dans leurs Bulletins périodiques, la plus large publicité aux offres de produits agricoles faits par les sociétés de production ou les syndicats d'autres régions.

La séance est levée à 6 h. 1/2 du soir.

DEUXIÈME JOURNÉE. — 23 Août 1894

Séance du matin

PRÉSIDENCE DE M. EMILE DUPORT

La troisième séance du Congrès des Syndicats agricoles a eu lieu à 9 heures du matin, dans la grande salle des fêtes de l'Hôtel de Ville, sous la présidence de M. Emile Duport.

M. Edouard Aynard, député, président d'honneur de la journée, prend place au bureau.

M. LE PRÉSIDENT. — J'ouvre la deuxième journée du Congrès pour étudier la question du **Crédit agricole**. Avant de donner la parole aux orateurs inscrits, j'ai pour devoir de saluer en votre nom le président d'honneur de cette journée, M. Aynard, député, qui a bien voulu prendre place au bureau pour vous témoigner, une fois de plus, sa grande sympathie pour l'agriculture.

M. Aynard est, en même temps, président de la Chambre de Commerce de Lyon et nous savons tous comment il la préside ; il a également un autre titre, c'est celui d'être le président d'honneur du Comice agricole de Lyon. Si je le dis, ce n'est pas pour justifier sa présence ici ; M Aynard, à bien d'autres titres, y a droit. Je n'ai pas oublié qu'il s'est fait souvent le défenseur de l'agriculture ; mais il me plaît de saluer en lui un de ces hommes qui savent comprendre que pour défendre les intérêts d'un pays il n'y a pas d'opinion absolue et à ce titre, il emportera de nos travaux des éléments précieux qui lui aideront à prendre à nouveau la défense de nos intérêts, en temps et lieux opportuns. (Applaudissements.

Discours de M. Aynard.

Monsieur le Président, Messieurs,

Je suis reconnaissant et touché des paroles que vient de m'adresser votre honorable président, M. Duport. S'il n'avait pas été aussi élogieux à mon égard, je serais plus à mon aise pour dire tout le bien que je pense de lui-même ; mais heureusement pour la vérité, j'ai pu le faire à la tribune de la Chambre, lors de la discussion de la loi sur le crédit agricole. Il voudra bien me permettre de lui répondre, en le remerciant, que je suis heureux des paroles qu'il a bien voulu m'adresser, non point en tant que député de ce pays, mais comme représentant de l'industrie et du commerce lyonnais, comme président de la Chambre de commerce de cette ville.

Il a été, pendant trop longtemps, admis que les intérêts de l'agriculture et de l'industrie étaient opposés ou dissemblables. Pour ma part, je n'ai jamais partagé ce préjugé détestable. Votre éminent président a dit, en cela au moins, la vérité sur mon compte : représentant de l'industrie et de commerce, je suis fier d'avoir toujours cherché, loin de les désunir, à associer ces deux intérêts agricoles et industriels, à croire et à démontrer qu'il n'y avait rien de plus faux, de plus anti-scientifique, de moins conforme à la nature des choses que de supposer que ces intérêts sont séparés, alors qu'ils se trouvent, en réalité, indissolubles. Le travail de la terre constitue la première des industries ; ceux qui la cultivent ont droit au respect, à la considération, et j'ajoute même (ce qui vous surprendra dans ma bouche), à une protection éclairée. Mais je n'ai pas le loisir de m'expliquer aujourd'hui, sur ce que j'entends par « une protection éclairée », je me hâte seulement d'ajouter que je ne la découvre point dans le tarif des douanes... Sourires).

M. Duport, en m'appelant à la présidence d'honneur de cette assemblée, m'a causé un autre plaisir auquel personne n'est indifférent : c'est de me rajeunir.

Je lui demandais, il y a un instant, si, depuis 1869, on avait traité, dans un congrès, à Lyon, la question du crédit agricole. Il m'a répondu négativement ; et c'est ainsi que je me rappelais qu'il y a vingt-six ans, j'avais pour la première fois l'honneur redoutable de parler en public, sur la même question qu'aujourd'hui, au Congrès de Lyon réuni sur l'initiative de la Société des Agriculteurs de France.

Mais je me rappelle aussi combien les connaissances en matière de crédit agricole se sont agrandies de 1869 à 1894. Au Congrès de 1869, malgré les apparences contraires, le crédit agricole personnel était considéré comme une utopie ; ceux qui combattaient pour lui avaient quelque peine à se faire prendre au sérieux. J'ai émis dans le Congrès de 1869 des idées qui sont maintenant celles de la majorité d'entre vous, je n'ai point été entendu. Ceux qui disposaient de l'opinion étaient des hommes de talent et de mérite comme le comte d'Esterno par exemple, mais qui ne voyaient le crédit agricole que sous une forme que personne ne défend plus aujourd'hui ; celle du gage ou du nantissement à domicile. Ceux qui soutenaient que le crédit agricole ne pouvait se constituer par le privilège, qu'il devait sortir de l'initiative privée, de celle des agriculteurs eux-mêmes, comme en Allemagne, en Ecosse et en Italie, ne recueillaient que des adhésions platoniques, et personne ne songeait à des démonstrations pratiques

A cette heure au contraire, le principe du crédit agricole est connu, il est incontesté, il s'est traduit dans la pratique, la cause est gagnée, et je suis heureux de saluer dans cette assemblée l'un des vétérans de cette cause, l'un des hommes qui, par un talent aussi grand que sa persévérance, a le plus contribué au succès, l'honorable M. Josseau. (Applaudissements).

Oui, messieurs, maintenant on sait bien ce qu'est le crédit agricole, son utilité est proclamée; ce qui donne l'absolue confiance que sa large diffusion n'est plus qu'une question de temps et de bon vouloir. Les longues discussions et les longues défiances n'ont pas été inutiles, dès lors qu'on a pu faire enfin accepter cette vérité première que le crédit agricole est un crédit comme un autre et que, selon le mot si juste et si simple de Blanqui l'aîné « le crédit agricole, c'est le crédit ».

La justification et la nécessité du crédit agricole se trouvent dans ce principe économique fondamental; à savoir que l'aptitude au crédit est générale chez tous les producteurs, c'est-à-dire, que pourvu que les hommes produisent de quelque façon que ce soit, ils sont aptes à ce crédit, qui est l'admirable phénomène de la confiance mise par le capital en ceux qui travaillent.

Donc, d'une part, reconnaissance que le crédit agricole ne diffère pas des autres crédits; d'autre part, et par voie de conséquence, que le producteur agricole, comme les autres, est apte à recevoir le crédit, telles sont les bases économiques du crédit agricole. Je ne m'étendrai pas plus longuement sur la question de principe, puisqu'elle n'est plus discutée, et qu'on ne peut désormais différer que sur les moyens.

Là encore, un principe général domine et doit régler le choix et l'emploi des moyens, C'est que les organes du crédit doivent correspondre à la nature du crédit; oui, le crédit agricole est un crédit comme un autre, mais il doit s'organiser d'après la nature des hommes et des choses auxquels il s'applique.

Le crédit agricole, qui est le même dans son essence que les autres, diffère notablement du crédit industriel et commercial :

1º en ce qu'il est de plus longue haleine, à raison de l'évolution plus lente de la production de la terre;

2º en ce qu'il ne porte pas sur des opérations multiples, incessamment renouvelées, comme celles de l'industrie et du commerce, et qu'il est donc moins rémunérateur;

3º en ce que l'agriculteur est disséminé, qu'il ne se trouve pas en masses condensées comme les producteurs des usines et des villes, que son crédit n'est connu que de ses voisins et qu'il n'est pas motivé et coté comme celui de l'industriel et du commerçant.

De ces conditions différentes découle une double nécessité; c'est que le crédit agricole doit être à bon marché, et doit surtout s'opérer par la mutualité, par la solidarité.

Permettez-moi cependant, messieurs, de faire ma confession. Je suis éclectique, et si j'estime que le crédit agricole doit s'asseoir sur ces deux pierres angulaires, bon marché du capital et mutualité ou solidarité en principe, (quitte à fixer les degrés de cette solidarité), on ne doit repousser que ce qui ne réussit pas. Je considère qu'en matière de crédit agricole, à condition que la loi et la morale soient observées, tous les moyens peuvent être bons, sauf ceux qui conduisent à la faillite. Je ne puis être l'homme d'un seul système, le tenant d'une seule école, je préfère vous dire : n'attendez le succès que de vous-mêmes, cherchez le moyen qui s'adapte le mieux à la localité, et marchez.

On serait au reste sans excuse ne pas profiter des circonstances actuelles. Si, comme je vous le disais tout à l'heure, pour s'établir et pour prospérer, le crédit agricole réclame l'argent à bon marché et l'entente mutuelle, jamais temps ne furent plus favorables pour réaliser ces conditions. La loi de la baisse de l'intérêt, qui agit d'une manière constante dans les époques de paix et d'épargne, n'a jamais montré ses effets d'une manière plus frappante que maintenant. Le capital est à vil prix, même à trop vil prix : son emploi dans l'industrie et dans le commerce, dans les valeurs mobilières, est de moins en moins rémunérateur et il devra rechercher les placements agricoles. D'un autre côté, si l'association est né-

cessaire dans le crédit agricole, il se trouve que le sentiment d'association est de plus en plus vif à notre époque. La liberté d'association
n'est pas encore complète, elle a cependant été étendue et elle
existe souvent en fait, sinon en droit. La loi de 1884 sur les
syndicats professionnels est une loi de liberté d'association pour
certains groupes ; si elle n'a produit encore que des résultats douteux pour les ouvriers de l'industrie, il est heureux de reconnaître
qu'elle a créé un instrument de rénovation et de progrès des
plus puissants pour l'agriculture. L'éclatant succès des syndicats
agricoles est une grande consolation et une grande espérance pour
les amis de la liberté. On conçoit aisément qu'on ait vu en eux la
pépinière du crédit agricole, et que la loi, qui se propose de le favoriser plutôt que de le créer, se soit appuyée pour cela sur les syndicats agricoles, peut-être même d'une manière trop exclusive. Aussi
sans examiner la loi qui est encore en discussion, je ne saurais
vous cacher que je ne l'ai pas votée en première lecture avec un bien
grand enthousiasme ; car, d'une part, elle est entachée d'esprit trop
particulariste, et d'autre part, elle promet plus qu'elle ne peut
tenir.

Mais je l'ai votée parce qu'elle contient certaines dispositions fort
pratiques et fort libérales, telles que celles qui séparent nettement
les sociétés de crédit des syndicats, qui permettent à ces sociétés de
se fonder sans capital, qui graduent les responsabilités, qui simpli-
fient les formalités de publicité. Je n'énumère point ses défauts
qui sont assez graves ; mais malgré toutes ses imperfections, cette
loi aura de bons effets et si elle avait échoué, c'eût été une
présomption d'hostilité ou d'indifférence en matière de crédit
agricole ; ce seul motif me fait souhaiter son succès final.

Ce qu'il y a eu de meilleur dans la dernière discussion parlementaire, c'est qu'on a renoncé à joindre à cette loi d'organisation de
crédit agricole le projet de banque centrale recevant une garantie de
l'État ; et ce qu'il y a d'excellent c'est que ce résultat est dû aux
syndicats agricoles eux-mêmes. Personne n'a oublié les belles et
fortes paroles avec lesquelles votre président, M. Duport, a refusé
ce funeste présent.

Et là encore, quel progrès accompli dans les idées ! Je vous
parlais du Congrès agricole tenu à Lyon en 1869. Dès ce moment,
je protestais vivement contre cette injustice qui consistait à dénier
aux producteurs agricoles le droit de se servir de cette arme merveilleuse qui s'appelle le crédit personnel ; mais je remarquais en

même temps que les agriculteurs avaient contribué à propager cette injustice, en ne s'aidant pas eux-mêmes, en n'ayant pas assez confiance dans cette force de l'initiative privée, qui, elle-même ne procède que de la plus grande force du monde, la volonté. L'agriculteur ne se représentait le crédit agricole que tombant, comme une manne, sous l'espèce d'une banque d'Etat ; et à côté d'eux les adversaires ou les incrédules apportaient le souvenir de cette grande institution de Crédit agricole qui avait gaspillé 170 millions de notre épargne, non dans les champs français, mais dans ceux de l'Egypte ou de Paris. Et cependant, même dans ce naufrage d'une institution de crédit qui n'avait d'agricole que l'enseigne, quel exemple fortifiant ne trouvons-nous pas ? on avait bien été obligé, au moins pour sauver les apparences, de faire quelques prêts agricoles. Il s'est trouvé, que dans la liquidation désastreuse de cet établissement, c'est le portefeuille de papier agricole qui a subi les moindres pertes.

Nous sommes donc revenus de cette idée fausse de faire grand en matière de crédit agricole, à l'aide d'une Banque d'Etat ou recevant des garanties d'Etat, avant même qu'il existe quelque chose, tandis que le crédit à l'agriculture ne doit être qu'une multiplication de minuscules entreprises. Même dans le monde des très grandes affaires, qu'il m'a été permis d'observer, il est bien rare qu'on ait avantage à commencer grandement. Pour les associations de crédit agricole, cette pratique s'impose : ce n'est que par une foule de petites expériences répétées, disséminées, que nous arriverons à gagner la grande bataille du crédit agricole en pratique, comme elle l'est déjà en théorie. Ne parlons donc jamais, en cette matière, de grande banque centrale rattachée par un lien quelconque à l'Etat. Un jour sans doute, les associations de crédit agricole auront besoin d'un organisme central ; mais cet organisme central ou du second degré se créera de lui-même au moment où les associations du premier degré lui apporteront des aliments suffisants ; et je suis très assuré pour ma part que dès à présent les sociétés de crédit existantes absorberont facilement le bon papier agricole. Déjà la Banque de France l'accueille partout où il se présente.

L'essentiel est de commencer et de savoir commencer très petitement, et en alimentant les sociétés de crédit agricole encore plus par les dépôts fournis par la localité, que par un capital social de quelque importance. Pour cela il faut qu'on se convainque bien par l'expérience si prolongée, si probante, si complète, accomplie dans les autres sphères du travail, que rien n'est moins dangereux que l'escompte d'un billet ou d'une lettre de change, réunissant trois signatures, lorsque ces effets ont été créés pour une cause légitime. La Banque de France, qui est des plus libérales dans le choix de son papier, ne perd cependant annuellement qu'un franc sur dix mille francs d'escompte, ce qui veut dire que, théoriquement, *un capital d'un franc* suffirait à parer aux risques de dix mille francs de papier escompté ! On voit que les risques à courir d'une association de crédit agricole bien menée sont presque nuls. Et n'en trouvez-vous pas le bel exemple au milieu de nous ? La banque agricole de Poligny, représentée ici par son très distingué et dévoué promoteur, M. Milcent, déclare avoir escompté pour sept cent mille francs de papier agricole, sans avoir éprouvé un centime de perte.

Les associations de crédit agricole peuvent encore trouver un soutien puissant, soit pour leur création, soit par leur fonctionnement dans des institutions qui, elles aussi, ont eu les débuts les plus humbles, et qui sont cependant devenues l'une des grandes puissances financières du pays ; il s'agit des Caisses d'Epargne qui, en 1830, réunissaient 100 millions, en 1848, 350 millions, en 1870, 650 millions, et en 1894, quatre milliards. Rien qu'en vingt-cinq ans, c'est-à-dire de 1870 à 1894, leur capital a donc sextuplé. Nous devons à la fois nous réjouir et nous inquiéter de cet état. Rapporteur de la loi encore en discussion sur les Caisses d'épargne, j'ai été l'ardent défenseur de cette thèse ; à savoir, qu'il faut préparer une liquidation partielle et lente de ce capital énorme, et le remettre au moins en partie dans la circulation, au lieu de l'employer intégralement en achats de rentes sur l'Etat. Ce capital fabuleux vient en partie de la terre, il faut qu'il retourne à la terre et favorise sa fécondité ; il faut progressivement mettre un terme à cette coutume barbare, anti-économique, qui consiste à drainer l'épargne de l'agriculture pour l'envoyer au trésor qui s'en sert, très légalement mais fatalement, à faire hausser d'une manière artificielle le cours de la rente. Ce concours de l'Etat à l'élévation de ses propres valeurs est chose très malheureuse. Notre crédit public n'a pas besoin de cet appoint factice pour progresser ; il s'est élevé et il s'élève tous les jours de lui-même, grâce à la paix, grâce à l'épargne.

Il n'est pas besoin d'ajouter à ces facteurs, naturels et légitimes de hausse de nos rentes, les achats faits machinalement et chaque jour pour le compte des Caisses d'Epargne. Dans un pays comme le nôtre, où il faut compter avec les terribles éventualités de la guerre ou de la révolution, c'est une bien grave imprudence que de confier à l'Etat quatre milliards remboursables à vue, et de laisser centraliser tous ces fonds sur une seule valeur. En un jour de deuil et de crise profonde, on ouvrirait une autre crise redoutable, celle des caisses d'épargne, crise artificielle qui aurait été créée par une ancienne imprévoyance.

C'est pourquoi nous avons cherché les moyens d'alléger le Trésor, et on a proposé de concéder une liberté très limitée pour l'emploi des fonds de Caisses d'Epargne, permettant notamment quelques prêts à l'agriculture. On trouve des hommes et des assemblées pour adopter les idées les plus dangereuses et les plus audacieuses, mais on en trouve peu pour les nôtres. L'esprit de timidité et de routine paraît prévaloir dans la discussion de la loi ; au Sénat notamment, on semble professer les plus grandes craintes de l'initiative privée en pareille matière ; on va jusqu'à accuser ses partisans des plus noirs desseins. Il ne s'agit cependant que d'essais et de concours très bornés. Est-ce qu'il est question de déverser tout d'un coup sur l'agriculture les milliards des Caisses d'Epargne ? Ce serait à la fois une sottise et une folie. Nous savons bien que ce qu'il y a de plus difficile peut-être en matière de crédit agricole, c'est de trouver de bons emprunteurs. Les préjugés de ceux-ci sont encore plus malaisés à vaincre que ceux des prêteurs. *(Marques d'assentiment)*.

Non, encore une fois, ce que nous avons demandé, c'est une liberté limitée, qui ne s'appliquerait au besoin qu'à la fortune personnelle des caisses, qui s'élève déjà à près de cent millions. Ce que nous demandons à un autre point de vue, c'est qu'on se serve de l'énorme plus-value du portefeuille des Caisses d'Epargne qui s'élève en ce moment à plus de six cents millions pour essayer une répartition des rentes entre les déposants.

Mais je reviens, Messieurs, à la question. Où peut-on voir un danger réel à permettre aux Caisses d'Epargne d'aider aux associations de crédit agricole, à tout le moins avec leur seule fortune personnelle? Là aussi, nous trouvons des exemples autour de nous, dans cette assemblée même. J'ai le plaisir de voir à ses premiers rangs mes honorables amis, M. Perrin, président du Conseil d'administration, et M. Jules Dumond, Directeur de la Caisse d'Epargne de Lyon. Ce sont des hommes prudents et habiles : il est de notoriété publique que la Caisse d'Epargne de Lyon est administrée d'une manière tout à fait sage et remarquable. Et cependant ces hommes prudents ont fait savoir publiquement qu'ils étaient tout disposés à prêter une large partie de la fortune personnelle de la Caisse d'Epargne de Lyon aux associations agricoles du département.

La Caisse de Lyon s'est montrée indifférente sur le caractère des institutions; elle sait que les affaires sont dangereuses, non pas seulement par leur nature, mais surtout par la nature de ceux qui les font; tant valent les hommes, tant valent les choses. Elle a prêté, sans hésitation, aux Syndicats agricoles du Beaujolais, qui ont M. Duport à leur tête, elle a prêté aussi à des banques de Crédit agricole.

Ainsi, nous venons de créer à Bessenay, une petite banque agricole, à capital variable, commençant par 2500 fr., en actions de 100 fr. J'ai eu le rare courage de souscrire une action de 100 fr. et de verser 10 fr., pour entraîner vingt quatre autres actionnaires, tous braves agriculteurs du pays. La Caisse d'Épargne est alors intervenue; elle s'est engagée à toujours doubler en prêts le capital social. Le capital actuel étant de 2500 fr., la Caisse prête 5000 fr.; lorsqu'il sera élevé à 5000 fr., la Caisse prêtera 10,000 fr. et ainsi de suite. La Banque de Bessenay obtiendra donc en prêts de la Caisse vingt fois son capital versé; elle est ainsi dispensée de gérer des capitaux qui pourraient rester inertes, elle ne prend que l'argent dont elle a le placement. De son côté, la Caisse d'épargne ne risque rien, parce que les actionnaires de la Banque de Bessenay sont solvables, et que l'institution ne prête qu'à des groupes solidaires de trois personnes au moins. On vient de fonder une banque de même nature à Mornant (Rhône); elle fonctionnera demain dans les mêmes conditions. Et je demande la permission de le répéter, la Caisse d'Épargne de Lyon est prête à multiplier ses expériences; j'ajoute que, seule en France parmi les Caisses d'Épargne, elle peut faire un pareil emploi de sa fortune personnelle, en raison de ses statuts particuliers et de sa constitution autonome. Il faut souhaiter que l'exemple des bienfaits que son libéralisme éclairé sait répandre autour d'elle, frappe le législateur et le détermine à accorder aux autres Caisses d'Épargne la même faculté de bien faire.

L'œuvre du Crédit agricole est donc bien préparée ; ses véritables conditions sont enfin comprises, les ressources matérielles abondent, les Syndicats sont là pour la soutenir, elle est déjà fructueusement entamée sur plusieurs points du pays, que faut-il encore pour la généraliser et lui donner tout son essor et toute son ampleur? Le concours des plus éclairés, l'impulsion donnée par tous ces grands propriétaires qui donnent le bon exemple de vivre aux champs. Partout où le Crédit populaire, soit industriel, soit agricole, a été fondé par les associations mutuelles solidaires ou autres, on constate que le promoteur est un homme d'une culture supérieure, qu'il s'appelle Schultze-Delistch, Raïffeïsen en Allemagne, Luzzati ou Wollemborg en Italie; en France, ce sont aussi des hommes de la plus haute valeur, qui ont commencé à propager des institutions similaires A côté de ces promoteurs d'élite, nous devons trouver les propriétaires ou les agriculteurs d'un rang élevé qui doivent comprendre qu'outre sa grande portée matérielle, l'œuvre du Crédit agricole a une grande portée morale, et que c'est à eux de s'en faire les initiateurs partout où ils le pourront.

Par le temps de violentes discussions de l'état social où nous vivons, il devient indispensable de faire accepter les situations les plus légitimement acquises par les services rendus; et il est d'honnête défense sociale de mettre à la disposition des moins favorisés tous les moyens justes et naturels d'améliorer leur sort. Le crédit est l'un de ces moyens; nous avons reconnu que le plus petit producteur y a droit, qu'il lui manque trop souvent dans l'industrie et presque toujours dans l'agriculture. Démocratiser le crédit, cette grande force des producteurs plus puissants, le mettre à la portée de tous ceux qui peuvent en faire un usage légitime en leur montrant qu'ils le trouveront en eux-mêmes et par leurs propres efforts associés, est l'une des hautes tâches de ce temps. Le crédit répandu chez tous profite à tous. Là où n'existe pas une bonne organisation du crédit, tout le monde en souffre. C'est par suite d'une mauvaise organisation de leur crédit que le petit commerce et les petits intermédiaires faussent le prix des choses; c'est parce que l'agriculteur n'a pas de crédit personnel qu'il doit souvent sacrifier ses récoltes ou renoncer à certains progrès. En terminant, Messieurs, je vous dirai encore une fois avec une conviction profonde : ceux qui s'attachent à la fondation du Crédit agricole dans notre pays se vouent à l'une des œuvres les plus hautes qu'il soit donné d'accomplir, œuvre d'une immense portée sociale, puisqu'elle se propose, en même temps que l'accroissement de la plus sûre et de la plus pure de nos richesses, le relèvement de la grande force nationale, du vaillant paysan de France.

(Applaudissements répétés.)

M. LE PRÉSIDENT. — Messieurs vous venez de témoigner vous-mêmes à l'orateur le plaisir que vous a fait ce splendide, ce magistral discours, je n'ai pas à lui renouveler nos remerciements; nous avons tous remarqué avec quelle netteté et avec quelle précision il a su nous développer toute cette grande question du crédit agricole, la mettant à son point vrai et juste et je suis heureux de penser que ce qu'il a dit ne sera pas perdu pour ceux qui n'ont pas pu assister à cette séance.

Grâce à la sténographie nous gardons les paroles qu'il nous a dites et non-seulement nous nous ferons un devoir de les mettre dans notre compte rendu, mais nous en ferons en plus tirer des brochures à part pour divulguer dans le pays ces excellentes choses (Approbat'ons).

Sont désignés comme secrétaires du Congrès pour la deuxième journée :

MM. Denizet et de Gailhard-Bancel.

Il est donné lecture de lettres adressées par M. Tisserand, directeur de l'Agriculture et par M. le président Sénart s'excusant de ne pouvoir, à leur grand regret, assister aux séances du Congrès des Syndicats agricoles.

M. LE PRÉSIDENT. — Avant de commencer l'ordre du jour qui appelle un rapport de M. le président Sénart, je vous propose d'envoyer à notre vénérable collègue, le télégramme suivant : « Le Congrès, regrettant l'absence forcée du président Sénart, forme des vœux pour sa prompte guérison et lui envoie ses remerciements pour les immenses services qu'il a rendus aux Syndicats agricoles. » (Applaudissements unanimes.)

M. LE PRÉSIDENT. — M. Sénart m'avait prié de lire son rapport, mais puisque nous avons le plaisir de compter son fils parmi les membres de cette assemblée, je décline l'honneur qui m'était fait et je donne la parole à M. Paul Sénart pour la lecture du rapport de son père.

RAPPORT DE M. A. SÉNART, ancien président à la cour d'appel de Paris, membre du Conseil de la Société des Agriculteurs de France

SUR

L'Organisation du Crédit par les Syndicats agricoles.

La question de l'établissement en France du Crédit agricole touche enfin à sa solution.

Nous ne rechercherons pas comment il s'est fait que, posée presque depuis un demi siècle, elle n'ait pas encore abouti. Cette revue rétrospective serait vaine ; le temps des controverses est passé. Un état d'esprit nouveau se manifeste ; il se caractérise par la confiance, par l'impatience d'agir, et si de ce mouvement nous avions à apporter des preuves, c'est ici, dans la région dont Lyon est le centre, que nous en trouverions les témoignages les plus significatifs.

Convaincus que nous sommes que l'élan est donné, il nous incombe, pour en tirer les résultats qu'il doit produire, de déterminer les besoins auxquels il répond, d'examiner les modes par lesquels il atteindra plus efficacement son objet, et d'indiquer les règles qui le dirigeront plus sûrement.

Telle est la tâche qu'ont à accomplir les différents rapports qui vont se succéder sur la matière et dont, pour ma part, après l'exposé de quelques considérations, je m'acquitterai en traitant de l'organisation du Crédit mutuel par les syndicats agricoles.

1

Le premier besoin auquel doit satisfaire la création du Crédit agricole est le besoin économique.

On ne nie plus à l'heure présente que l'agriculture n'ait titre et droit à réclamer la fondation d'institutions de crédit qui soient appropriées à ses nécessités particulières comme le sont aux opérations du commerce les banques publiques et privées.

Les faits se sont chargés de le démontrer.

Ces faits sont issus de la crise qui est venue fondre sur l'agriculture. Par elle, la vieille et traditionnelle constitution de notre industrie agricole a été profondément troublée, l'équilibre existant entre les moyens de production et cette production elle-même a été rompu ; il n'a plus suffi au cultivateur d'entr'ouvrir la terre, de lui confier une semence, et d'attendre d'elle la récolte qui assurerait sa subsistance ; force lui a été de substituer à ces procédés simples et peu coûteux des pratiques nouvelles plus compliquées et plus dispendieuses.

A ce même moment, la science venait le secourir et le convier à l'effort. La mécanique inventait chaque jour des instruments plus ingénieux et plus utiles ; la chimie, après avoir analysé le sol et les produits qui en naissent, découvrait de diverses parts des matières jusqu'alors ignorées, ayant, les unes, la vertu d'entretenir et de renouveler la force productrice de la terre, les autres, d'augmenter les quantités et les qualités des récoltes.

C'est à ces faits que, sous l'aiguillon de la nécessité et sous la stimulation du progrès, est due la révolution qui transforme graduellement l'agriculture, et qui implique l'amélioration de son outillage, de ses semences, de ses fumures, et de ses méthodes de culture.

Ce sont ces améliorations qui exigent un capital roulant plus considérable.

Et c'est enfin ce fonds de roulement qui impose l'établissement d'institutions de crédit qui seront mises à sa portée et en accord avec les opérations agricoles.

Ainsi spécialisé, c'est à bon droit que ce crédit est regardé comme distinct, et qualifié de crédit agricole.

II

Avec son besoin économique, l'agriculture en a un second que je ne veux pas omettre, un besoin social, le besoin de l'association.

Je n'y toucherai que d'un mot ; aux rapporteurs qui vont suivre il appartiendra de le caractériser plus explicitement.

Laissez-moi seulement noter qu'entre tous ce sont les agriculteurs qui ont le plus souffert de l'individualisme outré que notre législation nous a imposé il y a cent ans et qui, ne rencontrant que trop la complicité de l'égoïsme humain, a pénétré nos mœurs.

Plus que d'autres, ils ont éprouvé que, si l'union fait la force, l'isolement fait la faiblesse. Confinés dans une profession dont l'exercice n'admet qu'une direction individuelle, ils sont restés obligatoirement désunis et épars à l'état de grains de poussière, comme eux sans cohésion, subissant passivement le reproche d'être incapables d'action et d'initiative.

Laissez-moi remarquer ensuite qu'il a suffi qu'un souffle de liberté passât sur eux, que la loi du 21 mars 1884 sur les associations professionnelles leur entr'ouvrît une issue pour qu'à travers cette fissure se fît une explosion des forces latentes qu'ils recélaient en eux, et pour qu'elle se traduisît en cette efflorescence de syndicats agricoles qui couvrent maintenant la France et y forment un faisceau d'organismes dont les bienfaits sont incalculables.

L'un de nos rapporteurs vous dira, je n'en doute point, qu'à la puissance des syndicats pour le bien de l'agriculture s'ajoutera, par le crédit agricole, une puissance égale, peut-être supérieure.

Je lui remets ce soin et j'ai hâte de passer au sujet qui m'est dévolu.

III.

Avant de l'aborder cependant, j'ai le devoir de déclarer que je m'abstiendrai de faire de l'organisation du crédit agricole par les syndicats le type unique et exclusif des institutions destinées à mettre à la disposition de l'agriculture l'instrument financier qui lui est nécessaire.

Je viens d'invoquer la liberté, je lui resterai fidèle. Au surplus, pour nous guider à cet égard, nous ne pouvons mieux faire que d'interroger les peuples qui nous ont précédés et de puiser nos enseignements dans la législation qu'ils ont édictée. Là, que constatons-nous ? Que partout elle a dû changer, qu'après s'être d'abord renfermée dans des prescriptions rigoureuses et des formules étroites, elle a ensuite brisé les moules primitifs qu'elle avait établis, qu'elle a élargi ses dispositions, et qu'elle a offert aux intéressés des facultés, des combinaisons diverses entre lesquelles il est maintenant possible de choisir ce qui s'adapte le mieux aux lieux, aux circonstances et aux personnes.

Sous l'impulsion de l'expérience, la législation étrangère a marché de la restriction à la liberté; l'exemple est décisif, et la conclusion à en tirer, c'est que, sans parcourir les mêmes étapes, nous devons tendre, dès nos premiers pas, à conquérir la plus grande somme de liberté pour les modes et les formes d'organisation du crédit agricole.

Que possédons-nous actuellement ?

A l'heure où j'écris, nous n'avons pas encore de législation spéciale sur le crédit agricole. Il nous faut recourir au droit commun, c'est-à-dire aux dispositions générales qui régissent chez nous les sociétés.

Est-il possible d'user de nos différentes espèces de sociétés pour fournir le crédit aux agriculteurs ? Assurément cela se peut. Mais donnent-elles l'instrument simple, souple, facile, non coûteux, approprié à sa fonction, dont ce crédit a besoin ?

Sur ce point, il est vrai de répondre que, jusqu'en ces derniers temps, il y avait unanimité dans la dénégation. On s'écriait que si le crédit agricole n'existait pas en France comme à l'étranger, la faute en était à nos lois. Elles sont l'obstacle, disait-on, elles entravent les bonnes volontés ; elles tuent les initiatives. Ces lois anciennes ne peuvent régler des intérêts nouveaux ; une loi nouvelle est nécessaire, comme elle l'a été en tous autres pays.

A cette clameur, le législateur a obéi ; de là la proposition de loi qui, votée en avril 1893, par la précédente Chambre des députés, puis remaniée par le Sénat, attend sa consécration par la Chambre actuelle.

IV

Pour bien comprendre cette loi, il nous faut rechercher les idées dont elle procède.

Au cours des quarante années qui se sont écoulées depuis que s'agite en France la question du crédit agricole, quelques essais ont été faits pour l'y implanter. Ce sont de grandes sociétés qui l'ont tenté ; ce qui en est advenu, vous le savez.

Placées trop haut et trop loin de la clientèle à laquelle elles s'adressaient pour exercer sur elle une attraction efficace, et aussi pour pouvoir acquérir de la valeur morale et de la solvabilité réelle des cultivateurs la notion personnelle qui aurait permis de mesurer le crédit à leur accorder, ces sociétés n'ont vu venir à elles qu'un très petit nombre d'emprunteurs, et ceux-là presque seuls qui étaient à bout de leurs ressources. Elles n'ont traité que fort peu d'affaires agricoles, et des plus mauvaises.

Mais elles en ont traité d'autres. Se détournant de leur objet, elles ont promptement versé vers les spéculations financières et, lancées dans ces voies, elles y ont trouvé ce qui s'y rencontre le plus souvent, la ruine.

Leur dénouement a été pitoyable. Il contenait une leçon.

En ce même temps, les regards se portaient sur les institutions qui existaient à l'étranger, particulièrement sur les caisses établies en Allemagne par Schulze-Delitzsch et par Raiffeisen.

Le spectacle y était bien différent. Répandues partout, dans les petites villes, dans les paroisses des campagnes, se limitant à des circonscriptions étroites, rapprochant les personnes, conciliant les intérêts, prémunies contre toutes déviations dans leur fonctionnement, contre tous entraînements de cupidité, elles agissaient sûrement, se développaient avec une merveilleuse fécondité, et elles produisaient d'inappréciables résultats.

Il s'en dégageait une tout autre leçon. De la comparaison entre ces deux enseignements si contraires ressortait une démonstration convaincante.

Elle s'est traduite dans cette parole : Ce n'est pas par en haut, c'est *par en bas* que doit se faire l'organisation du Crédit agricole. Le principe a été ainsi posé.

Puis on s'est demandé comment se réaliserait dans la pratique cette organisation *par en bas*.

La chose est simple, a-t-on répondu ; il ne faut que suivre le modèle qu'on a choisi et, à l'imitation de l'Allemagne, avoir en chaque canton, en chaque commune, un groupe d'hommes honnêtes et sensés qui soit en état de déterminer avec impartialité et compétence la capacité du crédit que peut mériter chaque agriculteur de la circonscription. Par une coïncidence vraiment providentielle, ces groupes existent chez nous tout formés, tout appropriés à l'œuvre de crédit que nous poursuivons ; ce sont les syndicats agricoles. Usons en.

C'est de l'ensemble de ces réflexions, de l'enchaînement de ces raisonnements que découlent la conception de la loi, l'économie de ses dispositions. Réalisent-elles le but poursuivi ?

Nous allons en présenter l'énonciation sommaire ; le cadre dans lequel nous devons nous renfermer nous permettra à peine d'ajouter à cette sèche nomenclature quelques commentaires explicatifs. La discussion, s'il y a lieu, y suppléera,

V

Dès les premiers mots, le législateur manifeste sa pensée fondamentale.

C'est aux syndicats agricoles seuls qu'il confère le privilège de
constituer des sociétés de crédit dans la forme et suivant les règles
qu'il va déterminer ; mais nous devons reconnaître qu'après qu'il
a posé en principe que d'eux seuls émaneront ces sociétés, il leur
ouvre pour l'exercice de ce droit les facilités les plus larges.

Ainsi, il admet qu'une société de crédit peut être formée :

1º Par un syndicat tout entier, s'il obtient l'adhésion unanime de
ses membres ;

2º Par l'entente ou le concours de deux ou plusieurs syndicats,
qui auront aussi réuni l'adhésion unanime de leurs membres ;

3º Par une fraction de quelques membres d'un même syndicat ;

4º Par une fraction de quelques membres réunis de deux ou
plusieurs syndicats.

Et, par une faveur bien marquée, dans les deux derniers cas qui
seront de beaucoup les plus usités, il dispose que ces quelques
membres d'un ou de plusieurs syndicats, qui auront séparément
fondé une société de crédit, communiqueront par ce fait à tous les
membres de l'association syndicale à laquelle ils appartiendront
la faculté de se servir de cette société de crédit.

Le législateur établit ainsi deux catégories de bénéficiaires, savoir :
1º Les associés de la société de crédit ; 2º Les membres des syndicats auxquels se rattacheront ces associés. Cette deuxième catégorie aura, vis à vis de la société de crédit, une situation analogue
à celle des adhérents dans une société coopérative.

Quoiqu'il en soit de la formation, qu'elle procède d'un ou plusieurs syndicats tout entiers, ou qu'elle soit due à l'initiative personnelle de quelques syndiqués, en aucun cas les deux institutions,
syndicat et société, ne se confondront pas. Se conformant au vœu
émis dans le congrès international de Lyon en 1893, le législateur
a décidé qu'elles *seraient distinctes, qu'elles seraient autonomes*.
L'une, le syndicat, société civile, continuera à se mouvoir dans le
cercle des opérations auxquelles elle peut se livrer en vertu de la
loi du 21 mars 1884 ; l'autre, la société de crédit, sera, avec le
caractère commercial, exclusivement vouée aux opérations de crédit
qui rentrent dans son objet.

Cet objet, la loi le précise. Il consiste, dit-elle, à faciliter et à garantir les opérations qui concernent l'industrie agricole et qui sont effectuées par les syndicats ou les membres des syndicats. Ainsi pour qu'une opération soit dans la capacité de la société de crédit, il faut : 1° qu'elle ait en vue, qu'elle réalise une chose agricole ; 2° qu'elle soit faite ou par le syndicat auquel se rattache la société, ou par un membre de ce syndicat. Toute opération qui ne réunirait pas ces deux conditions lui est interdite.

Dans ces sociétés de crédit, il pourra y avoir un capital social, ou il pourra n'y en avoir pas. Une semblable faculté alternative nous paraît, au premier abord, étrange ; nous ne concevons pas en France une société sans capital social. Mais le législateur en a puisé l'exemple à l'étranger et, présumant qu'elle faciliterait le développement des sociétés dont il veut provoquer la création, il la leur a appliquée.

Dans le cas où il n'existera pas de capital social, il admet que le fonds de roulement se constituera par des emprunts contractés par la société, ou par des dépôts d'argent qui lui seront faits.

Dans le cas où il existera un capital social, il interdit qu'on le forme au moyen de souscriptions d'actions. Il considère que l'action, c'est l'instrument usuel des entreprises financières, qu'elle vise au lucre, en recherche les dividendes, et implique par suite la spéculation ; que, d'un autre côté, il est de sa nature de passer de main en main, ne faisant de ceux qui la détiennent, des porteurs, que des associés incertains et instables, ignorés les uns des autres ; qu'en conséquence l'action ne peut être l'instrument d'une société d'un caractère tout spécial, qui ne poursuit pas des bénéfices à faire, mais des services à rendre, et où il est indispensable que des associés, fixes et stables, se connaissent et se choisissent.

Il la condamne donc et la repousse. Mais il y substitue un élément qui s'en rapproche : la part sociale. Le capital pourra être formé de parts égales ou inégales, qui seront nominatives et transmissibles seulement par voie de cession aux membres des syndicats et avec l'agrément de la société.

Pour leurs statuts constitutifs, la loi accorde aux sociétés de crédit une liberté presque sans mesure. Elles seront juges du régime intérieur qui s'adaptera le mieux à leurs besoins et à leurs intérêts. Ainsi elles détermineront à leur gré leur mode d'administration, la composition de leur capital, en quelles proportions égales ou différentes ses membres contribueront à le former ; elles règleront l'étendue de la responsabilité de leurs sociétaires ; elles diront notamment : 1° si cette responsabilité sera solidaire et illimitée, comme elle l'a été longtemps pour les caisses rurales d'Allemagne ; 2° si elle sera solidaire et limitée, ainsi qu'elle peut l'être maintenant pour ces mêmes caisses ; 3° si elle ne sera pour les membres que de leur part et portion virile ; 4° si, en de certains cas, elle dépassera cette part et portion virile, et de combien. Toutes les combinaisons seront admissibles.

La loi, à côté du capital social, exige encore la constitution d'un fonds de réserve ; elle en fixe le minimum proportionnel, et elle dispose qu'il sera formé par une quote part déterminée dans le produit des prélèvements que la Société est autorisée à faire sur ses opérations.

Elle interdit la distribution de tout dividende et ne permet d'allouer aux associés que les intérêts des parts qu'ils auront versées.

Quant aux bénéfices, ils seront répartis, à la fin de chaque exercice, entre les membres du syndicat qui, dans le cours de cet exercice, auront fait avec la société des opérations et cela au prorata des prélèvements qui auront été effectués sur leurs opérations. Ce sera en réalité une restitution du trop perçu.

A la dissolution de la société, l'actif sera partagé entre les sociétaires proportionnellement à leurs parts, à moins que les statuts n'en aient autorisé l'emploi à une œuvre d'intérêt agricole.

Les sociétés de crédit agricole seront exemptées du droit de patente ainsi que de l'impôt sur les valeurs mobilières.

Enfin les conditions de publicité prescrites par les lois générales pour les sociétés commerciales sont remplacées par des formalités beaucoup plus simples. Elles consistent dans le depôt au greffe de la justice de paix du canton, où sera le siège principal de l'établissement, d'un double exemplaire, dont l'un sera transmis au greffe du tribunal de commerce de l'arrondissement, savoir : à la naissance de la société, 1° des statuts ; 2° de la liste des administrateurs et membres de la société ; et, chaque année, dans la première quinzaine de février : 1° de la liste des membres faisant, à cette date, partie de la société ; 2° d'un tableau sommaire des recettes et des dépenses, ainsi que des opérations effectuées dans l'année.

Ces exigences de la loi sont légitimes. Le principe d'une publicité qui manifeste la création de toute société commerciale est un principe incontesté ; le dépôt des statuts dans un greffe de justice lui donne satisfaction. Si l'on y ajoute le dépôt de la liste des membres de la société de crédit, cette prescription se justifie par l'intérêt des tiers. Aux tiers, c'est-à-dire aux fournisseurs, aux banquiers vis-à-vis desquels la société aura à ouvrir des moyens de crédit à son syndicat ou aux membres de son syndicat, aux capitalistes qui seront conviés à des prêts ou à des dépôts d'argent pour le fonds de roulement de la société, n'est-il pas indispensable d'inspirer confiance ? Comment le faire autrement et mieux qu'en portant à leur connaissance le personnel entier de la société, de ses administrateurs et de ses membres, pour qu'ils en déduisent la somme de garantie que cette société leur présente ?

C'est au même ordre d'idées, au même intérêt que se rattache le dépôt annuel du tableau sommaire des recettes et des dépenses, ainsi que des opérations effectuées. Ce tableau n'est pas, vous le savez, l'énonciation, la divulgation de chaque affaire avec les noms de ceux qui les ont faites ; son caractère et sa composition sont bien fixés par une pratique constante, par la façon dont le dressent tous les grands établissements financiers, la Banque de France et autres banques. Il n'est que le sommaire, le résumé en quelques articles de chiffres, de la situation active et passive de la société. Qui ne comprend dès lors qu'il soit bon, utile et nécessaire, pour entretenir la confiance des tiers, que des éclaircissements périodiques leur soient fournis ?

En tout cela, on doit le remarquer, n'apparaît aucunement l'autorité administrative. Le législateur a partout écarté son intervention à quelque titre que ce soit. Il a sagement fait ; il a tenu compte d'un sentiment qui s'éveille de plus en plus, d'un courant d'opinion qui acquiert une grande force et qui, en des matières devant rester libres, repousse désormais toute tutelle. Il en résulte que les sociétés de crédit, librement formées par les syndicats, fonctionneront, dans les limites tracées par la loi, avec une pleine indépendance, avec leur complète liberté.

VI

Voilà la loi dont nous avions à vous exposer les origines, à vous retracer les lignes principales.

Est-elle parfaite ? Non, sans doute.

Est-elle mauvaise ? Sera-t-elle nuisible ? Quelques-uns le prétendent.

Nous ne discuterons pas cette appréciation, cette prévision. Nous rappellerons seulement que c'est par des attaques semblables, plus vives, plus pessimistes encore, que fut accueillie, à sa naissance, la loi de 1884 sur les syndicats, et nous ajouterons : si l'on se fût arrêté à ces critiques passionnées, à ces pronostics aveugles, quelle faute n'eût on pas commise ! De quel bien immense n'eût on pas privé l'agriculture !

Cette fois encore nous n'avons pas à hésiter. Après une étude attentive, l'Union centrale des Syndicats agricoles, la Société des Agriculteurs de France, la Société nationale d'Agriculture ont tour à tour proclamé que cette loi était bonne, utile, bienfaisante, qu'elle ouvrait libéralement aux syndicats les plus larges facultés pour la réalisation d'une œuvre qu'a longtemps désirée, qu'attend maintenant avec impatience le monde agricole.

Nous nous rangerons à leur avis et, en exprimant le regret que les pouvoirs publics, si empressés à promettre la loi à l'agriculture avant les élections de 1893, soient, depuis, devenus si lents à la lui octroyer, nous concluons par la proposition suivante :

« Le Congrès national des Syndicats agricoles, réuni à Lyon, émet le vœu :

« Que la loi relative à la création de Sociétés de Crédit agricole soit votée sans retard ».

M. LE PRÉSIDENT. — Nous remercions M. Paul Sénart et le prions d'être notre interprète auprès de son père pour le remercier du substantiel rapport dont nous venons d'entendre la lecture. Il lui dira combien nous avons été heureux d'entendre des conclusions si claires et si nettes au sujet de la nouvelle loi.

Quelqu'un demande-t-il la parole ?

M. MILCENT, du Jura. — M. le président Sénart nous propose d'émettre un vœu pour que la loi relative à la création de Sociétés de crédit agricole soit votée sans retard ; je m'associe complètement à ses conclusions et je suis convaincu que nous allons tous les voter. Je voulais seulement vous soumettre une observation, à savoir que la nécessité de voter ces conclusions résulte non pas de l'avantage immédiat que la loi peut donner pour le développement des Syndicats agricoles, mais surtout de la manifestation qui peut résulter de ce fait que les pouvoirs publics s'occupent du crédit agricole et que c'est dans la voie de l'association qu'il faut se diriger pour le réaliser. M. Aynard, dans son admirable discours, a montré que des Sociétés de crédit agricole avaient pu se former déjà, quoiqu'il n'y eût pas de loi ; nous vivons actuellement sous le régime de la loi de 1867, faite pour les Sociétés quelconques, donc sous le régime de 1867 rien ne s'oppose à ce qu'on forme des Sociétés de crédit agricole ; que viendra donc faire la loi nouvelle ? Je ne crois pas que ses dispositions facilitent beaucoup la constitution des Sociétés de crédit agricole, mais cette loi a eu le très grand avantage de donner lieu à des discussions qui nous ont tracé la ligne dans laquelle nous devons marcher. Cette loi sera un hommage rendu aux Syndicats agricoles, c'est pour eux que la loi a été faite, c'est leur consécration ; on a voulu les assimiler aux Syndicats ouvriers, heureusement il y a des distinctions énormes à faire. C'est pour cela que je vous demande de vous associer au président Sénart. Le crédit, c'est la confiance donnée à ceux qui ont produit par le travail.

M. DE LARNAGE. — Ce n'est pas pour contredire en quoi que ce soit les conclusions du président Sénart que j'ai demandé la parole ; je voudrais simplement l'adjonction de deux mots qui complèteraient sa pensée et nous sépareraient nettement des financiers.

M. LE TRÉSOR DE LA ROCQUE. — M. de Larnage et moi sommes mûs par les mêmes sentiments ; je demande cependant de ne pas ajouter ces mots qui spécialiseraient trop la loi. Cette introduction empêcherait les individualités hors des Syndicats de constituer des Sociétés de crédit agricole. A côté des Syndicats, il peut y avoir des gens qui ne sont pas des spéculateurs et qui emploieraient leurs facultés à créer des petites Sociétés de crédit agricole. Nous aurons à prendre grand soin de ne pas favoriser les Sociétés financières qui voudraient détourner à leur profit les lois de crédit agricole. Mais il y aurait inconvénient à ajouter ces mots.

UN MEMBRE. — Je demande qu'on ajoute ces mots : « Dans le sens indiqué par le présent rapport ».

M. LE PRÉSIDENT. — M. Sénart a spécialisé en courtes phrases ses conclusions, il y aurait danger à les augmenter ou à les modifier. Je les mets donc aux voix telles qu'elles sont.

M. DE LARNAGE. — Devant la parole de notre chef, M. Le Trésor, je comprends sa pensée, mais je désirerais qu'il y eut une indication rendant mieux compte de l'idée exprimée et l'observation que j'ai formulée a sa raison d'être pour ceux qui nous suivront.

M. LE PRÉSIDENT. — Avant de mettre aux voix les conclusions de M. Sénart, faisant droit à l'observation de M. de Larnage et afin qu'il este une marque bien évidente de notre intention et qu'on ne se serve pas de notre vote pour induire en erreur les populations rurales, je constate nettement que nous nous séparons par avance de toutes tentatives de spéculation qui finiraient par faire dévier le crédit agricole pour n'en faire qu'une vaste exploitation. Ceci dit, je mets aux voix les conclusions du rapport de M. Sénart, telles qu'elles ont été proposées.

(L'Assemblée accepte les propositions du Président ainsi que les conclusions du rapport de M. Sénart.)

En conséquence :

Le texte des conclusions définitivement adoptées est le suivant :

Le Congrès national des syndicats agricoles, réuni à Lyon, émet le vœu :

Que la loi relative à la création de sociétés de crédit agricole soit votée sans retard ».

M. LE PRÉSIDENT. — Je donne la parole à M. Louis Durand pour la lecture de son rapport.

RAPPORT DE M. Louis DURAND, avocat, membre du Comité du contentieux et de législation de l'Union du Sud-Est, président de l'*Union des Caisses rurales et ouvrières françaises*

SUR

Les Caisses rurales à responsabilité illimitée

Le programme du congrès charge l'honorable M. Sénart d'un rapport sur l'*Organisation du crédit par les syndicats agricoles* ; je n'ai donc pas à vous démontrer l'utilité du crédit agricole, et je me bornerai à vous exposer le mécanisme des caisses rurales à responsabilité illimitée, et à vous montrer combien le fonctionnement en est facile, sûr, et approprié aux besoins des classes agricoles.

*
* *

Pour organiser le crédit agricole, il y a deux difficultés à surmonter.

La première résulte de ce fait que la plupart des agriculteurs sont des gens modestes, dont les affaires sont parfaitement connues de leurs voisins, mais qui n'ont aucune notoriété au dehors de leur commune.

De là une certaine difficulté, pour les établissements de crédit, à être complètement renseignés sur la valeur et la solvabilité des emprunteurs, surtout lorsque ces emprunteurs n'habitent pas la commune où l'établissement de crédit a son siège.

La seconde difficulté résulte du terme assez long qu'exigent les opérations de crédit agricole. Les banques commerciales n'escomptent que du papier au terme maximum de trois mois : or un agriculteur ne peut tirer aucun avantage d'un prêt à si court terme.

Les *banques* proprement dites ne peuvent cependant immobiliser une partie importante de leurs capitaux dans des opérations à plus longue échéance, parce qu'elles opèrent sur des fonds qui leur sont confiés à court terme, souvent à vue ; pour être en mesure de rembourser leurs déposants, elles sont obligées d'avoir en portefeuille des effets qu'elles feront, le cas échéant, réescompter par d'autres banques, et notamment par la Banque de France. — Or ce réescompte n'est possible que pour les effets dont l'échéance n'est pas à plus de 90 jours.

Pour tourner cette difficulté, on a imaginé de prêter à l'agriculteur pour tout le temps qui était nécessaire à son opération agricole, mais de lui faire souscrire des effets de trois mois qui, à l'échéance, sont payés avec le prix du réescompte d'un nouvel effet à trois mois. — C'est ce qu'on appelle le renouvellement.

Je n'ai pas besoin de vous faire remarquer les dangers de ce procédé. Les banques commerciales et notamment la Banque de France, à qui on présente ces effets renouvelables savent parfaitement quelle est la nature du papier qu'on leur offre. Elles l'acceptent, parce qu'il ne représente pour elles qu'une immobilisation de capitaux insignifiante, et parce qu'elles considèrent que les banques agricoles qui le leur offrent sont assez solides pour garantir le paiement à l'échéance fictive portée sur l'effet. — Mais si ces effets devenaient assez nombreux pour immobiliser une part notable des capitaux de la Banque de France, ou si une banque agricole traversait une légère crise, il est bien certain que le réescompte serait refusé et les malheureux emprunteurs seraient obligés de payer leurs effets en circulation aux échéances fictives qu'ils auraient eu l'imprudence de laisser inscrire au-dessus de leur signature.

Pour qu'un établissement de crédit agricole puisse réunir les conditions essentielles de sécurité et de solidité, il faut donc :

1º Qu'il soit en mesure d'être exactement renseigné sur la solvabilité des emprunteurs.

2º Qu'il ait un crédit tel qu'il soit absolument certain de trouver en tout temps, même pendant les crises les plus violentes, l'argent nécessaire au remboursenent de ses déposants, sans être obligé de recourir au réescompte, ou à un secours étranger.

*
* *

La *Caisse rurale système Raiffeisen* me paraît seule remplir ces conditions. Voici, en deux mots, son organisation et son fonctionnement.

C'est une société *en nom collectif à capital variable*, dont, par conséquent, les dettes sont garanties solidairement et indéfiniment par le patrimoine de tous les associés.

Elle fonctionne dans les limites d'une seule commune ; elle ne prête qu'à ses membres, pour un usage déterminé et jugé utile ; tous les emprunts sont garantis par une caution.

Ses membres ne constituent pas de capital social ; la caisse emprunte sous leur garantie solidaire les fonds nécessaires à son fonctionnement.

Un principe essentiel de l'institution, c'est que les bénéfices réalisés par la caisse sur la différence des taux de prêts et d'emprunts forme une réserve inaliénable, et que jamais un centime de ces bénéfices ne doit être attribué ni aux administrateurs à titre de traitement, ni aux sociétaires à titre de dividendes.

Que résulte-t-il de cette organisation ?

Les administrateurs n'ont pas de traitement ; ils n'ont pas intérêt à faire beaucoup d'affaires, puisque le plus ou moins de bénéfices ne peut leur profiter. De même les sociétaires, puisqu'ils ne reçoivent pas de dividende.

Mais tous ont intérêt à ce que la caisse ne fasse que des affaires sûres, car tous sont solidairement responsables des pertes.

Les administrateurs seront donc très prudents ; ils se renseigneront soigneusement sur la valeur des emprunteurs, parfaitement connus, qui habitent tous la commune; les autres sociétaires diront exactement tout ce qu'ils sauront, de peur d'avoir à supporter une perte sensible ; seraient-ils aussi scrupuleux si, pour rendre service à un voisin, ils n'avaient à redouter que la perte d'une action de 25 francs ?

Aussi les pertes sont-elles presque impossibles ; si, par extraordinaire, un emprunteur se trouvait insolvable à l'insu de toute la commune, la caution paierait à sa place. En supposant l'impossible, en supposant que toute la commune se soit trompée à la fois sur la solvabilité de l'emprunteur et de la caution, la réserve comblerait le déficit. — Aucun esprit sérieux ne peut concevoir une crainte quelconque sur la solidité des caisses rurales système Raiffeisen.

Aussi ont-elles un crédit de premier ordre ; la garantie qu'elles offrent aux déposants représente facilement cent fois, souvent mille fois les capitaux dont elles peuvent avoir besoin. Elles trouvent donc toujours plus de dépôts qu'elles n'en peuvent utiliser. Pendant les guerres austro-allemande et franco-allemande, alors que le marché financier allemand était pris de panique, Raiffeisen était obligé de refuser l'argent qu'on lui offrait *sans intérêt*. En Italie, où la situation économique est peu satisfaisante, les caisses rurales n'éprouvent aucun embarras.

.˙.

La caisse rurale, système Raiffeisen, remplit donc admirablement les deux conditions que nous avons indiquées.

Elle est parfaitement renseignée.

Elle trouve tout l'argent qui lui est nécessaire, même en temps de crises, sans secours étranger.

Je sais bien qu'elle a été représentée dans un véritable pamphlet, comme vivant de subventions, et incapable de se soutenir par elle-même.

Le simple bon sens suffit pour prouver qu'une institution de cette nature n'a jamais besoin de subventions.

J'oppose le plus formel démenti à M. de Malarce et, dans l'impossibilité où je me trouve de discuter toutes ses assertions dans ce court rapport, je me bornerai à vous donner un exemple de la manière dont il cite la statistique.

Je lis dans le *Journal Officiel* du 29 mai 1894 (Documents parlementaires, Sénat, p. 93) :

« D'après la dernière statistique connue, les caisses Raiffeisen « ont accordé en 1885, 24.466 prêts, dont le montant total s'est « élevé à 4.117.118 marks. Dans la même année, les opérations

« de Schulze-Delitzsch ont compté 72.934 prêts agricoles repré-
« sentant une somme de 139.659.917 marks ».

Eh bien ! savez-vous comment M. de Malarce a pu établir une statistique si favorable à Schulze, et si défavorable à Raiffeisen?

Il existe, en Allemagne, plusieurs fédérations de caisses rurales systèmes Raiffeisen ; M de Malarce ne tient compte que de celle qui a son siège à Neuwied, et il ignore celles de la Hesse, du Wurtemberg, de Bade, de Westphalie, etc.

Puis, pour cette unique fédération de Neuwied, il va chercher une statistique vieille de dix ans, qu'il déclare être la *dernière connue*, alors qu'il y en a de plus récentes, notamment cell₂ de 1891 qui, quoique incomplète, indique pour 623 seulement des caisses dépendant de Neuwied, un actif de 27.182.348 marks.

Enfin cette statistique de 1885, que M. de Malarce donne comme représentant le chiffre total des opérations des caisses Raiffeisen, ne portait que sur *une partie* des caisses appartenant à l'Union de Neuwied.

Ainsi M. de Malarce présente comme un chiffre complet celui qui s'applique à *une partie* des caisses appartenant à *une seule* des fédérations existant il y a *dix ans*. En réalité, la statistique citée par lui portait sur 245 caisses, alors qu'il en existe aujourd'hui en Allemagne environ 3.000. Une statistique publiée par M. Haas, syndic général de la Fédération Hessoise, donne aux 1961 caisses sur lesquelles elle porte, à la fin de 1892, un actif de 109.938.000 marks. Il y a loin de cette statistique, quelque incomplète qu'elle soit, à celle citée par M. de Malarce. De quatre millions à 109, il y a une marge.

Le rapport tout entier de M. de Malarce présente la même sûreté d'informations. Nous ne nous attarderons pas plus longtemps à le discuter.

***

Il y a une dernière considération, que je ne puis passer sous silence.

Je vous ai démontré que la caisse rurale, système Raiffeisen, présente des garanties exceptionnelles à ses créanciers, et que logiquement, ses membres n'ont pas à redouter des pertes appréciables engageant leur responsabilité personnelle et solidaire.

L'expérience a confirmé la théorie : sur des milliers de caisses qui fonctionnent en Allemagne, en Autriche, en Russie, en Italie, etc, et dont quelques-unes ont près d'un demi-siècle d'existence, *il n'y en a pas une seule qui ait fait perdre un centime ni à ses créanciers, ni à ses membres.*

Le fait est absolument certain ; les ennemis les plus acharnés de Raiffeisen, ceux qui ont accumulé les calomnies contre son œuvre, ont dû se borner à prédire les faillites futures, ils n'ont pas pu citer une seule caisse qui ait éprouvé des pertes entraînant un recours contre les associés. Et ils auraient eu cependant grand intérêt à le faire pour répondre à Raiffeisen qui ne se gênait pas pour citer les *deux cents faillites ou liquidations* survenues, en douze ans, parmi le millier de banques fédérées autour de Schulze-Delitzsch.

Il n'y a donc aucune crainte à avoir : la caisse rurale, malgré, ou plutôt à cause de la solidarité illimitée, présente une sécurité absolue à ses membres aussi bien qu'à ses créanciers.

L'administration en est très simple ; un Manuel a été publié par l'*Union* que je préside ; grâce à lui, de simples paysans, sachant lire, écrire et faire leurs quatre règles, pourront devenir, en deux heures d'étude, des administrateurs excellents et des comptables impeccables. Je me permets de signaler cette brochure au congrès, non pour faire de la réclame à notre *Union des caisses rurales et ouvrières*, mais parce que, depuis que nous avons lancé l'idée des caisses Raiffeisen en France, une foule d'hommes incompétents ont publié une série de brochures donnant des indications par trop inexactes. Dans l'une, par exemple, émanant d'un haut fonctionnaire de l'administration des finances, nous trouvons des statuts qui feraient condamner la caisse rurale à une amende de 5o à 1.ooo fr., avant même qu'elle ait achevé sa constitution légale. Les autres brochures que je connais présentent des inconvénients analogues.

Il faut donc se mettre à l'œuvre résolument ; elle est facile, si l'on apporte de l'énergie et de la bonne volonté.

Lorsque j'ai annoncé mon intention de fonder en France des caisses rurales à responsabilité illimitée, de tous côtés on m'a crié : « Jamais les paysans français n'accepteront la solidarité. »

Messieurs, le paysan français a le cœur aussi chaud et l'intelligence aussi ouverte que personne : jamais il n'a reculé devant la solidarité, lorsqu'on a su lui en montrer les solides avantages.

Il n'y a guère plus d'un an que, avec quelques amis, nous avons essayé de fonder des caisses Raiffeisen. Aujourd'hui l'Union que j'ai l'honneur de présider en compte *quatre-vingt-quatorze*.

Si vous voulez consacrer à cette œuvre une partie de votre temps, de votre intelligence, de votre dévouement, avant un an, nous compterons les caisses rurales par milliers.

En terminant, j'ai l'honneur de déposer sur le bureau du congrès le vœu suivant:

« Le Congrès émet le vœu que les syndicats agricoles encouragent, et que leurs membres établissent dans toutes les communes rurales, des caisses rurales à responsabilité illimitée, en se conformant aux principes de Raiffeisen. »

M. LE PRÉSIDENT. — Je n'ai pas à féliciter M. Louis Durand pour son rapport sur les Caisses rurales à responsabilité illimitée, il est trop connu par ses importants travaux sur le crédit agricole pour que ce soit nécessaire, mais on me permettra bien de rappeler que c'est à l'Union du Sud-Est qu'il a commencé à étudier cette grave question dont il devait faire le but de sa vie.

L'Assemblée et le rapporteur penseront probablement qu'avant de discuter les conclusions, il serait préférable d'entendre le rapport de M. Josseau sur les Caisses rurales à responsabilité limitée, les deux questions sont tellement liées qu'il ne semble pas possible de les séparer. (Adopté).

Je donne donc la parole à M. Josseau.

RAPPORT DE M. J.-B. JOSSEAU, vice-président de la *Société des Agriculteurs de France*, membre de la *Société nationale d'Agriculture*, fondateur de la *Caisse de crédit de Coulommiers*

SUR

Les Caisses rurales à responsabilité limitée

Une vérité inutile à démontrer aujourd'hui, surtout dans ce Congrès, c'est que l'agriculture a besoin, comme le commerce et l'industrie, de recourir au crédit. Il n'est plus sérieusement contesté que son capital d'exploitation soit insuffisant pour lui permettre de tirer le meilleur parti de sa terre, de modifier ses procédés, de réduire son prix de revient et d'augmenter sa production afin de lutter contre la concurrence.

Aussi, depuis près d'un demi-siècle, le mode d'organisation du crédit agricole, a-t-il été mis à l'étude et donné lieu à un nombre infini de travaux et d'enquêtes. On a d'abord songé à améliorer le crédit réel de l'agriculteur par des réformes législatives ayant pour objet de constituer régulièrement le gage agricole et de simplifier sa réalisation. On a tenté ensuite de fonder un grand établissement subventionné par l'Etat et appelé à effectuer des prêts dans toute la France.

Ces essais ayant échoué, on a jeté les yeux sur les nations voisines, et l'on a vu que, dans un certain nombre de pays, la question du Crédit agricole avait été résolue. En Allemagne, notamment, grâce à l'initiative privée, grâce au dévouement persévérant de deux hommes, d'un économiste distingué M. Schultz-Delitzsch, et d'un homme de bien M. Raiffeisen, il s'était établi des milliers de petites banques, les unes dans des communes de plus de 2.000 âmes, les autres dans des communes d'une population inférieure, dans de simples petits villages, les premières fondées par Schultz-Delitzsch, les deuxièmes fondées par Raiffeisen. Ces banques populaires faisaient et font encore aux petits cultivateurs des prêts à des conditions en rapport avec leurs possibilités, et grâce à la solidarité sans limite acceptée par tous les associés, grâce à la connaissance que chacun d'eux avait, à raison du voisinage, de la solvabilité et de la gestion des autres, les opérations ont pu se réaliser presque toujours sans perte.

C'est alors que M. Méline et plusieurs de ses collègues eurent l'idée féconde, pour favoriser l'introduction en France de banques analogues, de profiter des groupes déjà formés par nos syndicats agricoles et d'en faire dériver des petites caisses de crédit mutuel, qui deviendraient les dispensatrices du crédit dans les campagnes.

Le projet primitif souleva de vives critiques. Mais, à la suite d'une enquête ouverte par la Société nationale d'agriculture, et conformément aux vœux des associations agricoles, notamment de la Société des Agriculteurs de France, enfin après l'examen approfondi fait par une grande commission interparlementaire instituée au Ministère de l'agriculture, ce projet, déjà amendé par la Chambre des députés, l'a été encore par le Sénat, qui l'a renvoyé à la Chambre où il doit être mis incessamment à l'ordre du jour.

En l'état où il est aujourd'hui les sociétés agricoles l'acceptent, en général, comme une loi large, libérale, offrant aux syndicats agricoles, ou à ceux de ses membres, qui, sans cesser d'en faire partie, leur ont annexé des caisses de crédit mutuel, les facilités les plus grandes pour développer leur institution et mettre le bien-fait du crédit à la portée de leurs adhérents.

Mais sous quelles formes et sur quelles bases ces sociétés doivent elles s'établir? Quels conseils convient-il que le congrès leur donne à cet égard? Et, pour préciser la question, doit-on les enfermer exclusivement dans les conditions du type Raiffeisen en prenant pour base l'absence de capital et la solidarité *illimitée* entre tous ses membres? Ou bien doit-on, suivant les localités diverses, la fonder sur la base des sociétés à capital variable avec responsabilité *limitée*?

Telle est la question posée devant le Congrès.

Avant de l'aborder, constatons d'abord quelques points sur lesquels l'accord est fait aujourd'hui entre tous.

1° Le premier point, c'est que la forme du crédit à adopter est le *crédit personnel*. Le crédit réel ne fournit qu'une solution partielle, insuffisante. Le crédit personnel seul donne une solution pleine et entière à la question;

2° Un second point, c'est que l'association soit formée par l'initiative privée et que le gouvernement n'en soit pas le fondateur;

3° Un troisième point, c'est que la société de crédit mutuel ne doit point avoir un caractère spéculatif. Elle ne doit devenir, sous aucun prétexte, une banque ayant pour but le *trafic du numéraire*. Elle ne doit se préoccuper que du placement sûr de ses fonds, ne pas avoir en vue le grand nombre des affaires et ne pas se lancer dans des spéculations.

4° Un quatrième point, c'est que la durée des prêts soit assez longue pour permettre aux emprunteurs de se libérer au fur et à mesure que leur surviennent des ressources, et que la constitution de la société se prête à ces atermoiements nécessaires.

5° Un cinquième point, c'est que l'association soit *locale*, que son cercle d'action soit d'une étendue limitée, afin qu'elle ne prête qu'à bon escient à des personnes connues ou sur lesquelles son administration soit facilement renseignée. C'est ce qu'on a appelé la fondation du Crédit agricole *par en bas*.

6° Le sixième point, enfin, qui est indispensable pour que l'association inspire confiance aux tiers et que les fonds ne lui fassent pas défaut, c'est que tous les associés aient une part dans la responsabilité des affaires et qu'ils soient intéressés à son bon fonctionnement.

Cette responsabilité doit-elle être *illimitée*, ou peut-il suffire qu'elle soit *restreinte* dans certaines limites?

En Allemagne, le principe de la solidarité illimitée a été jugé nécessaire dès l'origine, tant dans les associations créées d'après le type Schultz-Delitzsch que dans celles établies sur le type Raiffeisen. Il est juste de reconnaître qu'en fait la prudence de l'administration des sociétés a rendu cette responsabilité illimitée presque toujours purement nominale.

Malgré tout, cette crainte continuelle d'une responsabilité venant d'autrui, cet engagement éventuel sans limite, avait certains désavantages. D'une part, elle ne se répartissait pas équitablement entre les associés, dont les plus aisés supportaient une charge trop lourde. D'autre part, elle nuisait au crédit immobilier de ceux qui étaient propriétaires; car ils devaient s'engager à ne pas grever leurs biens d'hypothèques et à n'emprunter qu'à la société.

Aussi la règle de la solidarité *illimitée* ne fut-elle pas acceptée par tous, et, dans différents pays parcourus par M. Le Barbier (p. 186), elle était limitée, sous des formes diverses, à un certain chiffre du capital, sans que, pour cela, les sociétés aient cessé de trouver un crédit étendu.

En Italie, lorsque MM. Vigano et Luzzati prirent l'initiative d'organiser des banques mutuelles, le principe fut discuté. M. Vigano voulait la solidarité absolue; M. Luzzati, qui la voulait limitée, l'emporta, et, dans les statuts des nouvelles sociétés, on se borna à demander aux adhérents des engagements représentant plusieurs fois leurs mises.

En Belgique où, sous la présidence d'honneur de M. Schulze, la solidarité avait été strictement appliquée à l'origine, il a été fait dans la suite des concessions à la limitation. En Russie, les banques du ministère n'admettent pas la solidarité. En Allemagne même elle tend à devenir facultative. L'expérience démontre, chaque jour, qu'elle est une superfétation, les emprunts consentis étant suffisamment couverts par le montant des actions, par les réserves, les cautions et les garanties individuelles qui ne sont presque jamais épuisées.

En France, d'ailleurs, il existe une répulsion plus prononcée qu'en Allemagne contre cette responsabilité sans limites.

Un grave précédent nous le démontre. Lors de la fondation du

Crédit Foncier, le Décret organique du 28 février 1852 offrait au choix des fondateurs deux types : 1° Les Sociétés entre emprunteurs qui reposaient sur le principe de la solidarité illimitée entre les associés ; 2° Les Sociétés de Prêteurs ou Banques foncières, où ce principe n'était pas admis. Les premières étaient de beaucoup les plus nombreuses en Allemagne.

En France, on fit tout, et l'auteur du présent rapport fit tout dans la mesure de son influence, pour en favoriser l'éclosion. Il ne s'en présenta pas ! Il ne se présenta, pour solliciter l'autorisation du Gouvernement (à Toulouse, à Marseille, à Nevers, à Bordeaux, etc.) que des sociétés de prêteurs qui bientôt s'absorbèrent dans la grande institution qui devint le Crédit Foncier de France !

Sans doute, il faut rendre hommage aux efforts que font, depuis quelques années, les hommes de bien qui dirigent l'*Union des Caisses rurales et ouvrières*, et propagent, avec un zèle patriotique et chrétien, l'établissement de petites associations dérivant du type Raiffeisen. Il est juste d'ajouter que leurs efforts ont obtenu dans un certain nombre de communes, des succès dignes d'être signalés et encouragés.

Mais le Congrès doit-il aller jusqu'à les encourager, à *l'exclusion* des autres formes d'association qui se produisent ou pourront se produire dans d'autres parties de notre pays ?

C'est à quoi nous ne saurions souscrire ; et cela pour deux raisons :

1° La première, c'est que les succès partiels de l'*Union* n'ont pu être obtenus que grâce à l'œuvre persévérante d'hommes intelligents et dévoués, que nous ne pourrions espérer de rencontrer dans la plupart des localités des divers départements français, pour vaincre chez les cultivateurs leur répugnance à répondre solidairement et sans limite de la solvabilité d'autrui.

D'où il suit qu'en s'attachant exclusivement à propager les caisses fondées sur le type Raiffeisen, nous aurions la certitude de n'arriver qu'au bout d'un très grand nombre d'années à faire jouir toute notre France des bienfaits du Crédit Agricole.

2° La seconde raison, c'est qu'en dehors du type Raiffeisen, il existe d'autres formes de sociétés qui, avec un capital social et une responsabilité limitée, peuvent remplir et remplissent la mission de satisfaire aux besoins des campagnes en fournissant aux petits cultivateurs, à des conditions modérées, le crédit ou l'argent qui leur est nécessaire.

Nous pouvons dire même que l'épreuve est faite. Il existe, en effet, en France, un certain nombre de ces sociétés.

Sans parler ici de celles qui se sont établies à Genlis, Tours, Niort, Segré, Senlis, Compiègne, Delle, Lunéville, Saint-Florent sur-Cher, etc. Prenons pour exemple la société de Crédit mutuel annexée au syndicat agricole de Poligny.

Cette petite société fondée, il y a environ huit ans, a pris la forme d'une société anonyme à capital variable. Son capital est de 20,000 francs divisé en 40 actions de 500 francs chacune. La moitié du capital seulement est versée, soit 10.000 fr.

Les emprunteurs souscrivent des billets à ordre et fournissent une caution ; de plus, ils doivent être sociétaires du crédit mutuel et souscrire une coupure d'action de 50 francs, sur laquelle le versement exigé était du quart au début, et est de moitié maintenant.

La demande d'emprunt doit indiquer l'objet auquel il est destiné. La société ne prête que pour acheter des bestiaux, des semences, des engrais, des instruments agricoles. Le maximum des prêts est fixé à 600 francs. Chaque demande est examinée par la section cantonale qui, placée à proximité de l'emprunteur fournit des renseignements sur sa solvabilité. Le taux de l'intérêt était de 4 % : il est descendu à 3 1/2. Les actionnaires ne reçoivent qu'un intérêt de 3 %. L'administration est gratuite ou du moins exercée avec la plus stricte économie. Les billets sont souscrits à 3 mois d'échéance, afin de pouvoir être présentés à la succursale de la Banque de Lons-le-Saulnier. Mais ils sont renouvelés jusqu'à un an afin de donner le temps aux emprunteurs de réaliser leurs produits.

Au reste, la société ne recourt à l'escompte que lorsqu'elle n'a pas dans sa caisse les fonds nécessaires pour faire les avances directes aux emprunteurs. C'est dans ces conditions qu'après un début modeste (car il n'a été prêté que 5 000 francs la première année), le crédit mutuel de Poligny a dépassé 200.000 francs de prêts, dans chacune des dernières années, et qu'en 8 ans, ses prêts se sont élevés à 704.000 francs.

Ajoutons que, grâce à la sagesse de son administration, *elle n'a jamais eu d'effet impayé et n'a subi aucune perte* pendant ces huit années d'exercice !

Comment, se demandera-t-on, avec un capital réalisé si minime, accru seulement par les coupures de 5o francs et les fonds de dépôt, le crédit mutuel a-t-il pu prêter plus de 700.000 francs ?

C'est parce que, fournissant toutes les garanties d'une société commerciale ordinaire, il a obtenu sans difficulté de faire escompter et renouveler ses effets à la succursale de la Banque.

Supposons qu'il vienne à se créer comme, à Neuwied, une banque centrale d'escompte organisée dans des conditions moins rigoureuses pour les emprunteurs, le réescompte se fera plus facilement encore.

En résumé, le crédit mutuel de Poligny est moins un banquier qu'un *intermédiaire d'escompte*. Il ajoute, par son aval ou son endossement, au papier agricole, ce qui lui manque pour être bancable.

Ce n'est donc qu'un cautionnement que la société fournit. Pour être admise à l'escompte, il suffit qu'elle soit réputée bonne et solvable. Il n'est pas indispensable qu'elle offre en garantie l'engagement *illimité* de ses membres. Il lui suffit d'un capital en rapport avec le montant des crédits qu'elle sollicite pour eux. Elle le trouve dans l'émission des actions, dans le montant des cotisations et dans le fonds de réserve qu'elle se constitue.

Dans le voisinage de Poligny, à Besançon, il s'est fondé une autre société de crédit mutuel annexée aussi au syndicat. Son capital est de 16.000 francs seulement ; ses affaires sont prospères et elle rend des services analogues à la petite culture de ce pays.

C'est également dans les mêmes conditions, et en prenant les statuts de Poligny pour modèles, que, sur l'initiative de l'auteur du présent rapport, il s'est fondé, cette année, une société de crédit mutuel dans l'arrondissement de Coulommiers, au capital de *36,5oo* fr. L'honorabilité, la prudence et le désintéressement des administrateurs de cette société permet d'espérer qu'elle obtiendra le même succès, sans qu'il soit besoin de recourir au principe de la solidarité *illimitée*. Il est certain, du reste, que, si ce principe avait été inséré dans les statuts, il ne se serait pas rencontré un seul adhérent !

Si nous ajoutons que les souscripteurs de parts, (car le mot *actions* a été écarté) s'engagent à ne rien réclamer au delà d'un intérêt de 3 % de leurs fonds versés, et à partir de la 2e année seulement ; qu'une organisation cantonale permet, en se rapprochant du voisinage des emprunteurs, de s'enquérir efficacement de leur mode de gestion et de leur solvabilité ; que la demande d'emprunt doit contenir l'indication de son objet, qui est l'achat d'engrais, de bétail, de semences, d'instruments agricoles, etc; qu'aucun prêt ne peut être fait pour une autre cause ; que le taux des prêts est fixé à 4 % et le maximum des dits prêts à 600 fr., il est permis de croire que cette société naissante répondra au but de sa création.

Par toutes les considérations qui précèdent, le rapporteur émet le vœu :

« Que les syndicats agricoles ne se bornent pas à encourager uniquement la propagation des caisses rurales fondées *sans capital*, sur le type Raiffeisen, avec solidarité illimitée, mais qu'ils encouragent également, la création de sociétés anonymes de crédit mutuel, à capital variable, sur le type de Poligny (Jura) avec responsabilité *limitée*. »

M. LE PRÉSIDENT. — Je n'ai pas à remercier M. Josseau qui a donné si souvent de hautes preuves de sa capacité en cette matière ; il est le doyen de ceux qui se sont occupés du crédit agricole ; comme il le disait, il est heureux de voir cette question presque mûre arriver enfin à une solution, qui ne peut manquer de produire les meilleurs effets. Je tiens cependant à remercier, en notre nom à tous, M. Josseau de ce qu'il n'a pas hésité, malgré son grand âge, à venir prendre part à nos travaux.

La parole est à M. Louis Durand.

M. DURAND. — Je crois que nous pouvons maintenir les conclusions des deux rapports qui ne s'excluent point ; j'ai demandé qu'on approuve les caisses rurales Raiffeisen, si quelqu'un les combat, je les défendrai avec acharnement ; M. Josseau demande que le congrès ne prenne pas de conclusions qui soient un blâme pour des sociétés qui ont rendu des services, je suis d'accord avec lui. Je me suis voué aux caisses à responsabilité illimitée parce que je les crois plus puissantes, mais celles à responsabilité limitée peuvent rendre aussi de réels services.

M. JOSSEAU. — Mes conclusions n'excluent pas les autres.

M. LE PRÉSIDENT. — Vous avez entendu les deux rapporteurs, je propose de ne pas séparer les deux rapports et, pour bien affirmer cette entente, je vous demande d'accepter les conclusions des deux rapports de la façon suivante : « Le congrès approuve les caisses rurales à responsabilité illimitée, système Raiffeissen et demande aux syndicats d'étudier les moyens pratiques pour arriver à les établir dans les communes. Mais le congrès ne pense pas que les syndicats agricoles doivent se borner à encourager uniquement la propagation des sociétés fondées sur ce système. »

M. LE LE COMTE LEJÉAS, de Dijon. — Messieurs, on vient de vous parler du crédit agricole et on vous a fait envisager seulement une manière de l'alimenter, ce sont les ressources apportées au crédit par les souscriptions ; il y a encore la ressource de l'emprunt, nous avons essayé de l'utiliser dans une caisse de crédit agricole dont je suis administrateur.

Voici en quoi cela a consisté : nous ne demandons pas à nos syndiqués une responsabilité quelconque, personne n'est responsable, soit d'une façon limitée ou illimitée, la seule responsabilité que nous demandons, c'est celle du syndicat. Avec 3,000 fr. de capital, nous avons obtenu de la Banque de France un crédit de 12,000 francs sur dépôt de titres.

M. LE PRÉSIDENT. — Je remercie M. Lejéas, mais il est incontestable que rien n'empêche de contracter un emprunt dans les formes dont on vient de parler ; quant aux conclusions, elles ne me paraissent pas devoir être modifiées. le congrès donne son avis sur les questions à l'ordre du jour et n'entend pas dire qu'en dehors de ces deux formes il n'en est pas d'autres excellentes, il se prononce seulement sur son ordre du jour. La communication de M. le comte Lejéas sera au procès-verbal, mais, je le répète, elle n'infirme en rien les conclusions adoptées.

M. ROMIEUX, de La Rochelle. — Je voudrais demander à l'orateur quelle est l'importance des valeurs déposées à la banque de France, il a parlé d'un prêt de 12,000 fr. fait par la Banque, mais il n'a pas indiqué le chiffre du dépôt fait à la Banque.

M. LE COMTE LEJÉAS. — On a déposé 12,000 fr. de valeurs.

M. LE PRÉSIDENT. — Ce sont alors les conditions ordinaires de la Banque de France.

M. ROMIEUX. — Comment les personnes qui avaient déposé leurs titres auraient-elles pu les retirer au moment même où l'on aurait su que le capital syndical de 3,000 fr. était diminué de moitié. C'est bien ce qui a été dit.

M. LE COMTE LEJÉAS. — Quand il y a 1,500 fr. de perdus on prévient celui qui a déposé les titres. A ce moment il y a encore 1,500 fr. et on arrête les opérations à cette date.

M. LE PRÉSIDENT. — Etant donné que cette discussion est un peu en dehors des conclusions, nous allons voter sur les propositions des rapporteurs et, cela fait, l'assemblée décidera si elle veut continuer cette discussion.

M. Denizet, du Loiret. — Je remercie le congrès de la part qu'il a donnée à la question du crédit agricole ; dans certains syndicats on a été trop timoré. Pour ma part, je l'avais préconisé, mais on m'a dit : « Prêter des fonds au cultivateur, c'est inutile ; s'il a besoin de fonds pour refaire son matériel, il faut lui accorder le crédit, mais pas autrement ».

Je vais parler de la question de solidarité illimitée : je crois qu'à la longue, lorsqu'une société aura marché pendant longtemps et se sera fait une sorte de réserve, la solidarité n'aura pas de danger, mais supposons que les choses marchent mal la première ou la deuxième année, que la société soit en perte et que l'on fasse appel à cette solidarité. Cela me fait hésiter.

M. le Président. — La solution est très simple : comme les deux formes existent, vous avez le choix si la responsabilité illimitée vous effraie.

M. Denizet. — Je ne veux pas dire que la forme avec solidarité illimitée soit mauvaise, je veux seulement en indiquer le danger : s'il y a des sinistres on arrivera au désastre forcé, c'est pour cela que je préfère la société à capital variable avec risque limité. L'inconvénient que je signale dans les sociétés à responsabilité illimitée se produit dans les compagnies d'assurances mutuelles ; la même chose se produira toutes les fois qu'on aura à faire à la solidarité absolue ; c'est l'inconvénient que j'attribue au système de M. Durand.

M. le Président. — S'il fallait se prononcer d'une façon absolue sur l'un ou l'autre des deux systèmes l'on pourrait continuer ces débats, mais puisqu'on a laissé à chaque syndicat la faculté de choisir l'une ou l'autre forme, je demande à l'assemblée si elle est d'avis de prononcer la clôture.

(La clôture est prononcée).

M. le Président. — Je mets aux voix les conclusions de MM. Josseau et Durand, réunies en un seul texte qui a été rédigé par les deux rapporteurs ; le voici :

« Le Congrès approuve les caisses rurales à responsabilité illimitée
« d'après le système Raiffeisen et demande aux Syndicats d'étudier les
« moyens pratiques pour arriver à les établir dans les communes rurales
« et à déterminer leurs relations avec les Syndicats agricoles ; mais le
« Congrès ne pense pas que les Syndicats agricoles doivent se borner
« à encourager uniquement la propagation des caisses rurales fondées
« sans capital sur le type Raiffeisen avec solidarité illimitée. Le Congrès
« pense qu'ils doivent encourager également la création de sociétés
« anonymes de crédit mutuel à capital variable, sur le type de Poligny,
« avec responsabilité limitée.

(Adopté).

— 163 —

En conséquence :

Le texte des conclusions définitivement adoptées est le suivant :

Le Congrès approuve les caisses rurales à responsabilité illimitée d'après le système Raiffeisen et demande aux syndicats d'étudier les moyens pratiques pour arriver à les établir dans les communes rurales, et à déterminer leurs relations avec les syndicats agricoles ; mais le Congrès ne pense pas que les syndicats agricoles doivent se borner à encourager uniquement la propagation des caisses rurales fondées sans capital sur le type Raiffeisen avec solidarité illimitée. Le Congrès pense qu'ils doivent encourager également la création de sociétés anonymes de crédit mutuel à capital variable, sur le type de Poligny, avec responsabilité limitée.

M. LE PRÉSIDENT. — En prononçant la clôture l'assemblée n'a nullement eu l'intention de ne pas permettre à la discussion de s'étendre, elle a voulu arrêter des conclusions nettes et précises sur l'ordre du jour, je consulte donc l'assemblée pour savoir si elle veut à présent une discussion entière sur les autres systèmes, ou si elle croit préférable de ne pas sortir de l'ordre du jour.

M. POINSIGNON, des Deux-Sèvres. — J'avais demandé la parole avant le vote des conclusions.

M. LE PRÉSIDENT. — La clôture était prononcée lorsque la demande m'est parvenue, mais à présent nous entendrons M. Poinsignon avec grand plaisir pour ce qu'il voudra bien nous dire.

M. POINSIGNON. — Au syndicat des Deux-Sèvres nous avons économisé de façon à former une caisse assez considérable qui nous permet de prêter d'une façon peut-être dangereuse, mais chez nous les syndicats sont composés de braves gens et j'ai pensé qu'on pouvait faire crédit sur l'honneur : les prêts consentis se montent à 350,000 francs et sont rentrés régulièrement. Vous me demandez comment nous avons formé cette caisse : dans le 1er semestre nous avons fait 1,400 francs de livraisons par jour ; nous avons prélevé tant pour 100 sur tout ce qui se vend au syndicat, ajouté aux cotisations, cela fait une grosse somme ; avec cette somme nous avons pu prêter largement. Nous avons 22 dépôts et nous prêtons jusqu'à concurrence de 60 fr. à tous les syndiqués ; au-dessus de cette somme, il faut demander le crédit. Il est vrai que je ne manque jamais de fonds car tous les fournisseurs tirent sur moi, payable chez mon banquier et je couvre mon banquier avec des traites tirées sur mes syndiqués.

M. LE PRÉSIDENT. — Je remercie M. Poinsignon de ce qu'il nous a dit et je le félicite des services qu'il rend aux cultivateurs de sa région. Sa communication figurera au procès verbal.

La séance est levée à 11 heures 1/2.

DEUXIÈME JOURNÉE. — 23 Août 1894

Séance de l'après-midi.

PRÉSIDENCE DE M. A DE FONTGALLAND.

La quatrième séance du Congrès des Syndicats agricoles a eu lieu à l'Hôtel de Vi!le, à 3 heures, sous la présidence de M. A. de Fontgalland, vice-président de l'*Union du Sud-Est*.

M. LE PRÉSIDENT. — La parole est à M. Milcent, de Poligny.

M. MILCENT. — L'honorable M. Duport disait qu'il s'était adressé à 22 rapporteurs et que pas un n'avait refusé la mission ; je suis l'un de ceux-là et je dois dire que c'est par discipline que j'ai accepté ; malheureusement, les caisses rurales sont peu nombreuses et songer à les unir avant qu'elles n'existent c'est s'occuper de demain avant aujourd'hui ; mais, après l'élan donné à ces caisses de crédit, il est naturel de penser qu'elles vont augmenter en France et il n'y a dès lors aucun inconvénient à étudier les moyens de les unir.

RAPPORT DE M. Louis MILCENT, ancien auditeur au Conseil d'Etat, fondateur de la *Caisse de crédit mutuel de l'arrondissement de Poligny*

SUR

Les Unions de Caisses Rurales

Les agriculteurs n'en sont plus à chercher comment doit être constitué le crédit dont le rôle est aussi nécessaire et aussi fécond pour la production agricole que pour la production industrielle. Leur opinion est faite et les intéressantes études qui ont été communiquées à ce congrès par les hommee les plus compétents en cette matière n'ont fait que la confirmer.

Les agriculteurs n'ont besoin ni des leçons des économistes, ni des capitaux des financiers, ni de l'intervention de l'État; l'association leur suffit. Pourvu que la législation ne mette pas d'entraves à l'exercice de ce droit naturel de s'organiser professionnellement, leur effort personnel permet de constituer le crédit agricole sur la base de la mutualité avec toutes les garanties nécessaires de puissance et de sécurité.

Deux types nous ont été présentés :

La société de crédit à responsabilité illimitée, si forte, si solide, réalisant ce qu'on peut appeler l'idéal de l'association par la solidarité établie entre ses membres.

La société à responsabilité limitée, dans laquelle le lien d'association est moins étroit, les risques de chaque membre réduits à sa part de capital souscrit, et offrant ainsi, dans certaines circonstances, le moyen de grouper ceux pour lesquels la solidarité semble trop difficile à réaliser.

Mais, quelque soit le type adopté, la nécessité d'unir entr'elles les différentes caisses d'une région ne tardera pas à se faire sentir et leur existence individuelle sera d'autant plus asssurée qu'elles trouveront, dans une fédération, l'appui, le secours et la force d'une plus large association.

Prenons une caisse rurale à responsabilité illimitée, système Raiffeisen. Le principe de sa force réside dans le cercle étroit de son action qui ne doit pas dépasser les limites d'une commune où chacun se connaît. Mais cette garantie fondamentale de la sûreté de ses opérations est en même temps une cause de faiblesse pour une caisse rurale. Le capital nécessaire à son fonctionnement peut ne pas exister dans la commune. Certes, avec un crédit de premier ordre, comme celui que présente une caisse rurale, il sera facile de se procurer des fonds ailleurs. On trouvera toujours au canton un notaire ou un banquier pour escompter un billet garanti par la signature solidaire des membres de la caisse. Mais le taux de l'escompte, ce point si essentiel en matière de crédit aux cultivateurs, sera-t-il aussi avantageux que si le capital était fourni par une caisse rurale dont l'objectif ne serait pas un gain à réaliser.

D'autre part, la durée du prêt peut ne pas être toujours facile à fixer au gré de la caisse rurale; chez le notaire, on ne prête guère qu'à long terme, chez le banquier, au contraire, le terme usuel est de trois mois. Dans un cas il sera trop éloigné, dans l'autre il sera trop court, car le délai d'un an paraît généralement le plus convenable pour les cultivateurs?

Il y a un autre point de vue qu'il faut, en outre, envisager et qui rend nécessaire une caisse régionale.

Le but des caisses rurales ne doit pas être uniquement de faire des prêts, mais encore de servir de caisse d'épargne aux cultivateurs, de conserver à la campagne les capitaux que la terre a produits et que nos paysans français accumulent péniblement avec une si sage et si admirable économie. On a maintes fois signalé ce drainage colossal effectué par les caisses de l'Etat, ramassant jusque dans les dernières bourgades les plus petites épargnes et enlevant ainsi au travail agricole les ressources qui le rendraient plus fécond.

A ce danger, il n'y a qu'un remède : offrir à l'épargne des ruraux un emploi sur place et une sécurité absolue. Il faut donc que la caisse rurale reçoive des dépôts. Mais il arrivera souvent que ces dépôts dépasseront les besoins de la commune, comme parfois ils pourront être insuffisants pour les prêts à effectuer. Dans l'un et l'autre cas, l'utilité d'une caisse régionale est évidente. Recevant tous les dépôts des diverses caisses rurales, elle leur éviterait l'embarras de conserver des capitaux sans emploi et, servant en même temps de régulateur, elle fournirait les fonds nécessaires à celles qui en manqueraient. C'est elle qui remplirait le rôle d'escompteur pour tous les billets souscrits par les caisses rurales de la région et quant aux taux de cet escompte, comme cette caisse aurait été fondée par des agriculteurs, dans le même esprit qui a provoqué la fondation des caisses rurales, dans un même but d'aide mutuel et de développement de la production agricole, sans recherche d'un gain élevé, sans aucun objectif de spéculation, il n'est pas douteux qu'il serait maintenu dans des limites modérées, en rapport avec la sécurité à toute épreuve que présente l'opération.

Ajoutons enfin qu'une caisse centrale, soit départementale, soit régionale, grouperait pour sa direction une élite d'hommes dévoués, dont la direction, les sages conseils, le patronage exercerait un rôle des plus utiles pour guider et aider les petites caisses rurales. Ce serait à la fois un foyer de propagande pour les multiplier, un comité consultatif éclairé pour résoudre les difficultés et même au besoin, par un service bien organisé d'inspection, un contrôleur utile de la gestion, des livres, de la comptabilité de ces caisses.

S'il s'agit de caisses à responsabilité limitée, leur formation par l'émission d'actions, comporte une circonscription plus étendue que la commune. Leur fonctionnement s'étend au canton tout entier, souvent même à l'arrondissement. Pour elles, la nécessité d'une fédération ne se fait pas sentir. Mais un phénomène inverse se produira infailliblement. L'expérience leur montrera que la sécurité de leurs opérations exige un sectionnement et que cette sécurité grandira à mesure que le sectionnement s'étendra jusqu'à la commune elle-même. De cette façon, elles deviendront en réalité la caisse centrale des groupes locaux constitués sous leurs auspices et, dans ce cas, par un mouvement inverse, l'organisation centrale aura précédé l'organisation communale. Quant au résultat final, il sera le même.

Mais quelle forme convient-il de donner de préférence à cette caisse centrale?

Le choix entre les deux types de sociétés en nom collectif à responsabilité illimitée, ou anonyme à responsabilité limitée se présente à nouveau, comme au premier degré.

Le syndicat d'Anjou, qui vient de donner une impulsion si vive aux institutions de crédit agricole, dans la région de l'ouest, a adopté pour sa caisse centrale la forme anonyme, mais dans des conditions particulières et avec des règles qu'on ne saurait trop recommander de considérer comme fondamentales en cette matière. Les actions doivent être souscrites uniquement par le syndicat et les caisses locales de crédit qui se fonderont successivement. Après le paiement d'un intérêt de 3 o/o aux actionnaires, le surplus sera réparti entre les caisses au prorata des opérations faites par celles-ci. L'importance de ces deux règles n'échappera à personne, car il est essentiel d'écarter de nos sociétés de crédit mutuel tout ce qui pourrait ouvrir la porte aux idées de bénéfice ou de spéculation financière. Souscrites par les caisses elles-mêmes ou par le syndicat, les actions ne peuvent devenir la propriété d'actionnaires dont l'intérêt individuel pourrait se trouver en opposition avec celui des sociétés locales. Aucune pensée de gain ne doit présider à la direction confiée à des administrateurs dont les fonctions sont d'ailleurs rigoureusement gratuites.

Mais la forme de société en nom collectif, formée par l'association des caisses rurales de la région peut également être choisie. Une caisse centrale ainsi fondée, offrirait les garanties à toute épreuve que présentent les sociétés rurales créées sur le même type.

Rien du reste, ne pourrait s'opposer à son adoption, car si la solidarité n'a pas effrayé les fondateurs de ces caisses dans les communes, elle ne les arrêtera pas davantage s'il s'agit de se constituer en fédération régionale.

Un groupe de caisses rurales fondées sur la solidarité et unies entr'elles par une caisse centrale établie sur la même base, offrirait assurément le type le plus perfectionné d'association pour l'organisation du Crédit agricole.

Toutefois l'inconvénient serait que, si dans la même région, il existe des caisses à responsabilité limitée, celles-ci hésiteront à entrer dans une banque régionale dont les associés seraient tous solidairement responsables.

Dans ce cas, une caisse centrale à responsabilité limitée conviendrait afin d'unir ensemble les caisses rurales de formes diverses.

Les conclusions de ce rapport seront donc:

« Si, dans une région, il n'existe que des caisses rurales à responsabilité illimitée, elles auront avantage à se grouper pour fonder elles-mêmes une caisse centrale de même forme destinée à faciliter leur entier fonctionnement. »

« S'il existe en même temps des caisses rurales à responsabilité limitée, l'union des diverses caisses se fera plus facilement par une caisse centrale à responsabilité limitée ; mais il sera bon que les actions soient souscrites exclusivement soit par les syndicats, soit par les diverses caisses pour bien maintenir leur caractère d'institution sociale. »

M. COUPRIE. — Je demande la parole pour une motion d'ordre, je demanderai au congrès de faire ce soir ce qu'il a fait ce matin pour les rapports de MM. Josseau et Durand.

On a réuni les deux rapports et fait voter les conclusions ensemble ; je demande qu'il soit sursis à statuer après lecture du rapport qui va suivre et qui traite de questions analogues.

M. MILCENT. — Je n'ai aucune objection à faire si M. de Larnage accepte.

M. DE LARNAGE. — J'accepte la jonction des deux conclusions.

M. LE PRÉSIDENT. — Avant de donner la parole à M. de Larnage, je iens à répondre à quelques questions qui ont été posées au bureau au sujet de l'absence de M. Rostand, président du Centre fédératif du crédit populaire ; ne croyez pas, Messieurs, qu'il y ait dans son absence une pensée d'indifférence; des circonstances indépendantes de sa volonté en sont les seules causes; en voici la preuve dans la lettre suivante.

Luchon (Haute-Garonne), 21 août 1894.

Monsieur le Président,

J'avais espéré jusqu'au dernier moment qu'il me serait permis de me rendre à l'invitation que vous m'avez fait l'honneur de m'adresser, comme à mes collègues du Centre fédératif, pour assister au congrès des Syndicats agricoles de France. Des raisons personnelles m'en empêchent. Je viens vous présenter mes remerciements, mes excuses et mes regrets, en vous priant de vouloir bien être mon interprète auprès du congrès.

L'étude de la grande question du crédit agricole, abordée dès le premier des congrès du crédit populaire, le soin que tous ont eu de faire appel aux syndicats agricoles, les récentes résolutions votées par notre réunion de Bordeaux, vous indiquent combien sincère est la vivacité de mes regrets, et quel rôle fécond nous a toujours paru appartenir aux syndicats pour aider à l'organisation pratique du crédit rural, comme promoteurs ou auxiliaires d'institutions spéciales autonomes à côté d'eux.

Si j'avais pu me rendre à Lyon, j'aurais essayé de soutenir devant le congrès l'ensemble d'idées qui nous est apparu comme résumant les données nécessaires, seules exactes et complètes, d'une solution :

Rejet des interventions de l'Etat;

Affranchissement et décentralisation de l'épargne par une réforme progressive du régime d'emploi des caisses d'épargne;

Constitution d'associations coopératives locales de crédit agricole, rapprochant tous les bons citoyens dans une neutralité politique et confessionnelle absolue, sous des formes variables suivant les circonstences locales.

Ces vues, j'en suis assuré, répondront à celles de l'assemblée compétente, libérale et sage, que vous allez présider avec votre indiscutable autorité.

Permettez-moi de vous offrir les vœux que je forme pour le succès d'une si belle réunion, dont nous suivrons de loin les travaux avec un profond intérêt, et veuillez agréer, M. le président, l'expression de mes sentiments de haute considération et de dévouement.

Eugène Rostand.

Cette lettre est en parfaite harmonie avec vos décisions de ce matin et je crois me rendre au vœu de l'assemblée en disant qu'elle sera jointe au procès verbal de la séance (Approbations).

M. le Président. — La parole est à M. Hugues de Larnage.

M. DE LARNAGE. — Il ne s'agit pas d'entamer la lecture de mon rapport après l'éloquent discours de M. Aynard qui nous a montré la voie qu'il fallait suivre, sans me permettre de lui adresser mes respectueuses félicitations de la bonne marche qu'il nous a indiquée. La consécration que vous avez donnée à son discours par vos applaudissements, consacre mon rapport qui est dans le même sens et j'en suis très heureux.

RAPPORT DE M. HUGUES DE LARNAGE, secrétaire général de l'*Union du centre des Syndicats agricoles et viticoles*

SUR

Le Crédit agricole et la Banque centrale

On a très justement dit que la loi de réglementation du Crédit agricole, votée par le Parlement en mai dernier était une loi incomplète. Cette loi n'innove pas, en effet ; elle ne fait que réglementer et rendre légales des opérations déjà effectuées sous le couvert des lois de 1867 et de 1884. En fait, elle se borne à permettre aux syndicats de s'annexer des banques de crédit mutuel agricole, mais sans leur indiquer les moyens pratiques de les faire fonctionner, sans leur faciliter surtout l'obtention des fonds nécessaires à ce fonctionnement.

Les précédents rapporteurs vous ont démontré que l'intervention de l'État n'était pas nécessaire pour la création du crédit agricole, pas plus en France qu'à l'étranger. M. Milcent, l'un d'eux, fondateur du crédit mutuel de Poligny, nous a donné un exemple bien fait pour encourager les syndicats à suivre cette nouvelle et généreuse voie de l'initiative individuelle. C'est à Salins même, dans cette ville bien faite pour servir de berceau au crédit agricole, que dès le XIVe siècle, en 1363, on fondait le Mont de Salins, destiné « à empêcher les marchands de quitter leurs trafics en leur prestant argent avec interest tollérable ».

C'est là que je suis allé étudier près des collaborateurs de M. Milcent, M. Bouvet, M. Tripard, le premier essai de crédit agricole couronné d'un complet succès. Qu'ils me laissent donc leur adresser tout d'abord des éloges moins retentissants que ceux dont ils furent l'objet à la tribune du Sénat, de la part de M. le ministre de l'agriculture, mais qui auront pour eux du moins le prix d'émaner du congrès des syndicats agricoles par l'organe d'un ami.

Le crédit mutuel de Poligny comporte un capital souscrit par les fondateurs, mais insuffisant à faire face aux nombreuses demandes de prêts qui se sont produites dès le début et il a dû recourir à la Banque de France pour escompter son papier. Il a donc été forcé d'avoir recours à cette banque centrale qui doit venir compléter le projet de loi adopté par le parlement et dont la nécessité semblerait découler de cet exemple.

En admettant même cette nécessité, nous avons l'impérieux devoir d'examiner ce que sera la banque d'Etat. Sera-ce la banque prévue par le projet ministériel, non point alimentée par des fonds d'Etat mais sous la surveillance de l'Etat, et bénéficiant d'une garantie d'intérêt, jusqu'à concurrence de 2 millions, garantie qui prendrait fin en 1920 ?

Ne vaudrait-il pas mieux avoir recours à de grands établissements tels que la Banque de France ou le Crédit Foncier pour l'escompte du papier agricole ?

En ce qui concerne la fondation d'une banque spéciale privilégiée de l'Etat, M. le Ministre de l'Agriculture répondant aux craintes émises devant le Sénat par M. Buffet et par avance à l'éloquente argumentation de M. Fresneau, se hâtait de répudier toute assimilation de la société de crédit futur avec la banque agricole de 1860, « qui n'avait pas en face d'elle, disait-il, les associations de mutualité que nous voulons constituer ». C'est qu'il avait bien compris, avec sa prompte intelligence, que les syndicats agricoles se défieraient à juste titre d'un grand établissement centralisateur grevé de lourds frais généraux et porté, pour les couvrir, à des spéculations financières aussi dangereuses qu'étrangères à son but initial. M. le Ministre avait grandement raison de préjuger ainsi nos sentiments ; nous ne voulons pas, en matière financière moins qu'en toute autre, de la centralisation, nous ne voulons pas de ce socialisme d'État que M. Viger repoussait dans la même séance avec autant d'énergie que le socialisme agraire, et qu'il a pourtant laissé s'introduire dans le second projet, complément jugé indispensable de la loi nouvelle. Nous ne voulons pas que l'épargne rurale, déjà drainée dans toutes les campagnes par les caisses d'épargne et détournée de sa destination véritable pour aller défrayer les excès des dépenses publiques, aille accroître encore la dette formidable que l'État a contractée de ce chef envers l'agriculture. Si les agriculteurs de nos syndicats ne sont ni des financiers ni des spéculateurs, ils entendent encore moins être les dupes de ceux-ci. Nous avons besoin de fonds pour faire valoir nos terres et nous en demandons à l'épargne rurale en lui disant : « Ce qui vient de la terre doit retourner à la terre qui saura le faire fructifier et vous en rendre la juste valeur, et non point s'en aller alimenter des dépenses nouvelles qui ne vous seraient pas profitables et compromettraient peut-être même le fruit péniblement amassé d'un pénible labeur, précieuse réserve du cultivateur prévoyant pour les mauvais jours. Voilà pourquoi nous ne voulons pas de la Banque centrale » .

La Banque de France ne pourrait-elle du moins remplir le rôle nécessaire d'un agent de crédit escomptant le papier agricole ? Non, Messieurs, pas plus que le Crédit Foncier : ces deux établissements sont surchargés déjà d'opérations, dont nous n'avons pas à discuter ici la valeur, et obligés, pour y faire face, de ne garder en mains que du papier court et non le papier à long terme dont le cultivateur a besoin pour pouvoir réaliser les améliorations projetées et les couvrir du produit de ses récoltes. Si la Banque de France a consenti à se prêter à quelques opérations isolées, elle ne pourrait accepter le rôle d'escompteur du papier agricole de la France entière et le Crédit Foncier ne le peut pas davantage.

Si ces établissements ne peuvent remplir le rôle, pourtant nécessaire, de régulateur entre les caisses agricoles locales possédant des excédents différents d'offres ou de demandes, qui donc le remplira ?

Il me semble, Messieurs, qu'en matière de crédit agricole nous ne sommes qu'à nos débuts en France et qu'il convient de jeter les yeux sur nos devanciers et de regarder quelle solution l'étranger a apportée à la seconde partie de ce problème difficile.

En Allemagne, Schulze-Delitsch dès 1850, Raiffeisen, dès 1854, fondent ces banques appelées à un prodigieux développement. Mais, dès le début, ils reconnaissent la nécessité de régulariser entre elles les mouvements de fonds et de se procurer des capitaux plus considérables. Ils soudent donc ces banques locales dans des Unions provinciales, puis obtiennent des caisses d'épargne les fonds qui leur sont nécessaires. Peu à peu, ces caisses locales voient les dépôts affluer et deviennent de véritables caisses d'épargne, protégées et favorisées par le gouvernement. En 1887, les banques Schulze accusent 500 millions de comptes courants s'appliquant dans la proportion de 26,9 o/o à de petits cultivateurs et de 29 o/o à de petits patrons. En 1888, 26,59 o/o des fonds des caisses d'épargne sont appliqués aux hypothèques rurales.

Il y a bien une banque centrale, mais émanant des Unions provinciales, créée par elles et se bornant à répartir entre les Unions moins favorisées les excédents de dépôts des autres Unions. Le budget du crédit agricole dépasse le bilan de la Banque de France, tant est vrai ce mot heureux de M. Jules Simon : « Le plus grand banquier du monde, c'est le peuple ».

En Belgique, où a fonctionné, dès 1848, la première banque d'avances, si les institutions de crédit sont prospères, c'est qu'elles accueillent l'épargne. La caisse générale d'épargne a été autorisée depuis 1884 à prêter à l'agriculture.

En Italie, sous la généreuse et puissante influence des Luzzati et des Wollemborg, les banques rurales fondées en 1883 seulement sont arrivées à remplacer les caisses d'épargne. Leur prospérité est due à ces deux principes appliqués par chacun des fondateurs : « Applications sur place des épargnes de chaque localité » (1). « Rejet de l'intervention gouvernementale » (2). Nous avions naguère, écrivait M. Luzzati, dans son journal *Credito e Cooperazione* du 1er juin 1890, une caisse d'épargne pour toute la Lombardie et cette caisse attirait à Milan toutes les économies de cette contrée, si riche, si fertile. En 1864, surgirent les banques populaires comme une réaction salutaire contre cette concentration et l'on comprit admirablement cette recommandation : « Il faut appliquer sur place les épargnes de chaque localité ». De son côté, M. Leone Wollemborg écrivait au R. P. de Besse le 1er mai 1889 à l'occasion du premier congrès des caisses populaires : « Je me garde bien de faire appel à l'intervention gouvernementale, persuadé que le concours de l'État serait plus nuisible qu'utile, même au point de vue des intérêts purement matériels ». Nous ne saurions, Messieurs, négliger ces conseils, fruits d'une longue expérience et dont vous connaissez les résultats.

En Suisse, le principe de l'épargne fut la base de cette première banque populaire créée à Berne en 1869 et si florissante aujourd'hui. Partout, messieurs, si nous voulons résumer ce coup d'œil d'ensemble, forcément trop rapide et trop incomplet, nous trou-

---

(1) M. Luzzati, *Credito e Cooperazione*, n° du 1er juin 1890.
(2) Lettre de M. Wollemborg au R. P. de Besse, 1er mai 1889.

vons à la base du crédit agricole l'épargne issue de la culture et venant lui donner le moyen de réaliser de fécondes améliorations sur les lieux mêmes où elle a été amassée. Nous voyons ensuite les banques locales venir se souder dans une banque provinciale, instrument régulateur de leurs mouvements de fonds. Nous voyons enfin, au sommet, ainsi qu'en Allemagne, quand le déve-loppement des Unions provinciales est devenu si considérable qu'il faut trouver emploi aux excédents des dépôts sur les prêts, une véritable caisse centrale de l'épargne rurale naître de la nécessité. Elle vient apporter à la culture une prospérité nouvelle, en cherchant la rémunération de ses capitaux dans la fondation ou le placement d'industries agricoles, appelant la culture indus-trielle, l'encourageant et la rémunérant à son tour.

Ce tableau n'est-il pas frappant, Messieurs, et n'avons-nous pas sous les yeux la véritable organisation du crédit agricole? Nous possédons déjà un admirable canevas de cette organisation dans nos syndicats communaux, cantonaux, départementaux, confon-dant leurs intérêts communs dans nos Unions régionales et se soudant à l'occasion dans une Union centrale ; ce sont là toutes les étapes du crédit agricole.

Les fonds nécessaires aux premiers prêts réclamés, en attendant que l'épargne vienne d'elle-même à ces nouvelles caisses, nous les demanderons aux caisses d'épargne actuelles par une loi nouvelle, et nous ne songerons à créer une caisse centrale que le jour où nos Unions régionales seront insuffisantes à remplir leur rôle, et ce sont elles alors qui créeront le nouvel instrument nécessaire.

Mais pourquoi fonder dès l'abord un organe coûteux et inutile, pourquoi le mettre dans la main de l'État déjà si envahissant? Nous voulons faire œuvre sociale, ne faisons pas du socialisme d'État! Si tant de généreuses et fécondes initiatives ont su faire naître de la loi de 1884 le magnifique mouvement du « Quatrième État » elles sauront aussi de la loi nouvelle, complétée par une réglementation de l'emploi des fonds des caisses d'épargne, tirer à son tour, pour le placer à côté de l'Union des syndicats, le crédit agricole de France.

Et je n'innove pas, Messieurs, en vous proposant une semblable organisation empruntée à ceux qui furent nos devanciers à l'étranger.

En France, dès 1889, l'assemblée provinciale de Franche-Comté émettait, sur la proposition de M. Tripard, un de ces généreux pionniers du crédit agricole de Poligny, les vœux suivants. en partie réalisés et dont je viens vous proposer de demander la réalisation complète :

« Le crédit agricole sera déclaré d'utilité publique ».

« Les fonds déposés aux caissesd'épargne serviront à en assurer le fonctionnement ».

Le Crédit agricole est réglementé aujourd'hui, nous demandons qu'à leur tour les caisses d'épargne soient autorisées par une loi à prêter aux associations de crédit mutuel à un taux, sinon abaissé, au moins égal à celui de l'intérêt offert à leurs déposants.

L'expression du vœu que nous venons soumettre au congrès ne sera que la confirmation de celui exprimé à Paris, en février dernier, par l'Union des syndicats et approuvé par l'Assemblée générale des Agriculteurs de France à la même époque, grâce aux efforts de l'éminent président de l'Union, M. le Trésor de la Rocque et de plusieurs d'entre nous. La discussion approfondie qui a eu lieu à ce moment a permis de mesurer tous les dangers de cette banque centrale que la garantie même ne peut manquer de transformer en banque d'Etat. Si nous vous demandons, Messieurs, de rejeter cette seconde partie du projet gouvernemental, avec la même énergie que nous avons mis dans l'expression de notre désir à Paris, c'est que ce vœu en acquerra une autorité plus grande en raison même de l'importance de ce congrès national. Nous devons féliciter et remercier l'Union du Sud-Est d'en avoir fixé l'heure, à la veille même d'une discussion parlementaire dans laquelle nous pourrons trouver des défenseurs, la présence parmi nous d'un député de Lyon qualifié pour traiter la question et la connaissance que nous avons de son talent nous en sont une absolue garantie. Nous ne demandons au gouvernement que de nous autoriser à réclamer de ses caisses d'épargne la libre disposition des économies réalisées par le cultivateur afin de les faire servir à la prospérité de l'agriculture nationale. Nous ne voulons de la loi qu'une garantie de nos libertés ; le dévouement et le désintéressement, qui se sont associés pour faire sortir les syndicats de la loi de 1884, feront le reste. Nous pouvons à bon droit, devant de semblables exemples, nous approprier cette orgueilleuse devise : « Fara da se ». L'agriculture française tirera d'elle-même son crédit agricole.

VŒU.

« Le congrès émet le vœu, que les débuts du crédit agricole soient facilités par une loi, autorisant les caisses d'épargne à prêter aux institutions de crédit agricole, au moins une partie de leur fortune personnelle, et que, *dans tous les cas*, il ne soit pas donné suite au projet de création d'une banque centrale patronnée par l'État, les caisses rurales devant suffire à faire naître d'elles-mêmes, dès que le besoin s'en fera sentir, d'abord des caisses régionales, puis une caisse centrale ».

M. LE PRÉSIDENT. — Messieurs, je remercie M. de Larnage du rapport qu'il nous a présenté et si bien résumé sur ce qui s'est passé jusqu'à aujourd'hui. Le vœu proposé a de grandes analogies avec celui de M. Milcent, en ce sens qu'il affirme que les caisses rurales feront naître d'elles-mêmes une caisse centrale ; d'autre part, M. Milcent déclare que les caisses régionales feront naître les caisses centrales.

M MAURIN, de Nîmes. — Si je me permets de prendre la parole, c'est que l'heure est peu avancée et je pourrais demander à M. Milcent de compléter son vœu. Puisque nous avons du temps, nous pourrions serrer la question et chercher à la compléter. L'opinion qui se dégage est celle-ci : organisation du crédit par la base, dans chaque commune ou canton, par les soins du syndicat agricole qui formerait une institution de crédit agricole, puis à mesure que ces institutions se développeraient une banque régionale se créerait, qui rendrait de grands services et servirait de soupape de sûreté, lorsqu'il y aurait trop de fonds en réserve ; on formerait, enfin, au-dessus une grande banque nationale centrale.

Nous sommes tous d'accord que nous la voulons, cette banque, bien agricole et indépendante. Cependant, je voudrais attirer l'attention de M. Milcent sur les banques régionales, fondées par les Unions. Depuis ce matin, on a indiqué l'exemple de l'Allemagne, il faut le reconnaître, nous sommes au-dessous des Allemands au point de vue des résultats de l'Association. Je tiens, à la main, un annuaire Allemand dont, ce matin, l'un de vos rapporteurs invoquait le témoignage.

Or, j'ai trouvé que, en 1891, il y avait 4.400 sociétés de toute nature qui se divisaient en sociétés de crédit, sociétés de matières premières, agricoles, etc ; toute la gamme, toute l'harmonie des sociétés, se trouve en Allemagne. Ce chiffre de 4.400 a été diminué ; une circonstance fortuite m'a permis d'avoir en mains le compte rendu officiel du congrès de ces associations, on a invoqué pour justifier la diminution l'organisation de ces sociétés régionales.

Quel est le rôle de ces associations professionnelles régionales ? Il est de contrôle et de modérateur et non pas seulement un rôle de fourniture à la banque de l'établissement central ; cela est si vrai qu'il y a 15 fédérations dans l'association agricole et qu'il n'y a que 10 établissements centraux, parmi lesquels des laiteries coopératives ; en un mot, il n'y a guère que 6 banques régionales pour 15 Unions. Et alors je demande à M. Milcent s'il n'y a pas lieu de s'occuper de ce rôle attribué aux Unions. Je ne le dissimule pas, les banques populaires ne sont pas à l'abri de grands inconvénients. A chaque instant, on a vu des banques, au-dessous de leurs affaires, obligées de s'arrêter, parce que leur comptabilité n'est pas en ordre ; aussi, dans la loi allemande de 1889, tout un chapitre est consacré au contrôle des banques individuelles, contrôle qui est confié aux Unions provinciales ; lorsqu'il y a Union provinciale, l'État n'a pas droit de contrôle sur les banques populaires, partout ailleurs il demande les statuts et nomme des contrôleurs ; je demande s'il n'y a pas lieu de viser ce point important.

M. le Président. — Je remercie M. Maurin des détails précis qu'il nou a donnés, indiquant le contrôle des caisses rurales en Allemagne, mais il me permettra de lui faire observer une erreur dans ses chiffres : d'après un document que vient de me faire passer M. Aynard, il s'agit de 8.400 caisses Schultz-Delitsch et si on ajoute les Raiffeis enon arrive à 13.706.

M. Maurin. — Mon document est pourtant officiel.

M. Aynard. — Vous avez simplement le relevé des Schultz-Delitsch c'est de là que vient l'erreur, ce qui m'a frappé c'est que vous avez donné le chiffre du nombre de ces sociétés.

M. Durand. — Les Allemands ont un système éclectique, qui se rapproche plus pourtant du Raiffeisen.

M. le Président. — Pour conclure il faut donc nous dépêcher d'imiter les Allemands.

M. de Larnage. — Je maintiens d'une façon absolue les conclusions communes, dans l'esprit large et libéral dans lequel elles ont été conçues par M. Milcent et moi. Je crois que la pensée maîtresse du congrès est de s'attacher à indiquer la voie la meilleure à suivre, mais sans rien spécialiser ni réglementer. Nous avons indiqué que dans la question des caisses rurales, on arrive à des centralisations régionales de plus en plus générales ; c'est là, l'œuvre de la nécessité, mais nous devons nous garder d'ouvrir la porte à l'intervention de l'Etat que nous ne saurions trop repousser ; nous demandons donc à maintenir nos conclusions larges, réservant au dévouement de ceux qui nous écoutent le soin de réglementer, par eux-mêmes, suivant les nécessités locales, les institutions qu'ils auront formées.

12

M. Milcent. — Puisque M. Maurin m'a demandé mon sentiment, je répondrai seulement comme M. de Larnage, qu'il n'est pas nécessaire de réglementer. Mais ce n'est pas cela seulement qu'il nous demande, c'est d'indiquer que le contrôle doit rentrer dans l'attribution des caisses régionales, je suis d'accord avec lui.

M. de Larnage. — Sur le fond oui, mais pas dans la forme.

M. Durand. — M. Milcent ne me paraît pas aussi complètement d'accord avec M. Maurin; pour M. Milcent il faut organiser des fédérations ayant une existence légale et une autorité pour vérifier les caisses rurales et agricoles.

M. Milcent. — Ça n'est pas ce que j'ai dit, ni M. Maurin; ce que nous avons dit tous deux, c'est que nous repoussions l'intervention de l'Etat

M. Durand. — Si les caisses régionales n'ont à exercer qu'une surveillance acceptée par les petites banques, nous sommes d'accord, c'est le contrôle mutuel.

M. Maurin. — Je ne veux pas prendre comme type absolu la législation allemande. M. Milcent à traduit ma pensée, la loi allemande de 1889 prévoyait un état de choses qui n'existait pas en France et elle a affirmé le droit des associations professionnelles en vertu de l'ancien titre de la loi de 1866. En France nous avons une loi de 1867. Nous ne demandons pas l'intervention de l'Etat, mais seulement une surveillance acceptée à titre de surveillance mutuelle.

M. le Président. — Dès qu'il y aura des caisses centrales chargées de grouper l'argent, elles seront bien obligées de créer un contrôle pour savoir ce que font les petites caisses : donc ce contrôle s'établira de lui-même.

M. Maurin. — Vous admettez que, dans chaque fédération, il y a une banque, mais il n'en est fréquemment pas de même dans les Schultz-Délitsch. Permettez-moi de vous faire remarquer que le contrôle n'est pas si facile qu'on le croit, quand il ne s'agit que de syndicats agricoles cela va bien, mais dans les associations de crédit ça n'est pas aussi facile.

M. le Président. — Autrement dit, vous considérez les caisses rurales comme des mineurs auxquels vous donnez un conseil judiciaire et vous revenez toujours au contrôle, donc vous les mettez en tutelle.

M. Milcent. — Mais c'est librement qu'elles organiseront ce contrôle.

M. de Larnage. — Alors, à quoi sert de les réglementer?

M. Maurin. — Je crois que c'est utile, car plus nous abordons ce terrain difficile, plus il faut réglementer.

M. le Président. — Les syndicats agricoles n'ont subi aucun contrôle et lorsqu'il y aura besoin de contrôle, ils se contrôleront eux mêmes par leurs unions, c'est ce qui arrivera pour les caisses rurales.

M. de Larnage. — S'il n'y a pas eu de vœu déposé par M. Maurin, je retire ma demande de parole et demande la position de la question comme je l'ai définie.

M. Kergall. — Je n'ai pas demandé la parole pour rentrer dans une discussion épuisée, ma demande de parole aurait trouvé place après le le vote, mais le Président me l'eût peut-être alors refusée.

C'est pour prendre acte devant vous d'une nouvelle preuve que donnent les syndicats agricoles de leur esprit de progrès et de sagesse ; il m'est arrivé souvent dans mes voyages de dire à la stupéfaction d'un auditoire ouvrier ou rural, qu'à l'heure actuelle, c'est l'élément des syndicats agricoles qui a pris la tête du mouvement social et je demande à en retenir une preuve au passage, c'est une preuve de haute sagesse donnée dans des conditions rares ; s'il y a une chose qui est toujours allée à l'oreille de nos populations, c'est le concours de l'État ; toutes les fois qu'on l'a proposé aux populations tout le monde tendait les mains et ne les fermait que pour applaudir. Eh bien, la démocratie rurale a donné à la France et au monde cet exemple de sagesse de repousser les présents dangereux de l'État, de ne pas vouloir de cette banque centrale chargée de disposer de l'argent du contribuable. La démocratie rurale a donné ce merveilleux exemple de répondre « Non, nous ne voulons pas de votre argent, nous voulons faire nous-mêmes ». C'est là une réponse à ceux qui disent que la démocratie rurale est rétrograde.

M. Couprie. — Messieurs, j'avais l'intention de vous demander ce que M. Kergall vient de vous demander dans des termes que je n'essayerai pas de reproduire. Il me paraissait essentiel, en effet, à la fin de cette 2e journée, de conclure d'une façon générale et de dire : l'œuvre que nous faisons n'est pas une œuvre politique, mais d'une haute portée sociale ; et alors que nous sommes si souvent accusés de demeurer dans l'inaction, c'est nous qui donnons l'exemple de l'action individuelle et féconde. Je vous demande la permission, puisque nous sommes d'accord sur les principes, puisqu'il a été entendu qu'à côté des indications données par les pays étrangers, il fallait faire la part du sentiment national, je viens, sortant du domaine des idées qui ont été si largement jetées dans la circulation que j'en suis quelque peu effrayé, je viens demander, dis-je, à me restreindre à un cas particulier et je vous prie d'appuyer le vœu de M. de Larnage à propos du concours qui pourrait être prêté aux syndicats agricoles par les caisses d'épargne.

Après tous les hommages que vous avez rendus à M. Aynard, le mien sera bien peu de chose ; il a été dit hier par un de nos aimables collègues, dans une boutade, que nous n'avions pas besoin de ministre de l'Agriculture, parce que l'Agriculture allait si mal que nous n'avions pas éprouvé les effets de la direction ministérielle. De même le commerce se plaignant, il ne faudrait donc pas de ministre ? Je vais cependant demander la permission de compléter le vœu Milcent en y ajoutant que « le Congrès décide que ce vœu sera transmis sans retard aux ministres, des Finances, du Commerce et aux commissions des Chambres, chargés d'examiner le projet de loi sur les caisses d'épargne. »

Vous connaissez le système actuel : l'État encaisse et garde ; si je ne voyais pas cette large compensation, que la rente Française est le plus solide titre du monde, je n'aurais pas d'énergie assez grande pour invoquer l'exemple des pays étrangers et pour vous demander d'entrer dans une nouvelle voie. Mais nous ne sommes pas en face d'une discussion financière, et si je vous parle des caisses d'épargne, c'est qu'elles sont pour nous un moyen d'organiser le crédit agricole.

L'avant-dernière législature avait été saisie d'un projet de loi par Sadi-Carnot, ministre des finances ; la suivante a été saisie d'un autre projet qui est allé au Sénat, qui a remanié le projet libéral de la Chambre : les fonds des caisses d'épargne ne pouvant être employés qu'en fonds de l'Etat, ou jouissant d'une garantie de l'État, on a ajouté — et c'est là un progrès — en obligations négociables des communes, départements et chambres de commerce. Le progrès correspond aux mœurs ; or, la législation ne sera pas en progrès si vous-mêmes ne faites pas pénétrer ces idées de progrès dans la masse.

A côté de cet art. 1, le Sénat adopte un art. 10 relatif aux fortunes personnelles des caisses d'épargne. La loi alloue aux caisses d'épargne un intérêt sur lequel chaque conseil d'administration a le droit et le devoir de faire un prélèvement qui ne peut pas être moindre de 0 fr. 25, mais arrive à 0 fr. 50. Ces prélèvements et les donations qui ont constitué ces caisses, leur ont permis d'avoir des fortunes personnelles ; le revenu s'en élève, pour toute la France, à 2,500,000 fr. Il avait été question de réglementer cette fortune dans le Congrès des caisses d'épargne de 1890 ; la grande question du libre emploi avait été agitée, jetée en avant par des hommes à l'esprit généreux, comme M. Rostand, dont vous avez salué le nom. Cette thèse a été rejetée par la majorité des caisses d'épargne. La Chambre a suivi cette majorité.

Il y a encore un patrimoine, un fonds de réserve qui n'est pas la propriété des caisses d'épargne, qui est une sorte de gage entre les mains de l'Etat. Il y a la fortune des déposants représentée par des titres, par des bons du Trésor.

Il y a, enfin, la fortune personnelle des caisses d'épargne, à laquelle, tout au moins, M. de Larnage demande que l'on puisse faire appel ; cette fortune représente 100 millions, comme me le souffle M. Aynard. Il avait été demandé comme un minimum par les représentants de la décentralisation, que la gestion de cette fortune fût laissée à la libre administration des administrateurs. Ces administrateurs disaient : « A quoi servons-nous ? A signer les feuilles d'émargement. Sommes-nous autre chose que des employés non rétribués ? Si nous sommes quelque chose, nous devons servir au bien public ; ces économies, c'est à nos services gratuits qu'on les doit ; nous demandons à avoir le droit de les gérer au mieux des intérêts publics. »

Que voulez-vous ? Nous nous sommes battus très fort sur toute la ligne ; il y a eu des discours admirables à la Chambre, où M. Charles Roux a développé nos idées ; au Sénat, où MM. Bardoux et Lourties ont émis nos idées ; nous avons été battus ; les plus battus ne sont pas toujours les plus contents ; mais tant que la bataille n'est pas définitivement perdue, il faut la réengager ; l'art. 10 dit : « Les caisses d'épargne sont autorisées à employer leur fortune personnelle en rentes sur l'État, en obligations négociables des départements, communes, chambres de commerce — c'est un progrès — en acquisition d'immeubles... » Vous le voyez, on étend d'une façon qu'il faut reconnaître assez large les droits et limites dans lesquels chaque conseil d'administration peut employer la fortune personnelle des caisses d'épargne.

Nous n'arriverions à rien avec le seul ministre de l'agriculture ; il faut séduire aussi le ministre du commerce, duquel nous dépendons, nous, caisses d'épargne, et vous avez besoin du ministre des Finances qui, lorsqu'il s'appelait Burdeau, était disposé de la meilleure façon à l'égard des caisses d'épargne ; nous ne pouvons moins faire que rendre hommage à son esprit libéral en matière financière.

Il faut nous adresser à ces ministres pour demander d'étendre la liberté des caisses d'épargne en leur permettant de prêter aux syndicats agricoles régulièrement constitués. Il faut faire pénétrer nos idées et, lorsque nous serons rentrés chez nous, il ne faudra pas dire qu'on a seulement remué beaucoup d'idées très intéressantes ; il faut montrer que, s'il y a des gens qui parlent bien, il y a des gens dont l'action est bien supérieure à la parole. Il faudra donc saisir nos députés et sénateurs, de quelque nuance politique qu'ils soient, car, en pareille matière, il n'y a pas de nuance. Aussi je demande qu'on ajoute aux conclusions de M. de Larnage ces mots : « ... et décide que l'expression du présent vœu sera transmise aux ministres des finances, du commerce et à la commission de la Chambre chargée d'examiner le projet de loi ». Et maintenant, c'est le moment d'adresser un chaleureux appel à M. Aynard, dont l'esprit est à la fois si large et si pondéré, dont l'expérience est si complète et qui, dans la discussion de cette loi, a su montrer la mesure que nous connaissons ; vous vous devez, M. le député, de vous faire l'organe des syndicats agricoles et d'établir qu'entre les syndicats et les caisses d'épargne, il existe un lien étroit dont il sortira une moisson abondante pour le plus grand bien du pays (Applaudissements).

M. Aynard. — Je dois quelques mots de réponse à M. Couprie ; j'ai été le rapporteur de la loi sur les caisses d'épargne et, avec l'aide de mes amis de la commission professant le même libéralisme, nous avons inséré la faculté du libre emploi. Nous ne donnions cette faculté que d'une façon très mesurée et seulement à ceux qui la réclamaient.

Dans l'emploi de la fortune personnelle, nous avions réservé la faculté d'aider les sociétés de crédit agricole, que le Sénat a biffée. Je suis donc heureux d'être d'accord avec M. Couprie. Je considère que les Parlements sont beaucoup trop effrayés par ce mot de crédit ; je crois que dans le milieu parlementaire, il y a encore sur le mot « crédit » bien des préventions. Quant à moi, je pense qu'il y a peu de matière aussi peu dangereuse que l'escompte, lorsqu'il est manié par d'honnêtes gens.

Ce matin, j'ai eu le regret de n'avoir pas parlé de M. Milcent qui a donné l'exemple à ce point de vue, ainsi que de M. Rostand, de Marseille. et d'autres, je me réjouis de pouvoir le faire en vous disant : « Quand le projet reviendra devant la Chambre, j'aurai le très grand honneur de soutenir vos revendications en m'appuyant sur cette intéressante discussion.

M. le Président. — Je mets aux voix le rapport de M. Milcent.
(Adopté.)
Je mets aux voix le rapport de M. de Larnage avec le complément Couprie.
(Adopté.)

En conséquence :

Le texte des conclusions définitivement adoptées est le suivant :

1° Si, dans une région, il n'existe que des caisses rurales à responsabilité illimitée, elles auront avantage à se grouper pour fonder elles-mêmes une caisse centrale de même forme destinée à faciliter leur entier fonctionnement.

S'il existe en même temps des caisses rurales à responsabilité limitée, l'union des diverses caisses se fera plus facilement par une caisse centrale à responsabilité limitée ; mais il sera bon que les actions soient souscrites exclusivement soit par les syndicats, soit par les diverses caisses pour bien maintenir leur caractère d'institution sociale.

2° Le Congrès émet le vœu que les débuts du crédit agricole soient facilités par une loi autorisant les caisses d'épargne à prêter aux institutions de crédit agricole, au moins une partie de leur fortune personnelle, et que, dans tous les cas, il ne soit pas donné suite au projet de création d'une banque centrale patronnée par l'État, les caisses rurales devant suffire à faire naître d'elles-mêmes. dès que le besoin s'en fera sentir, d'abord des caisses régionales, puis une caisse centrale.

Le Congrès est d'avis que ce vœu soit adressé aux ministres de l'Agriculture, du Commerce et des Finances.

La séance est levée à 5 heures.

TROISIÈME JOURNÉE. — 24 Août 1894.

Séance du matin.

Présidence de M. Duport.

La cinquième séance du Congrès des Syndicats agricoles s'est tenue à l'Hôtel de Ville, le 24 août, à 9 heures du matin, sous la présidence de M. Emile Duport.

Sont désignés comme secrétaires du Congrès pour la troisième journée :

MM. Jacob, de la Côte-d'Or et Rieu, de Vaucluse.

M. LE PRÉSIDENT. — J'ai à vous faire part du départ de M. le Trésor de la Roque, qui, étant souffrant, n'a pu prolonger son séjour à Lyon; il m'a prié de l'excuser auprès de vous et il a délégué pour le remplacer M. Josseau, qui remplira les fonctions de Président d'honneur du congrès.

J'ai également à vous communiquer la dépêche suivante :

« Auxerre, 28 août — Appelé Paris par obligation impérieuse, regrette ne pouvoir me rendre libre pour demain pour congrès. Agréez excuses :

« DOUMER ».

Comme M. Doumer était rapporteur sur le projet de loi, nos discussions et décisions n'auront pas trop à souffrir de son absence parce que la question qu'il avait à traiter était épuisée par la discussion qui a eu lieu à la Chambre.

Il me reste à dire un mot de notre président d'honneur de la journée, M. Sénart. Nous en avons déjà parlé, mais je ne veux cependant pas laisser ouvrir cette séance sans lui envoyer un nouvel hommage et nos vœux pour sa prompte guérison.

Nous avons le plus grand besoin de lui voir coutinuer ses services. Une fois de plus je rappelle que l'agriculture, et particulièrement les syndicats agricoles, ont une grande dette de reconnaissance envers

M. Sénart qui leur a rendu les services les plus éminents (Applaudissements).

M. le Président — En l'absence de M. Doumer, je prie M. Jacob, l'un des secrétaires, de vouloir bien lire son rapport.

RAPPORT de M. Paul DOUMER, député

SUR LE PROJET DE LOI SUR

Les Sociétés coopératives de production, de Crédit et de Consommation

ET SUR LE CONTRAT DE PARTICIPATION AUX BÉNÉFICES

C'est pour la troisième fois que le projet de loi sur les Sociétés coopératives et la participation aux bénéfices a été soumis récemment aux délibérations de la Chambre des Députés, ayant été modifié deux fois par le Sénat.

Le projet primitif avait été présenté, en 1888, par le gouvernement dont M. Floquet était le chef. Il ne visait que les sociétés coopératives de production et le contrat de participation aux bénéfices.

La commission de la Chambre nommée à la fin de 1888 entendit les intéressés et ajouta un titre relatif aux sociétés coopératives de consommation.

A son tour le Sénat apporta des dispositions nouvelles sur une autre forme de la coopération : le crédit mutuel.

Enfin, la venue récente des agriculteurs à la coopération nous obligea à prévoir et à définir les sociétés coopératives mixtes de producteurs non patentés qui achètent en commun leurs matières premières, vendent leurs produits et peuvent organiser le crédit coopératif

Si les progrès que la coopération fait dans notre pays depuis quelques années sont incessants et rapides, le plus récent et le plus inattendu peut-être est l'accession des cultivateurs à cette nouvelle forme de l'association pour la mise en commun et la vente directe au consommateur des produits de leur travail, pour l'achat à moindres frais des matières premières et des denrées nécessaires à la vie.

Ce que dès maintenant les sociétés de production visent avant tout, c'est la consolidation de leur situation, c'est la solidarité entre les sociétés des divers points du territoire, c'est l'accroissement de leur force par l'institution du crédit coopératif.

A cet effet, une banque coopérative, dont les sociétaires se recrutent exclusivement parmi les directeurs d'associations de production, a été fondée à Paris. Une autre banque coopérative du même modèle est sur le point d'être créée par les sociétés de production lyonnaises.

Le crédit coopératif proprement dit (banques populaires et surtout banques agricoles) semble avoir décidément pris son essor en France. Les sociétés de crédit agricole créées presque toutes par les syndicats, ont vu le jour en grand nombre en ces derniers temps.

Il y a là, dans le monde agricole, un mouvement dont il est impossible encore d'évaluer la très réelle importance et les conséquences. Elles ne peuvent, en tout cas, qu'être favorables au développement de la production et à l'amélioration des conditions de la vie chez les travailleurs de la terre.

Les sociétés coopératives agricoles ont, en général, un caractère propre, qui procède à la fois de ceux des trois genres de sociétés coopératives que l'on connaît dans les villes. Pour les opérations qu'ont faites jusqu'ici les syndicats sous le couvert de la loi de 1884, les achats d'engrais, de semences, de denrées même, qu'ils répartissent entre les associés, ils sont sociétés coopératives de consommation ; ils font de la production quand ils vendent, en commun, les récoltes individuellement faites par leurs membres, quand ils manipulent ces récoltes en les transformant avant de les livrer aux consommateurs. Enfin, les sociétés agricoles peuvent joindre à ces opérations le crédit mutuel, les avances, l'escompte de papier, toujours au profit des sociétaires.

Ce sont ces sociétés mixtes qui prennent place aujourd'hui dans la coopération et qui ont droit à une place dans la loi. Les syndicats agricoles qui font de la coopération désirent voir leur situation régularisée. Il y a dans le projet voté par la Chambre des députés des dispositions qui les visent explicitement et qui les couvrent.

La Chambre des députés s'étant ralliée aux principales modifications qu'avait apportées le Sénat au projet de loi on peut tenir pour certain que le Sénat ratifiera bientôt, par un dernier vote, les propositions de la Chambre ; et la nouvelle loi pourra être enfin promulguée.

CONCLUSIONS

« Le Congrès, approuvant dans son ensemble le projet de loi sur les Sociétés coopératives, demande à la Chambre de le voter le plus promptement possible. »

M. le Président — Nous remercions M. Jacob d'avoir donné lecture du rapport de M. Doumer et je signale de suite une faute d'impression que j'aperçois dans les conclusions : il faut dire « demande aux Chambres », car il faut supposer que si le Sénat modifiait quelque chose, le projet reviendrait à la Chambre.

M. DE MALAFOSSE, de l'Aude. — Ne pourrait-on pas donner lecture des articles de la loi visant les sociétés mixtes ?

M. LE PRÉSIDENT. — Je dois vous dire que nous avons suivi le texte de la loi dans son ensemble et qu'il nous a été donné satisfaction. Nous avons, du reste, dans l'assemblée plusieurs des personnes qui sont allées trouver M. Doumer pour lui demander cette rédaction, je les prie donc de nous fournir quelques explications.

M. MAURIN, de Nîmes. — Les syndicats agricoles avaient délégué, fin janvier, une commission composée de MM. le Trésor de la Rocque, Marchand, Hugues de Larnage, Kergall et moi pour étudier le projet de loi sur les sociétés coopératives, de concert avec les délégués de Paris, délégation dont j'ai fait partie ; nos efforts se sont portés sur deux points : premièrement, reconnaissance par la loi des sociétés mixtes de production et de consommation ; nous avons fait remarquer à M. Doumer que les sociétés agricoles, si elles étaient des sociétés de consommation, car elles achètent de l'engrais et d'autres matières agricoles, étaient en même temps des sociétés de production, parce qu'elles réunissaient des producteurs pour vendre leurs produits. On connaissait assez mal quel était le rôle des syndicats agricoles et leurs fonctions ; c'est ainsi que lorsque MM. Fleury et Marchand ont accusé des chiffres, M. Doumer a déclaré qu'il ne pensait pas que ces sociétés agricoles eussent une telle importance.

Nous avons ensuite demandé des modifications au point de vue de la participation aux bénéfices qui était insérée au profit des employés des sociétés coopératives en général. Le texte avait été adopté par la Chambre, mais, après examen, en présence des dangers de ce texte, au point de vue des sociétés coopératives agricoles, en ce sens, qu'il enlevait à l'ouvrier agricole ses bénéfices pour les transporter à des agents, qui ne rendent pas, quelque complet que soit leur rôle, des services suffisants pour justifier l'obligation de principe de la participation aux bénéfices, une modification a été consentie. Sur ce point là encore nous avons obtenu gain de cause et les sociétés mixtes sont dispensées, au terme du projet de loi, de cette participation aux bénéfices.

Notre rédaction totale a donc été acceptée, elle émane avant tout de notre président d'honneur, M. le Trésor de la Rocque, elle figure dans le texte lu à la Chambre et, sur ce point, pleine satisfaction nous a été donnée.

Un troisième point a été soulevé relativement aux livres de commerce; nous avons obtenu une simplification de notre comptabilité.

Enfin, un quatrième point, lequel tenait à cœur aux sociétés coopératives et aux syndicats agricoles et qui doit tenir à cœur à l'Union du Sud-Est, c'est la légalité des Unions de coopératives entre elles. Nous avons rencontré, chez nos amis de la Chambre et surtout au Sénat, une hostilité très grande. Le principe de l'Union des coopératives entre elles effraye un grand nombre d'esprits et il fallait prendre une décision. Nous avons réclamé le principe de l'Union parce que nous considérions qu'il nous était plus nécessaire encore qu'aux Sociétés coopératives de production et de consommation; je connaissais différentes associations coopératives, celle du Sud-Est, celle du Puy-de-Dôme, celle de la Charente-Inférieure, qui devaient en profiter.

Par conséquent, nous avons pris nettement position en ce sens et je suis convaincu que ce n'est pas à Lyon qu'on trouvera à redire à l'adoption de ce principe. Sur ce point encore pleine satisfaction nous a été donnée et les Unions de sociétés coopératives de consommation, de production et mixtes. ont été autorisées.

M. LE PRÉSIDENT. — Je m'applaudis vraiment d'avoir provoqué ces explications si intéressantes sur les pourparlers qui ont précédé le dépôt à la Chambre de la loi sur les sociétés coopératives, laquelle a été modifiée selon le désir de la commission composée des Agriculteurs et des Coopérateurs des villes. J'y vois un grand exemple de ce que nous pouvons par l'entente, car nos intérêts ne sont pas si opposés qu'on le croit. Nous remercions M. Maurin de cette explication et il me semble qu'il résulte de ce qu'il nous a dit du bon accueil qu'il a rencontré auprès de M. Doumer et de l'appui donné à nos revendications, il me semble, dis-je, qu'il serait convenable d'envoyer à M. le député Doumer l'expression de nos sincères remerciements. (Applaudissements).

M. DE LARNAGE, du Loiret. — M. Maurin, en signalant les services rendus à cette alliance des syndicats agricoles et des coopératives, a omis un détail qui a une grande importance; ayant assisté à ces pourparlers, je puis dire que M. Doumer nous a concédé une faveur précieuse : il a fait insérer dans l'exposé des motifs une véritable ligne de conduite pour l'application de la loi, entièrement en faveur des syndicats agricoles et des sociétés coopératives. Nous avons là des garanties sérieuses dans cet exposé très remarquable, c'est donc un sujet de reconnaissance de plus et je m'associe pleinement aux remerciements votés à M. Doumer.

M. Denizet, d'Orléans. — M. Maurin a parlé de trois fédérations de coopératives déjà existantes, je ne comprends pas cela, au moins pour la Charente-Inférieure, car la coopérative n'opère que pour le syndicat et ce n'est pas une Union de coopératives.

M. le Président. — M. Maurin, si il a employé le mot fédération, a eu un mot qui n'est pas exact ; en effet, les coopératives du Sud-Est, de la Charente-Inférieure, du Puy-de-Dôme ne sont pas des fédérations, ce sont des coopératives ordinaires, mais, il faut le dire, c'est parce que la loi ne permettait pas les Unions.

La discussion me paraissant épuisée, je mets aux voix les conclusions avec la légère modification que j'ai indiquée. (Adopté).

En conséquence :

Le texte des conclusions définitivement adoptées est le suivant :

Le Congrès, approuvant dans son ensemble le projet de loi sur les sociétés coopératives, demande aux Chambres de le voter le plus promptement possible.

M. Le président. — L'ordre du jour appelle le rapport de M. Guinand.

RAPPORT de M. Antonin GUINAND, vice-président de l'Union du Sud-Est, président du Syndicat des Agriculteurs et Viticulteurs de la région de Saint-Genis-Laval.

SUR

Le rôle et la circonscription des Coopératives agricoles.

Les syndicats professionnels, dit l'article 3 de la loi du 21 mars 1884, ont exclusivement pour objet l'étude et la défense des intérêts économiques, industriels, commerciaux et agricoles.

Les syndicats agricoles, plus que tous autres, se sont appliqués

rendre par les syndicats, parce qu'ils sont les plus tangibles, et trop facilement on oublie que s'ils ont leur importance, les services économiques et sociaux en ont bien plus encore.

Mais si la coopérative ne doit pas être l'organe d'un syndicat, elle ne doit pas être davantage l'organe de tous les syndicats, ainsi que l'avait rêvé un homme qui fut un des bienfaiteurs de son département, mais dont la conception, si elle eût été mise à exécution, aurait fait courir les plus grands dangers aux syndicats agricoles.

Créer une puissance pareille c'eût été vouloir enchaîner les syndicats ; au lieu de faire un instrument pour les servir, on eût créé le monopole et l'asservissement. Les agriculteurs doivent demeurer maîtres chez eux, sans que jamais ils soient à la merci d'une affaire financière, qui ne cherche que son profit et pour qui dévouement est chose tout à fait inconnue. La coopérative doit être aux syndicats ce que l'intendance est à l'armée (une pourvoyeuse dévouée et soumise).

Vouloir substituer la coopérative aux syndicats agricoles serait œuvre déplorable et néfaste ; les syndicats ont plus et mieux à faire que d'acheter et de vendre ; ils le font, ils le feront encore, mais leur action s'étendra bien au-delà. Ils sont une œuvre d'union, de charité et de fraternité ; ils sont la synthèse de tous les dévouements. Ils ont rapproché les individus, aussi bien que les classes. Au lieu d'être une armée de guerre comme, malheureusement, le sont devenus d'autre syndicats, les syndicats agricoles sont un instrument régénérateur et de paix sociale ; ils ont uni sous une même bannière le patron et le travailleur, le capital et le travail, se rappelant que si le capital ne peut rien sans le travail, le travail à son tour ne peut rien sans le capital.

CONCLUSIONS

« Le rôle des coopératives agricoles doit être d'aider les syndicats agricoles sans jamais pouvoir les supplanter.

« Comme corollaire, une coopérative ne doit jamais être créée à côté d'un syndicat isolé, elle doit s'étendre à une région, à une Union, sans jamais aller au-delà. »

M. LE PRÉSIDENT. — Messieurs, nous remercions le rapporteur Il y a longtemps que nous le connaissons ici et que nous savons son dévoument à toutes les causes agricoles. Il comprendra combien je suis gêné, ayant toujours trouvé en lui un collaborateur dévoué, pour dire tout le bien que je pense de lui, mais vous n'en penserez jamais assez, (Marques d'approbation).

La parole est à M. Fleury.

M. FLEURY, du Puy-de-Dôme. — Je ne suis pas tout à fait d'accord avec le rapporteur sur les questions de détail et même d'ensemble ; je le regrette vivement, car je vois en M. Guinand un rapporteur de premier ordre et de plus, le vice-président de l'Union du Sud-Est, qui nous a si bien reçus. Mais il y a une question de principe : M. Guinand semble marquer aux coopératives agricoles un sentiment de défiance ; pour vous tous qui connaissez ce que nous sommes, je crois que vous m'accorderez facilement qu'on ne peut pas comparer le travail et la responsabilité du conseil administratif d'une coopérative avec la responsabilité du conseil administratif d'un syndicat ; nous demandons donc à être traités sur le même pied.

A mon humble avis, les syndicats doivent former les sociétés coopératives, nous en sommes tous d'accord. Quel est le rôle de la société coopérative ? Etre le collaborateur dévoué, fidèle et laborieux du syndicat ; sans cela que deviendrait le syndicat ? J'ai entendu souvent ceci autour de moi : la société coopérative peut devenir un danger pour le syndicat, elle peut attirer à elle tout ce qui est à l'avantage des syndicats. Je crois que ce danger n'est pas du tout à craindre ; on m'objecte que dans un département, une société coopérative a absorbé un syndicat, je le regrette, mais nous ne sommes pas parfaits ; lorsque dans une association vous avez un membre véreux, faites le retrancher, mais cela ne prouve pas que la société soit gangrenée ? Je le dis hautement, lorsqu'une coopérative a failli à son devoir, doit-on faire retomb r la faute sur tous ? Non.

Je ne suis pas tout à fait un inconnu pour vous, depuis de longues années je n'ai jamais refusé mon concours modeste, mon dévouement à la noble cause des syndicats agricoles. Je vais expliquer en deux mots comment nous avons fonctionné à Clermont-Ferrand et vous prouver que nous avons fort bien marché.

En 1891, le syndicat des agriculteurs du Puy-de-Dôme fonda une coopérative ; ce syndicat s'étend sur tout le département, il a donc fondé sa coopérative départementale. Quand le président du Sud-Est a demandé au syndicat d'envoyer des délégués au congrès on a choisi le président, le directeur et deux administrateurs de la coopérative, qui sont en même temps vice-président et secrétaire du syndicat, ce qui montre l'unité d'action, et depuis 3 ans que la coopérative fonctionne, nous n'avons jamais eu la moindre divergence.

Il résulte des excellents rapports que vous avez entendus avant-hier et dont les conclusions ont été votées, qu'il est de toute nécessité de placer à côté des syndicats unis une coopérative. J'insiste et je crois avoir assez démontré que nous devions être traités sur le même pied que les syndicats.

Un autre point aussi important : le rapporteur dit : « Comme corollaire, une coopérative ne doit... », je demande au président de vouloir bien retenir le vote de ce corollaire jusqu'après lecture de mon rapport ; comme je fais allusion à cette situation, j'en demande le renvoi.

M. LE PRÉSIDENT. — Après la réponse du rapporteur, je proposerai ce renvoi à l'assemblée.

M. ROMIEUX, de la Rochelle. — Je demande à l'orateur qui m'a précédé si j'ai eu tort de voir une allusion dans ce qu'il a dit, allusion visant la Charente-Inférieure (Non, non, Montpellier...).

M. Guinand, dans son rapport, a fait allusion à un homme, qu'il a ainsi qualifié : « Un des bienfaiteurs de son département... » Eh bien ! Messieurs, cet homme dont M. Guinand n'a pas prononcé le nom, s'appelle Rostand ; mais un autre membre de cette assemblée, M. Denizet, avait prononcé son nom et je suis heureux que les circonstances me permettent de venir rendre hommage à un homme des plus éminents qui a été, pour la Charente-Inférieure, un bienfaiteur. Je crois qu'il y a peu d'hommes qui aient réuni autant que lui les qualités dont j'ai parlé. Actif, travailleur, administrateur hors ligne, tel était M. Rostand, et quand on écrira l'histoire des Syndicats agricoles, je ne mets pas en doute que son nom y figurera avec une mention très honorable. C'était un apôtre remarquable par sa ténacité, par sa parole souple, en un mot un homme empoignant.

Dans la Charente-Inférieure, on a procédé, il est vrai, différemment de ce qui paraît être la manière de voir du Congrès : on a procédé directement par le département et nous avons fait une besogne que je crois aussi bonne et plus expéditive ; nous avons pu grouper 12.000 adhérents en quelques mois ; donc je ne crois pas que le système puisse être condamné d'une façon absolue.

Je reviens à l'objet de mon intervention, je tenais, comme ami de M. Rostand, à lui rendre cet hommage public (Applaudissements).

M. LE PRÉSIDENT. — Nous nous y associons de tout cœur, nous qui l'avons connu et apprécié.

M. ROMIEUX. — Je rentre dans la question plus spéciale des coopératives et des syndicats : on a signalé le danger de voir la coopérative absorber le syndicat. Je ne crois pas que ce danger soit très réel. Il est certain, M. Rostand ayant contribué puissamment à la création du syndicat, que, le jour où l'on a créé une coopérative, son influence devait le suivre, mais l'absorption me semble, en général, peu justifiée. Et, maintenant, doit-on aller jusqu'à accepter dans les conclusions cette phrase : « Comme corollaire..... » Nous avons, dit le rapporteur, un exemple près de nous qui prouve que cela peut exister. Vous ferez chez vous le mieux que vous pourrez, les uns faisant comme nous, d'autres commenceront par la base ; en un mot, je crois que, dans ces matières, les questions locales ont une grande influence et que, chacun dans son département, doit agir comme il le peut et selon les circonstances. C'est donc au nom de cette liberté que je m'oppose à l'acceptation du deuxième paragraphe des conclusions.

M. Denizet. — J'ai trouvé remarquable le rapport de M. Guinand et je suis d'accord avec lui sur tous les points, sauf le corollaire. Je le disais : en matière de syndicat il n'y a rien d'absolu, on a dit qu'il y avait des syndicats d'arrondissement, de commune qui marchaient bie . Un département, c'est déjà une région dans laquelle une coopérative, peut fonctionner, lorsqu'on a 42 dépôts, comme dans la Charente-Inférieure, c'est une sorte d'Union de coopératives. Nous autres, syndicat départemental nous avons 10 dépôts, nous aurions des dépôts même dans d'autres départements et nous aurions créé une coopérative, s'il n'y avait pas moins de frais pour en établir une pour une Union, comme par exemple celle du Sud-Est.

M. le Rapporteur. — En premier lieu et avant de répondre à ce qu'a dit M. Fleury, je déclare hautement que j'ai admiré la remarquable intelligence de M. Rostand, j'ai causé souvent avec lui, et je m'associe pleinement à ce qu'a dit M. Romieux en déclarant que c'était bien un apôtre. Mais, j'ai fait allusion à un fait auquel j'ai été mêlé d'une façon très spéciale. Il y a quelques années, après une entente avec M. Rostand, on a convoqué à la Rochelle une réunion qui avait pour but d'examiner la création d'une coopérative des agriculteurs de France. Une seule coopérative pour toute la France ! C'était un projet splendide, merveilleux. Mais quand on allait au fond des choses, on y trouvait un danger immense à plusieurs point de vue.

Le danger était d'abord au point de vue des syndicats agricoles.

Comme je le disais, les syndicats agricoles sont œuvres de dévoûment, et au-dessus des services matériels nous en avons bien d'autres à rendre. S'il ne s'agissait que de faire vendre des engrais, des pommes de terre, nous ne serions pas ici. On a dit quelquefois : la classe dirigeante ne tient pas son rang ; nous tenons à donner le bon exemple, nous nous dévouons, nous ne voulons faire qu'œuvre de bien (Applaudissements). Je reviens à la question ; je dis ceci, c'est que l'œuvre de Rostand paraissait merveilleuse et cependant elle aurait exposé les syndicats à un grand danger. En effet, si nous avions créé cette grande coopérative, nous aurions créé au-dessus des syndicats un monopole immense. Rostand disait : « Il faut commencer avec 25 millions ». Et lorsque nous lui demandions : » Où les prendrons-nous ? il disait : « M. Rotschild m'a déclaré que l'œuvre était parfaite et qu'il était le premier des souscripteurs ». C'était donc la haute finance qui allait se mêler de nos affaires.

M. Kergall. — Rostand se trompait.

M. le Président. — C'est possible, mais cela a été dit également devant moi.

M. Guinand. — Rostand se faisait peut-être illusion, mais il a déclaré que si ce n'eût pas été ce nom là, ç'en eût été un autre; les 25 millions on les aurait trouvés, car, lorsqu'il faut faire des affaires avec des agriculteurs qui ont toujours payé, on trouve de l'argent. Dans le Sud-Est on a fait des affaires qui s'élèvent à plusieurs millions, jamais nous n'avons eu un centime de perte.

D'autre part est-il prudent, au point de vue des pouvoirs publics, de créer une telle puissance ? Croyez-vous que les pouvoirs publics n'auraient pas craint de trouver là un instrument trop puissant ? Croyez-vous qu'ils ne se seraient pas opposés à une telle affaire ? Et le commerce qui aurait vu cet instrument ne se serait-il pas coalisé d'une façon terrible contre nous. Il aurait eu raison; c'était donc un danger.

Quant aux coopératives créées à côté d'un syndicat et je ne parle pas de la Charente-Inférieure, parce que c'est un syndicat départemental de 12,000 membres, qui est en fait une véritable Union, et cependant un fait m'avait frappé, c'est que dans mon voyage à la Rochelle, j'ai vu la coopérative partout et le syndicat nulle part; partout on me montrait les entrepôts de la coopérative, mais du syndicat il n'en était pas question.

En somme le syndicat, je crois, était fort éclipsé par la coopérative et les rapports étaient même assez tendus; depuis, j'ai su que le syndicat a repris son rôle entier et qu'il est le rouage qu'il doit être. Je m'en félicite mais nous savons que de par la France, il n'en a pas toujours été ainsi et dans le rapport de M. Bord, il est dit une phrase que je viens de retrouver. « Dans le Lot-et-Garonne, deux sociétés coopératives d'arrondissement, dont l'une a son siège à Agen et l'autre à Villeneuve-sur-Lot (et qui sont d'anciens syndicats transformés) nous donnent un curieux exemple de spécialisation : tandis qu'Agen se borne à la production et à l'expédition des oignons, Villeneuve poursuit la culture et la vente des petits pois ». Ce n'est pas moi qui l'ai écrit, je ne fais que lire; et à Montpellier le même fait s'est présenté, et à Montpellier il n'y a plus de syndicat. Le danger est là !

Comme je le disais, on ne voit pas assez que nous avons autre chose à faire, on se laisse trop prendre à cette idée qu'il faut vendre et acheter, c'est pour cela que je demande que le congrès prête attention aux paroles d'espérance qu'on a prononcées, il faut que la coopérative soit l'alliée du syndicat, mais il faut que le syndicat marche plus haut. Je n'ai pas de peine à reconnaître que le dévouement de ceux qui sont à la tête de ces coopératives a devant lui une tâche plus ingrate, je rends hommage à ceux qui s'occupent de coopération et je vais faire l'alliance la plus complète ; je dis ceci, ces deux forces doivent s'entr'aider, en un mot, la coopérative doit être l'intendance du syndicat, mais l'armée, c'est le syndicat !

Je crois que j'ai répondu aux trois objections.

M. LE PRÉSIDENT. — J'ai un amendement à communiquer, signé Gréa ; on remplacerait le deuxième paragraphe par ces mots : « Comme corollaire, le congrès recommande en principe la création des coopératives à côté des unions de syndicats et s'étendant à une seule région ».

M. CHIOUSSE, de Grenoble. — Je vous demande pardon de demander la parole dans ce congrès, moi qui ne suis qu'un simple coopérateur ; je le fais pour ramener la question à ses véritables limites, je crois que les orateurs ne se sont pas fait une idée exacte du rapport de M. Guinand. On confond la société coopérative agricole de production et celle de consommation parce que, dans vos syndicats, vous pouvez avoir ces deux sortes de coopératives : celles qui procurent les produits industriels et celles agricoles proprement dites. Pour cela, je crois qu'il est inutile de créer des coopératives à côté de chaque syndicat parce que nous, consommateurs, quand nous voulons des denrées, il faudrait faire plusieurs courses pour avoir vos produits.

M. RIBOUD. — Bien entendu, je suis d'accord avec M. Guinand, car vous pensez bien que l'harmonie la plus parfaite règne entre nous au Sud-Est, mais je me permettrai d'appeler votre attention sur un point, ce sera une réponse aux observations faites ici par les défenseurs très autorisés des syndicats départementaux. Je remarque que les orateurs distingués qui ont parlé ici sont, ou des représentants d'Unions régionales, ou les délégués de syndicats départementaux puissants. J'espérais voir venir à la tribune quelques-uns des membres de nos petits syndicats cantonnaux ou communaux ; s'ils pouvaient nous dire leur pensée, ils diraient que, dans ce congrès, l'on oublie peut-être trop les petits syndicats, car il y en a de 25 membres, qui ont le droit d'avoir les mêmes moyens d'action que les gros. Or, comment allez-vous mettre entre les mains de ces petits syndicats composés d'ouvriers et de petits propriétaires agricoles, les moyens d'action que vous avez employés dans les syndicats départementaux ? Je crois que ces moyens, vous ne les trouverez que dans la coopérative régionale. Or, là où il y a une coopérative jointe à un syndicat départemental, c'est une raison pour que la coopérative régionale ne se fonde pas. Nous avons ici le président de l'Union de la Drôme ;

mais quelle est la région où l'on aurait pu mieux créer une coopérative départementale, si ce n'est dans la Drôme ? Est-ce que la coopérative du Sud-Est existerait, s'il y en avait une dans la Drôme ? Nous n'aurions jamais pu rendre les services que nous avons rendus aux petits syndicats du Sud-Est, si nous n'avions pas eu tous les départements de la région (Marques d'assentiment).

M. Jacob. — Les orateurs qui m'ont précédé ayant émis des idées communes ont affirmé la supériorité morale des syndicats sur les coopératives, et c'est certain ; mais comme nous voulons éviter toute espèce de tiraillements, il faut régler ce point de savoir, si lorsqu'une coopérative est fondée, elle peut accepter des syndicats qui ne font pas partie de l'Union à côté de laquelle elle est préposée.

M. le Président. — La question de l'orateur est une question d'appréciation, selon chaque région et dans laquelle nous n'avons pas à nous immiscer. C'est à l'Union à indiquer à sa coopérative dans quel cercle elle doit agir.

M. Riboud. — Vous avez posé un principe tout à l'heure : vous avez dit d'abord que l'idée syndicale doit planer au-dessus de l'idée affaire, c'était placer le syndicat au-dessus des coopératives et la conséquence, c'est que les Unions sont au dessus des coopératives (Assentiment).

M. Kergall. — J'ai demandé la parole pour appuyer M. Chiousse. Il a placé la question sur son vrai terrain et vous a mis en face de l'intérêt qui domine toute cette discussion. Que devons-nous faire pour vendre ? Et il vous a dit quelles conditions réclame l'acheteur.

M. le Président. — Cette question venant à l'ordre du jour de ce soir, nous prendrons alors une décision ferme à cet égard, mais ce n'est pas le moment de la discuter. J'ai reçu un deuxième amendement déposé par M. Nicolle, il vise également le corollaire.

M. Gréa. — La pensée qui m'a dicté la rédaction de l'amendement que j'ai déposé est bien, je le crois, dans le sentiment général du congrès ; nous ne pouvons pas approuver les conclusions du rapport de M. Guinand ; nous ne pouvons pas ne pas reconnaître qu'il y a à tout des exceptions. Nous sommes avant tout des hommes de liberté ; aussi le sentiment qui m'a inspiré, c'est que nous sommes un Congrès fixant des idées, mais non un concile qui prononce des excommunications.

M. Guinand. — J'accepte l'amendement et la rédaction Gréa.

M. Nicolle. — Si je demande la parole, c'est pour faire connaître l'organisation du syndicat d'Anjou, tant au point de vue des coopératives que des sociétés de crédit. Nous nous sommes divisés en sections destinées à avoir chacune une société de crédit, qui sera en même temps une coopérative. Ces petites coopératives seront alimentées elles-mêmes par une banque centrale. C'est pour ce motif que j'avais déposé un amendement; notre coopérative centrale est créée à côté du syndicat, mais elle ne peut fournir que les sections du syndicat et pas les membres isolément.

M. LE PRÉSIDENT. — M. le rapporteur ayant accepté l'amendement Gréa, je mets donc aux voix les conclusions ainsi modifiées.
(Adopté à l'unanimité).

En conséquence :

Le texte des conclusions définitivement adoptées est le suivant :

Le rôle des coopératives agricoles doit être d'aider les syndicats agricoles sans jamais pouvoir les supplanter.

Comme corollaire, le Congrès recommande de préférence la création de coopératives à côté d'une Union de syndicats et s'étendant à une seule région.

M. LE PRÉSIDENT. — La parole est à M. Fleury pour la lecture de son rapport.

RAPPORT DE M. G. FLEURY, président de la Société coopérative de Production et de Consommation des agriculteurs du Puy-de-Dôme

SUR

La nécessité de créer une Union des Coopératives agricoles

AFIN D'ÉTABLIR DES RAPPORTS ENTRE ELLES

C'est bien à l'Union du Sud-Est qu'appartenait l'honneur de provoquer la réunion du Congrès national des Syndicats agricoles. Que son président me permette, au nom de mes collègues les présidents des coopératives agricoles et en mon nom personnel, de lui adresser ici tous mes remerciements pour nous avoir conviés à assister à ces délibérations.

C'est la première fois que nous sommes appelés à discuter les intérêts connexes de ces deux grandes associations, Syndicats et Coopératives, que M. Duport comparaît avec tant d'à-propos, dans une de nos réunions de l'Union des Syndicats des Agriculteurs de France, à deux rails parallèles de chemins de fer sur lesquels cheminait tout un convoi, celui de l'agriculture, allant au progrès.

Il ne faudrait pas toutefois que la coopérative fut astreinte à fournir seule la houille destinée à alimenter la locomotive — ce serait créer là, dans la pratique, une sorte d'infériorité inacceptable ; qu'arriverait-il en effet ? en cas de succès tout l'honneur en reviendrait au syndicat et en cas d'insuccès il ne resterait aux administrateurs de coopérative qui auraient donné leur temps, leur intelligence, engagé leur responsabilité, que les déboires.

La situation des coopératives devra donc être nettement établie ; car à la longue elle pourrait devenir dangereuse et créer des conflits.

La loi de 1884, en autorisant les agriculteurs à se grouper en syndicats, avait déjà permis de réaliser un grand progrès ; mais nous ne devons pas en rester là, « pour les opérations — nous dit « M. Doumer dans son rapport sur les sociétés coopératives — « qu'ont faites jusqu'ici les syndicats, sous le couvert de la loi de « 1884, les achats d'engrais, de semences, de denrées même, qu'ils « répartissent entre les associés, ils sont sociétés coopératives de « consommation ; ils font de la production quand ils vendent, en « commun, les récoltes individuellement faites par leurs membres, « quand ils manipulent ces récoltes en les transformant avant de « les livrer aux consommateurs ». Il est donc de toute nécessité de créer des coopératives agricoles et de donner ainsi une consécration légale à la manière de faire des syndicats agricoles.

Le but de ces syndicats est de fournir aux cultivateurs des engrais sérieux, des semences sélectionnées, des instruments perfectionnés. Mais pour permettre aux cultivateurs de faire ces dépenses, il faut d'abord leur faire réaliser des économies sur la vie matérielle en leur procurant à bon marché des denrées de première qualité. Les coopératives agricoles doivent donc être en même temps sociétés de production et de consommation, tel était du reste l'avis de M. Rostand, ancien fondateur directeur général de la société coopérative de la Charente-Inférieure, un maître en la matière ; et c'est là le problème que nous avons voulu résoudre lorsque, en 1891, nous avons fondé dans mon département la société de production et de consommation des agriculteurs du Puy-de-Dôme.

Vous me permettrez, Messieurs, en ma double qualité d'Auvergnat et de président de cette société, d'exprimer ici un certain sentiment de fierté; puisque le département du Puy-de-Dôme a été l'un des premiers à donner l'exemple et à entrer dans la voie du progrès.

Les coopératives agricoles doivent-elles être sociétés civiles ou sociétés commerciales? j'établirai ici une distinction : dans les départements où est établie une union de syndicats qui, tous, viennent s'approvisionner à la coopérative, la société doit être civile et ne fournir des denrées et marchandises qu'aux adhérents des syndicats; mais dans les départements où les syndicats fonctionnent isolément, la société doit être commerciale et ouvrir ses magasins au public ; car en agissant autrement, elle parviendrait difficilement à couvrir ses frais généraux et à payer les intérêts dûs à ses actionnaires. Dans ce cas, les coopératives agricoles devront payer patente, ce qui sera tout avantage, car elles auront ainsi les coudées plus franches et feront taire les récriminations des commerçants qui leur reprochent une concurrence déloyale.

Les coopératives agricoles, Messieurs, ont dès leur naissance des ennemis acharnés : les commerçants auxquels nous enlevons des bénéfices proportionnés à notre chiffre d'affaires et aussi par la publicité de nos prix, puis les intermédiaires onéreux que nous voulons supprimer; mais elles ont un ennemi plus dangereux encore, c'est l'apathie de ceux au profit desquels nous fondons ces sociétés qui abandonnent difficilement cet esprit de routine dans lequel ils ont vécu jusqu'ici et qui pourtant leur est si préjudiciable.

Pour faire face à tous ces dangers, pour parer à toutes les éventualités qui pourraient se produire, les coopératives agricoles doivent se grouper entre elles, cette fédération s'impose.

Lorsque, au mois de janvier dernier, j'ai eu l'honneur d'assister aux réunions de l'Union centrale des syndicats, j'ai compris quelle puissance cette union leur assurait; aussi je demandai à notre honorable président M. le Trésor de la Rocque s'il ne serait pas possible de comprendre dans la même Union (divisée alors en deux sections) ces deux formes d'institutions agricoles. A ce moment-là ma proposition était illégale; mais aujourd'hui, Messieurs, la situation n'est plus la même. En vertu de l'art. 31 de la loi sur les coopératives votée par la Chambre et à laquelle nous avons tout lieu de l'espérer, le Sénat n'apportera aucune modification, toute liberté d'association est accordée à ces sociétés. Cet article est ainsi conçu :

« Deux ou plusieurs sociétés coopératives peuvent s'associer entre

« elles, mais seulement pour poursuivre en commun, en tout ou
« en partie le but que leur assignent leurs statuts.

« Elles peuvent former des unions ou syndicats pour l'étude et
« la défense de leurs intérêts en se conformant aux prescriptions
« des art. 4, 5, 6 et 7 de la loi du 21 mars 1884 ».

Lors donc que la loi sera définitivement votée et promulguée, je
prierai de nouveau M. le Président de l'Union centrale des syndicats
de faire droit à la demande que je lui avais adressé prématurément.

En dehors de cette union, Messieurs, il en est une, qui est la conséquence immédiate de l'alliance que nous, membres de la commission mixte, avons conclu avec les représentants des sociétés
coopératives de consommation. M. Kergall, notre collègue, avec
son immense talent et l'autorité si justifiée dont il jouit auprès de
nous tous, vous dira mieux que je ne pourrais le faire moi-même,
quels sont les engagements que nous avons pris et quels résultats
sérieux nous espérons par la suite retirer de cette union.

Quant à moi, Messieurs, je me bornerai en terminant à vous
exprimer toute ma confiance dans la coopération. Loin de moi la
pensée que nous n'éprouverons pas des difficultés multiples et que
tous nos efforts seront couronnés de succès ; mais avant tout, nous
ne devons pas nous laisser aller au découragement si nous éprouvons
quelques échecs. *Labor improbus omnia vincit* : telle doit être notre
devise. Unissons-nous donc dans le même esprit de dévouement et
quel que soit le résultat final de l'œuvre à laquelle nous aurons
prêté notre concours, il nous restera toujours la satisfaction
d'avoir fait notre devoir en contribuant à améliorer la situation de
nos populatious rurales si éprouvées et pourtant si dignes d'intérêt.

CONCLUSIONS

Le Congrès émet le vœu :

« Qu'après le vote de la nouvelle loi sur les sociétés coopératives, le bureau de l'Union des Agriculteurs de France étudie les
voies et moyens de grouper, à côté des syndicats, en une section
distincte, les coopératives agricoles. »

M. le Président. — Vous venez d'entendre ce rapport qui se termine
par des conclusions que vous allez avoir à discuter, mais avant, comme
des conclusions sont un texte précis, il faut corriger une faute d'impres-

sion qui s'y est glissée et il faut dire : « l'union des syndicats des agriculteurs ». C'est important, parce qu'il n'y a que là où on pourra créer une section. Ce vœu, si vous l'approuvez, sera transmis à M. Trésor de la Rocque.

M. Chiousse. — Je suis d'accord avec le rapporteur, sauf lorsqu'il dit de grouper les coopératives autour des syndicats agricoles, c'est inutile, car il existe déjà l'union des chambres syndicales de production et l'union des sociétés françaises de coopération, qui ont à leur tête un comité central pour les diriger. Selon ce que feront les coopératives agricoles, elles pourront se grouper dans l'une ou l'autre de ces unions. Je reconnais donc l'utilité de grouper les coopératives agricoles mais dans les unions de coopératives existantes.

M. le Président. — Je crois devoir ajouter que dans un rapport que M. Buisson doit lire au congrès des sociétés coopératives sur cette question, il s'y inquiète, en effet, des sociétés coopératives de consommation et de production, mais il oublie de mentionner les coopératives mixtes et les sociétés de crédit. Si plus tard le congrès coopératif établit une modification consistant à organiser des congrès de toutes les sociétés de coopération, il y aura lieu d'examiner la proposition, mais alors seulement.

M. Chiousse. — Nous ne pouvons pas aller nous ingérer dans le congrès qui va se tenir après celui-ci, nous ne pouvons évidemment discuter que le vœu proposé par le rapporteur.

M. de Larnage. — Je déclare que je m'associe à vos paroles qui délimitent très nettement la situation, je voudrais rappeler à l'assemblée, et le secrétaire de la commission mixte le fera't mieux que moi, qu'il existe déjà un instrument pour satisfaire M. Chiousse.

Le congrès sait que cette commission mixte est chargée de rapprocher les consommateurs et les producteurs, je demande qu'on ajoute au vœu en discussion ces mots : « et invite la commission mixte des coopératives et des syndicats agricoles à étudier les moyens d'arriver à une action commune pour tous les intérêts qui pourront paraître connexes entre les deux genres de sociétés »...

M. Maurin. — Je veux faire une petite observation pour préciser le débat; il me paraît que depuis l'ouverture de cette séance, le congrès se préoccupe trop des sociétés coopératives mixtes ; il est clair que c'est la forme à laquelle nous tendons, mais la coopération se décompose en coopératives de production et en coopératives de consommation, beaucoup de nos syndicats agricoles n'ont pas de sociétés coopératives de production, mais aident à la production.

Enfin, la société de coopération mixte, qui n'existe pas encore dans nos lois, vend les produits de ses membres et leur en fournit,

Je me permets d'insister sur cette définition, parce que dans son amendement M. Gréa a oublié d'ajouter société de consommation, parce qu'il ne faisait pas attention qu'il fallait distinguer ces deux choses; il me paraît actuellement que le congrès se laisse entraîner à ne pas voir cette définition.

En ce qui concerne ce que demande M. Chiousse, nous pouvons le faire, il dit : il existe une union coopérative de consommation, pour y être admis, il suffit de s'y présenter. Nous n'avons donc pas dans la commission mixte à étudier ce point; vous avez d'ores et déjà le droit de vous présenter dans ces fédérations.

Je demande donc l'adoption de la proposition de M. Chiousse et que le vœu de M. Fleury soit ainsi modifié «... agricoles diverses de consommation et de production ou celles qui sont connues sous le nom de coopératives mixtes. »

Plus qu'un mot seulement pour rappeler un passage du rapport de M. Fleury et vous demander si vous nous approuvez...

M. LE PRÉSIDENT. — Tout à l'heure, si vous le voulez bien, car c'est une autre question que vous allez ouvrir et je voudrais faire fixer par un vote la discussion qui vient d'avoir lieu.

Nous sommes en présence de plusieurs amendements complémentaires, on demande à ajouter après les mots coopératives agricoles les mots « de consommation, de production ou mixtes », je me demande si cela est utile, le mot « diverses » indiquant tout ; cependant je le soumettrai au vote.

J'ai à faire part aussi du dépôt d'un autre amendement dans lequel on renvoie le vœu à l'Union des Syndicats des Agriculteurs pour examiner s'il y a lieu de créer une section agricole.

J'ai également un amendement de M. de Larnage disant ceci : « Le Congrès émet le vœu que la Commission mixte des Syndicats agricoles et des Sociétés coopératives étudie le moyen de grouper, selon leur objet, les coopératives actuellement existantes auprès des syndicats. » Il en résulte que la grande distinction entre ces amendements est dans la destination à donner au vœu.

M. FLEURY. — Je me rallie d'avance à l'amendement de M. de Larnage.

M. LE PRÉSIDENT. — Je porte donc à la connaissance de l'Assemblée que M. le rapporteur se rallie à la rédaction présentée par MM. de Larnage, Kergall et quelques autres de nos collègues.

M. DE LARNAGE. — J'ai déjà développé les raisons qui m'ont fait choisir la Commission mixte pour être l'organe des vœux exprimés par les Sociétés de consommation et par les Syndicats agricoles, c'est pour amener par suite la meilleure défense possible de leurs intérêts communs.

M. LE PRÉSIDENT. — Je crois nécessaire, puisque le rapporteur a abandonné ses conclusions, de demander si quelqu'un les reprend.

M. GUINAND. — Je les reprends, ou plutôt je vais faire de l'éclectisme ; je ne voudrais pas que M. Fleury abandonnât son texte, j'estime que le Conseil de l'Union des Syndicats des Agriculteurs de France devrait en être saisi, parce que le texte de M. Fleury est plus restreint que celui de M. de Larnage, en ce sens qu'il ne vise que l'entente de nos Sociétés agricoles. Je lui enverrais également le texte de M. de Larnage, mais je le soumettrais aussi à la commission mixte, parce que ce texte est plus large ; il s'agit, en effet, d'étudier les moyens propres d'unir nos Sociétés avec les autres Sociétés de coopération, et qu'il ne peut y avoir là que des avantages.

M. KERGALL. — J'accepte ce que vient de dire M. Guinand, mais en conservant la première proposition qui vise ce qui se passera après le vote de la première loi. La proposition de M. Guinand est donc excellente et il faut renvoyer aux deux.

M. LE PRÉSIDENT. — C'est entendu, M. Kergall, mais avant le vote, voici la note que l'on me remet et je dois en donner lecture : « La pro- « position de renvoi aux Agriculteurs de France contient une anomalie, « l'Union des Syndicats ne peut comporter une section de coopératives. « Cette Union de Syndicats ne peut que chercher à créer une Union « de Coopératives. » Je ferai remarquer à l'auteur de cette note que le renvoi du vœu serait fait uniquement en vue d'une étude, le texte le dit.
Nous sommes en présence de conclusions qui se bornent à émettre un vœu, d'autre part, il y a un amendement qui demande d'envoyer un vœu analogue à la Commission mixte. Si personne n'y voit d'objection et ne demande la disjonction, je vais mettre aux voix l'envoi des deux vœux à l'Union des Syndicats des Agriculteurs de France et à la Commission mixte. (Adopté.)

M. LE PRÉSIDENT. — Je mets aux voix les deux conclusions réunies en un seul texte.
(Adopté).

En conséquence :

Le texte des conclusions définitivement adoptées est le suivant :

Le Congrès émet le vœu :
Qu'après le vote de la nouvelle loi sur les sociétés coopératives, le bu-

reau de l'Union des syndicats des agriculteurs de France étudie les voies et moyens de grouper, à côté des syndicats, les coopératives agricoles, et invite la commission mixte des syndicats agricoles et des sociétés coopératives de consommation à étudier les moyens de grouper, selon leur objet, les coopératives créées près des syndicats et d'exercer leur action commune pour la défense des intérêts connexes.

La séance est levée à 11 h. 1/2.

TROISIÈME JOURNÉE. — 24 Août 1894.

Séance de l'après-midi.

PRÉSIDENCE DE M. DUPORT.

La sixième séance du Congrès des Syndicats agricoles s'est ouverte le 24 août, à 3 heures de l'après-midi, à l'Hôtel de Ville, sous la présidence de M. Emile Duport.

M. Soria prend place au bureau.

M. LE PRÉSIDENT. — J'ai à vous faire connaître le départ de M. Josseau et à vous dire que nous sommes heureux de recevoir à notre bureau M. Soria qui représente ici le comité central de l'Union coopérative des sociétés françaises de consommation. Je n'ai pas besoin de revenir sur cette grande alliance des producteurs et des consommateurs, ce que je veux, c'est saluer M. Soria pour saluer en lui ces importantes coopératives de consommation dirigées par des gens de cœur, qui prennent sur leur repos, après leur travail, pour propager cette grande œuvre sociale, la coopération (Applaudissements).

La parole est à M. Soria.

Délégué à votre congrès par le comité central de « l'Union Coopérative », j'ai l'honneur de vous transmettre ici, les saluts fraternels de la coopération Française de consommation.

Comme vous, Messieurs, nous sommes les pionniers d'une évolution pacifique, nécessitée par le progrès et les besoins de la vie; et si, par la force des choses, nous avons été vos devanciers dans l'esprit d'association, les premiers résultats obtenus ne nous en ont pas moins démontré que la coopération de consommation ne rendrait de réels services aux travailleurs, qu'autant qu'elle pourrait s'adresser directement à la production pour ses approvisionnements.

Ce fut donc avec une bien grande satisfaction, que notre congrès de Grenoble accueillit les offres d'entente faites par MM. Kergall et Buisson, au nom des syndicats agricoles et des coopératives de production.

Grenoble, qui fut le berceau de la Révolution Française, devait voir un siècle plus tard, se sceller le pacte entre ouvriers des villes et ruraux.

Le journal *la Démocratie rurale* vous a déjà appris que si le rôle de la commission mixte nommée à la suite de l'appel qui nous avait été adressé, ne lui permettait pas de passer de suite à la pratique, cette commission n'était pas restée inactive; l'examen approfondi qu'elle fit des moyens à employer pour arriver à une solution, facilitera, dans l'avenir, la réalisation de notre programme commun.

Déjà, l'invitation que vos syndicats adressèrent l'an dernier à nos sociétés, lors du concours agricole de Paris, a produit ses fruits; bien des délégués, insouciants jusque là, emportèrent de cette visite au Palais de l'Industrie, la conviction que vos efforts tendaient vers un but excellent, et méritaient d'être encouragés. Certains d'entre eux même ne se bornèrent pas aux éloges et décidèrent dès lors leur société à entrer immédiatement en rapports d'affaires avec des syndicats de production.

S'il suffisait de vouloir, pour aplanir du jour au lendemain, certains points difficultueux de nos organisations communes, soyez persuadés que nos sociétés coopératives de consommation ne resteraient pas 24 heures de plus en relations avec des commerçants qui, se voyant d'autant plus menacés, que nous cherchons à nous unir, se syndiquent à leur tour pour couper les vivres à nos sociétés et discréditer tont ce qui est à la tête de notre mouvement coopératif.

N'est-ce pas là le moment le plus propice pour travailler avec plus d'ardeur à une entente complète; efforçons-nous donc, par des concessions réciproques, de nouer des relations telles, que nous puissions à tout jamais, supprimer ces multiples intermédiaires qui nous ont depuis trop longtemps pressurés et partageons-nous ensemble la dîme que nous leur avons servie jusqu'à ce jour.

C'est dans ce but que le comité central a mis à l'ordre du jour du congrès coopératif qui doit tenir ses assises ici à la suite du vôtre, un rapport sur les moyens de développer l'heureuse entente établie à Grenoble entre les sociétés de consommation et les syndicats agricoles.

Ce rapport, permettez-moi une indiscrétion, signale les écueils déjà rencontrés, à vous d'y apporter remède en vous pénétrant bien de l'esprit qui a inspiré le rapporteur.

Je termine, Messieurs, en vous exprimant le vif désir qu'a le comité central de l'Union coopérative des sociétés françaises de consommation de nous voir travailler ensemble à l'application de cette belle devise *un pour tous, tous pour un* (Applaudissements unanimes).

M. LE PRÉSIDENT. — M. Soria a exprimé les mêmes sentiments que tous nos rapporteurs, nous formons les vœux les plus sincères pour que cette alliance dont il parle se continue et porte tous ses fruits.

L'ordre du jour appelle le rapport de M. Kergall.

M. KERGALL. — Le rapporteur véritable n'est pas votre serviteur, la commission d'organisation m'a fait le grand honneur de placer sous mon nom un rapport qui n'est pas de moi ; il y a une raison à cela, c'est que la commission mixte avait chargé MM. de Larnage et Degas de l'étude des relations des syndicats et des sociétés coopératives, et c'est donc pour M. de Larnage que j'accepte la parole.

Tout à l'heure M. Soria s'est rendu coupable, j'ai un reproche à lui adresser. M. Soria nous a parlé tout à l'heure du rôle que j'ai eu l'honneur de remplir au congrès de Grenoble. Il y a là un oubli, je ne devais pas y être seul. Si notre ami M. Maurin n'avait pas été empêché d'assister à ce congrès, frappé qu'il était par le deuil le plus cruel, c'est son nom qu'on aurait cité et non pas le mien. Il n'est donc pas juste d'attribuer tout à celui qui a eu la chance de se trouver là au moment où il n'y a eu qu'à ouvrir la main, il ne faut pas oublier les ouvriers de la première heure.

(M. de Larnage donne lecture du rapport qu'il avait écrit sur la demande de M. Kergall.)

RAPPORT DE M. KERGALL, président du Syndicat économique agricole

SUR

Les Rapports des Coopératives de production avec les Coopératives de consommation

Si des efforts nombreux ont été tentés déjà, par les syndicats agricoles et par leurs Unions, pour arriver à faire atteindre directement la grande consommation des villes par les produits agricoles, surchargés jusque là par les frais d'intermédiaires multipliés à l'excès, nous devons reconnaître que ces efforts n'avaient encore donné que des résultats bien restreints l'an dernier. Les grandes sociétés de consommation n'avaient pas encore saisi l'avantage immense qui résulterait pour elles de rapports directs avec les sociétés de producteurs contenues dans nos syndicats agricoles. Elles avaient cependant compris que ces rapports constitueraient pour elles la meilleure garantie de la sincérité, et, par suite, de la salubrité de certaines denrées de première nécessité, telles que le vin. Aussi avions-nous vu ces sociétés s'intéresser dès 1892 à notre première exposition du Palais de l'Industrie, venir goûter et apprécier nos produits, mais de cette première réunion n'étaient sorties aucunes relations d'affaires.

On s'observait mutuellement, lorsque le congrès des coopératives de consommation, tenu à Grenoble l'an dernier, eut l'heureuse pensée de faire appel aux syndicats agricoles et de demander à quelques-uns de leurs représentants les plus autorisés : tels que MM. Deusy, Le Trésor de la Rocque, Kergall, Maurin, de venir prendre part à leurs travaux. On devait rechercher quels seraient les moyens les plus pratiques de créer des relations directes d'affaires avec les producteurs.

Disons de suite, Messieurs, que c'est à nos collègues, dont les œuvres de dévouement à notre cause ne se peuvent plus compter, que revient tout l'honneur de ce premier établissement de relations cordiales, dont l'avenir démontrera de plus en plus l'utilité économique et sociale. Qu'ils me permettent donc de les féliciter une fois de plus au nom de nos syndicats agricoles. Leur expérience, leurs vues pratiques, surent gagner bien vite les coopératives urbaines à la cause des ruraux, exploités eux aussi par l'avidité d'intermédiaires inutiles.

Le congrès décida la formation d'une commission mixte comprenant dix représentants de la consommation coopérative et dix représentants de la production agricole. Cette commission devait rechercher et formuler les désirs des deux partis en présence, afin de réglementer leurs rapports et d'éviter des déceptions qui eussent été fatales à cette entente, lors de la conclusion des premières affaires.

Au mois de février cette commission se réunissait à Paris, au siège du syndicat économique, et nous avons, Messieurs, la pro-

fonde joie de vous dire que les représentants de la consommation coopérative furent les premiers à réclamer l'honneur d'être
présidés par celui qu'à juste titre, on a nommé le Père des Syndicats agricoles, nom qui me semble le titre le plus juste et le plus
affectueux dont nous puissions reconnaître le sacrifice généreux
d'une vie tout entière fait par M. Deusy à la cause agricole.

Nous n'avons point oublié, croyez-le, que parmi les apôtres de
la coopération se rencontraient aussi des dévouements semblables
et des existences totalement consacrées à l'amélioration du sort des
travailleurs, et c'est à l'unanimité que nous avons acclamé le nom
du président du comité central des coopératives, M. Fitsch, pour
le joindre à celui de M. Deusy.

Du secrétaire général choisi par cette commission, Messieurs, je
ne veux dire qu'un seul mot, et si je parle en son nom aujourd'hui
sur sa prière, c'est pour pouvoir le dire, car il n'eût pas su vous
montrer lui-même quel avait été son rôle. Nul cependant n'a pu
oublier l'énergique campagne de l'impôt foncier menée par le
défenseur de la démocratie rurale et le gouvernement s'est honoré
et a honoré notre cause en choisissant M. Kergall pour en faire,
dans la commission de l'impôt, le porte-paroles des revendications
agricoles. M. Kergall a su, avec la franchise, la netteté et l'elo-
quence de sa parole, fondre en une seule et pacifique armée, coo
pération et production, en mettant aux couleurs nationales de son
drapeau cette heureuse devise : « l'Union pour la vie ».

D'une commission ainsi dirigée, Messieurs, devaient sortir des
actes et des résolutions pratiques. On a longuement discuté les
meilleurs moyens de faciliter les relations mutuelles, et le premier
qui ait été adopté, consiste dans l'échange des publications pério
diques, avec une rubrique spéciale et gratuite des offres et des
demandes et l'indication des époques, prix, quantités, qualités
relatives aux adjudications des coopératives sur chaque denrée.

Concurremment les Unions de syndicats devront se charger du
groupement et de la publication des offres des producteurs. Sans
entrer dans des détails spéciaux relatifs à chaque espèce de denrée,
et qui traités par la commission doivent être reproduits dans les
rapports qui doivent vous être donnés par MM. Maurin et
Chiousse, je me bornerai à vous indiquer la division générale
adoptée par la commission.

Désigné, en même temps que M. Degas, pour étudier le groupement de nos produits à Paris, nous avons jugé qu'il fallait tout

d'abord distinguer deux grandes classes de produits : ceux qui sont susceptibles de conservation, ceux de consommation immédiate.

Pour les uns comme pour les autres nous avons jugé qu'il était nécessaire de créer à Paris un lieu d'échantillonnage à portée de toutes les coopératives, qui y viendraient ainsi juger nos produits présentés par régions, et faire transmettre leurs demandes aux diverses Unions. Nous avons donc choisi un local. En ce qui concerne les vins, dont l'égalisation est nécessaire pour permettre de fournir à la consommation des quantités considérables de produits toujours uniformes, nous avons dû nous préoccuper de trouver sur place un outillage spécial et déjà constitué, afin de n'opérer qu'au fur et à mesure des commandes, en évitant ainsi des entrepôts ruineux. Nous avons donc passé des conventions qui n'attendent plus que votre ratification.

Il faut, en effet, Messieurs, en semblable matière que le mouvement de nos producteurs vers la consommation s'opère avec une entente parfaite et d'un commun accord, afin d'éviter ou d'emporter les obstacles que cette poussée rencontrera sur sa route.

Nous ne voulons pas créer une organisation inutile et grever de frais trop longtemps improductifs les premières affaires traitées avec les sociétés de consommation, qui doivent être conclues au contraire avec le plus bas prix possible, en partageant seulement entre les deux parties l'ancienne rémunération des intermédiaires.

Nous ne nous mettrons en marche que lorsque des offres sérieuses et fermes des syndicats nous permettront de faire face aux demandes des coopératives.

La solution cherchée par la commission mixte dépend donc à l'heure actuelle des seuls syndicats agricoles, et, permettez-moi de dire qu'il est temps de mettre en œuvre les résolutions et de profiter des bonnes volontés qui s'offrent loyalement à nous sous peine de les voir s'attiédir et de perdre en peu de temps un terrain laborieusement conquis.

Nous ne pouvons, Messieurs, ne pas parler, au nom de la commission mixte, des efforts tentés par elle au moment de la discussion du projet de loi sur les coopératives et constater que c'est avec une entente complète que syndicats et coopératives ont exprimé leurs désirs devant la commission parlementaire. Nous ne saurions non plus ménager au rapporteur de la loi, M. Doumer, la gratitude des délégués accueillis par lui, dont il a su pénétrer toute la pensée pour la rendre dans la loi, ni trop le féliciter d'un succès dont notre Union des producteurs et consommateurs est redevable à son talent.

La Commission mixte n'est point dissoute, Messieurs, et sa tâche est loin d'être terminée, puisque nos relations en sont à leurs débuts seulement. Son rôle n'a pas été inutile jusqu'ici, et je suis convaincu que vous lui en faciliterez l'achèvement en votant et mettant en œuvre les résolutions pratiques qu'elle m'a fait l'honneur de me confier pour vous les soumettre.

RÉSOLUTIONS

. Le Congrès.

Dans le but d'établir des rapports d'affaires entre les sociétés de consommation et les Unions régionales des syndicats agricoles.

Est d'avis qu'il y a lieu :

1° D'envoyer gratuitement aux coopératives, à titre d'échange, un bulletin spécial d'offres rédigé d'après les documents des Unions par la délégation de la Commission mixte.

2° D'insérer gratuitement dans les Bulletins des Unions les avis d'adjudication transmis par cette délégation, d'après les indications fournies par les coopératives.

3° De créer à Paris, à l'aide de prélèvements opérés sur les ventes des produits des syndicats, un local où seraient échantillonnés les produits agricoles.

Et invite les syndicats agricoles à se mettre promptement en mesure, par le groupement des produits dans les coopératives agricoles, de faire face aux demandes des sociétés coopératives de consommation.

M. DE LARNAGE. — Vous me permettrez de me féliciter de m'être rencontré sans aucune entente préalable avec M. Soria dans les conclusions qu'il va soumettre au congrès des coopératives dans deux jours : je demande donc que vous votiez comme résolution pratique les conclusions que j'ai eu l'honneur de vous soumettre.

M. LE PRÉSIDENT. — Vous demandez à la commission mixte de remplir une double mission, nous ne savons pas si elle acceptera.

M. KERGALL. — Ce que vient de dire M. de Larnage n'est que l'expression d'un vœu formulé par la commission mixte.

M. LE PRÉSIDENT. — Un deuxième point : dans les conclusions écrites, le mot coopérative n'est pas suivi du mot régionale ; comme M. de Larnage a lu : « coopérative régionale », j'attire l'attention de l'asssemblée sur cette addition, ceci uniquement pour la règle.

M. DE LARNAGE. — Je voudrais bien spécifier quelle a été ma pensée en formulant des vœux impératifs à l'égard de la commission mixte : ma pensée a été que le congrès s'occupant des meilleurs moyens d'avoir de bonnes relations avec les sociétés de coopération devait donner à la commission mixte elle-même, pour les transmettre aux associations qu'elle représente, les moyens à suivre ; c'est dans cette pensée-là, seulement que j'ai présenté ces vœux.

M. SORIA, de Maison-Alfort. — S'il m'est défendu de prendre un engagement au nom des membres des sociétés de coopération je puis au moins vous déclarer que les idées exposées par M. de Larnage sont les nôtres. Vous demandez à pouvoir faire savoir à nos sociétés les avantages qu'elles peuvent tirer des syndicats agricoles, c'est ce que nous désirons.

M. de Larnage disait, il ne faut pas laisser refroidir le zèle et le dévouement qui s'offrent au producteur ; j'ajoute que les intérêts sont les mêmes mais il ne faut pas croire que cette entente soit réalisable du jour au lendemain, il vaut mieux que vous retardiez d'un an peut-être ou même davantage l'entrée en relations directes des consommateurs et des producteurs, plutôt que de commencer avant que vous ne soyez complètement organisés.

M. LE PRÉSIDENT. — Cette observation est pleine de sagesse et je suis heureux de dire que nous sommes tous de l'avis de M. Soria, il ne faut pas avoir à faire de pas en arrière.

M. KERGALL. — Je viens dire au nom des membres agricoles de la commission mixte que nous sommes du même avis que M. Soria, nous ne nous sommes pas fait illusion, il ne suffit pas de proclamer l'alliance pour qu'elle soit faite, il y aura de grandes difficultés à vaincre. Nous voulons les rapports directs du consommateur et du producteur et cependant nous avons pensé à une transition qui permette d'arriver au but final, c'est l'intervention des sociétés coopératives de consommation.

M. BORD. — Je veux faire une observation sur le mot régionale, il y a bien des régions où l'on ne peut former des unions régionales ; je demande à M. de Larnage d permettre aux syndicats qui n'ont pas d'union, d'entrer en relations avec les sociétés coopératives de consommation.

M. DE LARNAGE. — Je vais tranquilliser M. Bord, j'ai voulu simplement consacrer le principe émis par le congrès d'encourager, sans aucune exclusion, le principe des coopératives regionales de préférence à tout autre.

M. LE PRÉSIDENT. — Cette observation étant au procès-verbal, je crois qu'il n'y a pas d'inconvénients à laisser le mot régionale. (Assentiment).

M. DE ROCQUEFEUILLE. — Il me s.mble que le congrés se montre plus intransigeant que ce matin.

M. LE PRÉSIDENT. — Le rappo: teur a indiqué quel était le but de l'addition du mot régional. Je ne puis pas modifier ses conclusions sans le dépôt d'un amendement.

M. DE ROCQUEFEUILLE. — Je demande qu'on s'en tienne seulement au texte primitif.

M. RIBOUD. — Il y a une raison nouvelle de nous montrer un peu plus intransigeants que ce matin, et cette raison c'est M. Soria qui nous l'a apportée. Il nous a lu les conclusions qu'il va présenter au congrès des sociétés coopératives de consommation, et il m'a fourni ainsi, un nouveau, un très fort argument. Je me place de nouveau au point de vue très inté-ressant des petits syndicats et je dis aux syndicats départementaux : vous rendez service à vos membres, mais vous oubliez les petits syndicats, vous voyez qu'ils ne peuvent pas créer des coopératives et vous les laissez dans l'isolement. Permettez-moi de dire aux représentants éminents des syndicats départementaux : si j'étais président d'un syndicat départemen-tal, je tendrais les mains à ces petits syndicats, j'en formerais un bloc et je fonderais une coopérative régionale. Faites le, messieurs, et vous ren-drez service non seulement aux petits agriculteurs mais aussi aux con-sommateurs et ce sera bénéfice pour tout le monde. Votre syndicat dé-partemental lui-même y gagnera en influence.

M. DE ROCQUEFEUILLE — Je suis partisan des coopératives régionales, mais est-ce à cause de cela, qu'il faut introduire, dans un vœu aussi net, un mot qui exclut les autres coopératives ? Pour moi, cela veut dire : Les sociétés coopératives de consommation ne doivent avoir de rapports qu'avec les régionales, (Dénégations).

M. LE PRÉSIDENT. — Je suis saisi de la demande suivante ; mettre « Dans les coopératives agricoles, autant que possible régionales ».

M. DE ROCQUEFEUILLE. — Je demande qu'on ne mette rien.

M. DE LARNAGE. — Je crois avoir dit d'une façon très large, que je n'en-tendais exclure personne; si non syndicat voyait un inconvénient sérieux dans l'addition de ce mot, je le retirerais.

M. LE PRÉSIDENT. — Je vais mettre aux voix les résolutions suivantes, étant bien entendu que le congrès désire les remettre à M. Kergall pour en faire part à la commission mixte.

Je mets aux voix le texte du rapporteur sans modifications (Rejeté).

Je mets aux voix ce texte avec ces mots : « constituées autant que possible par région » (Rejeté).

Il ne nous reste donc plus que le dernier amendement: « Dans les coopératives agricoles, autant que possible régionales » (Adopté).

En conséquence :

Le texte des conclusions définitivement adoptées est le suivant :

Le Congrès,

Dans le but d'établir des rapports d'affaires entre les sociétés de consommation et les Unions régionales des syndicats agricoles,

Décide de remettre à M. Kergall, pour en faire part à la commission mixte la mission :

1° D'envoyer gratuitement aux coopératives à titre d'échange, un bulletin spécial d'offres rédigé d'après les documents des Unions par la délégation mixte;

2° D'insérer gratuitement dans les bulletins des Unions les avis d'adjudication transmis par cette délégation, d'après les indications fournies par les coopératives.

3° De créer à Paris, à l'aide de prélèvements opérés sur les ventes des produits des syndicats un local où seraient échantillonnés les produits agricoles.

Et invite les syndicats agricoles à se mettre promptement par le groupement des produits dans les coopératives agricoles, autant que possible régionales, en mesure de faire face aux demandes de sociétés coopératives de consommation.

M. LE PRÉSIDENT. — La parole est à M. Maurin pour la lecture de son rapport.

RAPPORT DE M. GEORGES MAURIN, président du Syndicat
agricole de Sarrians

SUR

Les Coopératives de Consommation et les Producteurs

Deux idées générales se dégageront certainement très nettes des rapports et discours entendus jusqu'ici au Congrès : la première est la tendance actuelle des syndicats agricoles à s'adjoindre des sociétés coopératives ; la seconde est l'urgence d'arriver à une entente définitive sur le terrain des rapports commerciaux entre nos groupes de producteurs ruraux et les sociétés coopératives de consommation.

Ces deux principes admis, je n'ai plus qu'à en déduire les conséquences et à rechercher quelle doit être l'organisation d'une société coopérative de production agricole et comment elle doit être agencée pour répondre au but que nous lui avons proposé.

Toute société coopérative a pour but d'accroître par la force de l'association solidaire la puissance de l'individu : sa puissance d'économie, si elle est de consommation ; sa puissance de rapport, si elle est de production ; sa puissance d'escompte de l'avenir, si elle est de crédit. Mais elle serait indigne de son nom et de ses principes si elle tendait à absorber la personnalité humaine et à en faire une sorte d'esclave inconscient. C'est notre honneur, à nous coopérateurs, de nous réclamer de cette grande vertu, la solidarité, et de ce grand droit, la liberté, pour les fondre dans une puissante et féconde synthèse.

Les limites de l'indépendance individuelle sont nettement déterminées par l'intérêt solidaire du groupe coopératif. Il importe dans la pratique de préciser avec soin et d'avance cette limite, et quand elle aura été ainsi tracée, d'exiger rigoureusement de l'associé l'exécution du pacte social. Produire, même aux meilleures conditions d'économie, ne suffit pas, il faut encore s'assurer des débouchés et conquérir de haute lutte sa place au soleil, sur un marché déjà encombré. Une entente absolument commune, des efforts étroitement unis sont nécessaires. Prévoir et exécuter avec ensemble et sans murmure ce qui a été prévu et décidé, c'est la condition nécessaire du succès.

Le producteur agricole travaille isolément, sur un fond de terre qui lui appartient ou qui lui a été loué et dont il a mis seulement en commun la récolte. Il est donc plus exposé qu'un autre à la tentation de tricher quelque peu avec le pacte social. Les offres fallacieuses du commerce s'adresseront tout à la fois à son désir du gain et à son amour-propre de producteur. Le sentiment de la propriété, inhérent à l'homme, suit d'ailleurs les produits combinés du sol et du travail. Et cependant, il n'y a pas de coopérative de production possible, si nos futurs associés ne comprennent pas l'impérieuse nécessité du sacrifice de l'intérêt passager et individuel en vue du développement de l'avenir. C'est œuvre d'éducation difficile et lente, mais qu'il faut poursuivre avec obstination si nous voulons réussir.

Une autre condition générale s'impose. C'est la constitution de fortes réserves. Sans doute les sociétés agricoles ne sont pas exposées à voir disparaître le patrimoine terrier de leurs membres, puisqu'il reste en dehors de la communauté. Mais elles sont appelées à faire des dépenses considérables d'installation et d'aménagement et à ouvrir largement le compte des profits et pertes pour parer aux difficultés qu'entraîne toujours le service d'une nombreuse clientèle, aux retards dans les payements de certains clients, voire même aux défaillances de quelques autres. Or, vous le savez, un rural n'aime pas à attendre son argent et, le plus souvent même, il ne peut pas l'attendre. Un capital relativement important est donc nécessaire. Gardons-nous donc en tout cas d'annoncer aux agriculteurs que nous convions à faire partie de nos sociétés, qu'ils retireront *tout* le bénéfice de la vente directe de leurs récoltes. Il importe, au contraire, de les prémunir contre l'imprévoyance trop naturelle à l'homme et de les avertir qu'ils auront à prélever une large part sur ce bénéfice pour consolider et améliorer l'avenir. L'exemple de certaines sociétés coopératives industrielles qui dans cette voie, ont brillamment réussi, comme le familistère de Guise, par exemple, de certaines autres qui ont piteusement échoué en suivant des errements contraires, doit nous servir de guide et d'avertissement. Il fixe notre jurisprudence.

J'arrive maintenant aux conditions particulières que doivent réaliser les sociétés de production agricole pour s'assurer un débouché large et rémunérateur et s'attacher plus particulièrement la clientèle des sociétés coopératives de consommation.

Ces dernières sont des acheteurs que guide l'intérêt de leurs membres. Elles cherchent à acheter de bonnes marchandises au meilleur marché possible. De plus, et c'est une considération importante qu'il ne faut jamais perdre de vue quand on organise un service commercial agricole, il est d'absolue nécessité d'arriver sur le marché avec une moyenne, c'est-à-dire un type, dans lequel qualités et défauts se neutralisent et se fondent dans un ensemble, connu sous le nom de qualité marchande. La farine doit pouvoir faire un pain blanc moyen et, pour arriver à ce résultat, elle doit contenir une proportion déterminée à l'avance de blé dur et de blé tendre, de blé blanc et de blé rouge. Chacun de ces blés, à son tour, doit présenter un type moyen. Tel blé sera plus sâle, plus terreux, plus mêlé de graines sauvages et laissera après lavage un déchet considérable ; tel autre plus propre n'aura pas à supporter ce déchet. Ce qui est vrai du blé, l'est encore plus du vin. Celui-ci aura plus d'alcool ; celui-là plus de couleur ; l'un aura du bouquet et de la fraîcheur, l'autre, plus neutre, plus âpre au goût, aura plus de tannin et assurera la conservation du mélange.

Jusqu'à présent une des principales fonctions et un des avantages incontestables du commerce a été d'assurer ce type moyen et de l'obtenir par des mélanges ou des coupages appropriés. Nulle marchandise, même le service d'une boucherie bien organisée, n'échappe à cette règle, la nécessité de l'obtention d'un type moyen.

Les seules sociétés agricoles de production dont la vulgarisation soit vraiment répandue, les laiteries coopératives, ont résolument abordé ce problème et sont arrivées à une solution satisfaisante. Les statuts de ces associations et leur mode de fonctionnement varient, sans doute, suivant les localités, mais presque toutes ont ceci de commun que le lait, apporté par les sociétaires à la fabrique sociale, leur est payé suivant un prix convenu, ni plus ni moins qu'il n'est payé par le commerce. Ce lait est mélangé et manutentionné dans les locaux et avec les machines de la société ; les produits, beurre, fromages et autres sont vendus par la société ; à la fin de l'année on établit le bilan, on fait de larges prélévements en faveur des réserves et de l'amortissement et on repartit ensuite le restant des bénéfices aux sociétaires au prorata des quantités de matière première, soit de lait, apportées par eux.

Un mode de procéder identique me paraît devoir être adopté par nos coopératives agricoles de production. Suivons-le, en effet, dans les trois grandes branches de l'industrie rurale. La manufacture du blé, s'appelle le moulin ; celle du vin, la cave ; celle de la viande, la boucherie.

Les coopératives de consommation ont fondé beaucoup de boulangeries, mais là s'est arrêté leur effort et elles recourent au commerce pour acheter leurs farines ou minots. Il y a là une lacune à combler et c'est aux producteurs agricoles qu'il appartient de le faire, sans trop d'avances pécuniaires.

Par contre, la fondation de caves sociales demande au début des frais énormes. Au premier abord, elle paraît chimérique, surtout parce qu'elle enlève aux viticulteurs la douce illusion de dire souvent, de penser toujours, que leur vin est le meilleur du pays. Pour ne pas me faire trop d'ennemis parmi eux, je m'empresse de dire que l'institution de caves coopératives, si elle paraît être dans l'inéluctable nécessité des choses, est tout au moins la fondation la plus éloignée à prévoir. Les relations directes à établir entre les consommateurs et les producteurs sont plus faciles à établir pour le vin que pour les autres denrées agricoles. Nous avons de nombreux exemples de réussite.

La boucherie est, au contraire, la manufacture la plus difficile, soit à cause de la concurrence des chevillards, soit à cause de la difficulté de vendre certains morceaux, soit enfin à cause du facile gaspillage que peut entraîner un mauvais dépècement de la pièce abattue. Quelques essais ont réussi et, demain, vous êtes conviés à visiter une boucherie de cette nature à laquelle nous souhaitons un long et prospère avenir.

Mais, me dira-t-on, vous demandez beaucoup à nos modestes sociétés agricoles ? Je crois avoir à leur demander plus encore.

Voici, en effet, une société organisée suivant les principes dont j'ai préconisé l'application. Sa discipline est forte ; sa réserve est déjà parvenue à un chiffre respectable ; son matériel est prêt ; est-ce tout ? Non certes : elle n'échappe point à la règle commune à tout vendeur ; elle doit chercher des acheteurs, faire connaître ses produits, envoyer des échantillons, parfois même des courtiers chargés de provoquer les demandes. Déjà nous avons fait un grand pas dans cette voie ; plusieurs sociétés coopératives de consommation ont accepté de recevoir en dépôt nos échantillons. Saisissons l'occasion de les en remercier bien sincèrement ; mais ne nous dissimulons pas que c'est une solution provisoire et incomplète. Quelle n'est pas d'ailleurs la diversité des produits dont nous devons chercher le placement ? N'avons nous pas à prévoir cette difficulté si grave ? Comment les producteurs associés, qui auront des commandes insuffisantes, feront-ils pour écouler l'excédent de leurs produits ? Et, d'autre part, comment ceux qui auront plus de commandes que de produits, pourront-ils se procurer ce qui leur manque à des conditions de prix à peu près identiques ?

Ce ne peut être l'œuvre d'une société isolée dont les ressources au début seront, la plupart du temps, insuffisantes pour assurer l'organisation, même incomplète, d'un service commercial quelconque. Nous voici donc conduits à recommander la création d'unions régionales de sociétés coopératives de production.

C'est là un couronnement nécessaire de l'édifice coopératif que nous essayons de construire, et c'est pourquoi au mois de janvier dernier vos délégués ont insisté avec autant de ténacité pour faire maintenir dans la loi en préparation la disposition autorisant la fédération de plusieurs sociétés coopératives entre elles. Mais il importe de bien préciser le rôle de ces Unions, pour ne pas céder une fois de plus à cette manie de centralisation qui sévit en France. Les Unions régionales doivent être faites pour les groupes locaux, et non les groupes pour les Unions.

Il serait assez délicat de vouloir définir d'ores et déjà quelles devront être les fonctions de nos Unions; l'expérience seule sur ce point nous donnera un enseignement complet. Il me semble cependant que nous pouvons dégager dès maintenant quelques principes essentiels.

En premier lieu, ces Unions doivent être fondées par les groupes locaux qui seront appelés à en souscrire le capital. Si besoin est, pour augmenter les resources, de faire appel à quelques personnalités, celles-ci devront se fondre dans le groupe local qu'elles représentent.

En second lieu, la tâche particulière des Unions devra être d'organiser le service commercial, d'ouvrir des magasins régionaux dans les grandes villes, de publier un journal de renseignements, de surveiller les adjudications publiques de denrées (Etat, communes, lycées, hôpitaux, sociétés de consommation) et, au besoin, d'y souscrire pour le compte des sociétés adhérentes; de maintenir enfin la discipline dans les groupes locaux et de trancher les difficultés, qui pourraient s'élever entre eux.

J'ai résumé en quelques grandes lignes les questions générales que soulève l'adjonction à vos syndicats agricoles de sociétés coopératives de production et de consommation. Demain les rapporteurs qui ont l'honneur de traiter devant vous ces nouveaux problèmes, se trouveront dans une autre enceinte, celle du congrès coopératif. Leur tâche doit être surtout de recueillir vos vœux et les enseignements qui se dégageront de vos discussions, pour les transmettre aux coopérateurs, à cette généreuse démocratie urbaine qui vous a déjà plusieurs fois témoigné ses sympathies.

Comme corollaire de ce rapport, j'ai l'honneur de soumettre à vos discussions les conclusions suivantes :

1º Le service des ventes directes des denrées agricoles ne peut être assuré que par la création de sociétés coopératives de production. Ces sociétés devront avoir un capital et une organisation différente soit des syndicats agricoles (soit même dans la mesure du possible des autres coopératives agricoles de consommation et de crédit).

2º Elles doivent inscrire dans leurs statuts et tenir la main à ce que les promesses de vente faites par les associés, soient scrupuleusement accomplies, soit comme quantité, soit comme qualité.

3º Elles doivent adopter pour principe de payer les marchandises à leurs associés, suivant le cours du marché et ne répartir les bénéfices que sous forme de trop perçu, après prélèvement de larges réserves.

5º La création de manutentions coopératives doit être laissée à l'initiative de chaque groupe local.

6º Le congrès estime qu'il y a lieu d'organiser des Unions de sociétés coopératives agricoles de production, mais, sans pouvoir délimiter la nature et la compétence de ces Unions ; il pense que ces Unions doivent laisser à chaque groupe local son individualité.

7º Il émet le vœu que la nouvelle loi coopérative soit promptement votée par les pouvoirs publics.

M. LE PRÉSIDENT. — Je remercie et surtout je félicite le rapporteur dont la compétence en matière de coopération est hors de pair.

M. MAURIN. — Sur l'art. 6 de mes conclusions, je tiens à dire que cet article suppose une loi non encore votée.

M LE PRÉSIDENT. — Je me permets de faire observer que tout d'abord il y a lieu de supprimer le paragraphe 7, parce qu'à la suite du rapport de M. Doumer nous avons voté une conclusion identique (Assentiment).

Je vais mettre en discussion le 1er paragraphe.

M. BORD. — Je veux faire remarquer que M. Maurin est absolument d'accord avec moi ; mais il y a antinomie entre le discours de M. Maurin et celui de M. de Larnage. M. Maurin demande la constitution de petites coopératives régionales.

M. LE PRÉSIDENT. — Je vous demande pardon de vous retirer la parole, mais vous n'êtes pas sur le paragraphe 1er, le seul en discussion.

M. Nicolle. — Je demande la suppression de la partie entre parenthèses, parce qu'il faut commencer par quelque chose.

M. le Président. — Je crois qu'il serait préférable d'arrêter aux mots « syndicats agricoles ; » plus tard nous reviendrons à la théorie pure.

M. Maurin. — J'y consens.

M. le Président. — Je mets donc aux voix le paragraphe 1 avec cette modification acceptée par le rapporteur (Adopté).

M. le Président. — J'ouvre la discussion sur les paragraphes 2 et 3 avec la suppression du mot « larges ».

M. de Malafosse. — Que veut dire : Cours du marché ? C'est chose très variable. Comment l'entendez-vous ?

M. le Président. — Cela veut dire qu'il faut payer au cours du marché, vendre au mieux, et répartir le trop perçu entre les coopérateurs.

M. Durand. — Je demande à parler sur l'art. 3 ; il serait fâcheux de poser une règle absolue, il faut laisser absolument libres d'opérer comme elles le voudront les sociétés coopératives de production.

Par exemple, je citerai une société de production que l'Union des caisses rurales s'occupe d'organiser ; c'est une beurrerie mécanique , les membres apportent le lait, on vend et on fait le partage du produit de la vente, dans ce cas cette société n'achètera pas au marché.

M. Gréa. — Ce que vient de dire M. Durand se passe journellement dans toutes les fruitières du Jura.

M. le Président. — Si vous avez une formule à présenter, apportez là sous forme d'amendement.

M. de Malafosse. — Je demande qu'on ajoute : répartir les bénéfices, sous forme de trop perçu.

M. Chiousse. — Si on mettait en pratique ce que demande M. Durand il n'y aurait jamais de trop perçu ; mais alors, comment constituerez-vous des réserves ? or, les réserves sont indispensables sous peine de faillite.

M. Durand. — Par un tant pour o/o sur les résultats bruts

M. Chiousse. — Il y a autre chose : on doit chercher à faire participer les consommateurs aux bénéfices qu'aurait prélevés l'intermédiaire sur eux. Si vous n'avez pas de prix fixé d'avance, vous ne savez pas quels sont vos bénéfices et par conséquent toute répartition devient impossible.

M. LE PRÉSIDENT. — Je demande le dépôt d'un amendement écrit, ou je fais voter l'article 3, tel quel.

M. RICHARD de Belleville-sur-Saône. — Je crois qu'il y a confusion entre la mutualité et la coopération ; les fruitiers ont organisé des mutuelles, ce sont les propriétaires eux-mêmes qui font vendre les produits de leur lait ; tandis que, dans les coopératives, on achète aux propriétaires, et alors l'on peut dire que l'on achète au cours du marché.

M. LE PRÉSIDENT. — M. Richard a bien mis les choses au point, il me semble donc inutile de pousser plus loin le débat sur l'article 3, je mets aux voix l'article 2.
(Adopté.)

Sur l'art. 3, j'ai reçu un amendement ; au lieu de « elles doivent » on mettrait « elles pourront ».

M. MAURIN. — Pour moi, le principe de la fédération nécessite le mot « doivent ».

M. GRÉA. — Je demande qu'on ne fasse pas le même habit pour tout le monde ; nous avons des coopératives de production qui existent depuis des siècles, qui ne sont pas la perfection, mais elles ne peuvent pas s'appliquer cet article.

M. LE PRÉSIDENT. — Mais vos sociétés sont des mutuelles et non des coopératives, on vient de vous le démontrer.

M. GRÉA. — Alors, je renonce à mon amendement, mais M. Chiousse a dit qu'on ne peut pas faire de réserves, on le peut très bien avec un tant pour o/o. Je ne saisis donc pas très bien la différence, mais je retire quand même mon amendement.

M. LE PRÉSIDENT. — M. Richard a la parole.

M. RICHARD. — Je voulais faire observer que l'amendement en discussion était le résultat d'une confusion.

M. LE PRÉSIDENT. — C'est certainement pour cela que M. Gréa a retiré son amendement.

M. CHIOUSSE. — On me demande la différence entre une mutuelle et une coopérative : une mutuelle n'a jamais de capital, une coopérative doit avoir un capital.

M. le Président. — Je mets aux voix l'art. 3 tel qu'il est constitué, avec suppression du mot « larges ».
(Adopté).

M. le Président. — L'article 4 est marqué 5 par erreur, je le mets en discussion.

M. de Malafosse. — Comme représentant d'une région viticole je veux faire des réserves ; aujourd'hui le goût du consommateur revient au naturel, je ne vois pas pourquoi on imposerait de faire des coupages.

M. le Président. — Il n'y a là qu'un exemple que M. Maurin a indiqué ; il est clair qu'une coopérative qui ferait cela ferait un fort mauvais métier.
Je mets l'article aux voix.
(Adopté).
Par suite de l'erreur déjà signalée l'article 5 porte le n° 6 ; je demande au rapporteur s'il ne croit pas qu'on pourrait le supprimer, car la loi n'est pas encore votée.

M. Maurin. — J'accepte la suppression.

M. le Président. — Je mets aux voix l'ensemble des conclusions.
(Adopté)...

En conséquence :
Le texte des conclusions définitivement adoptées est le suivant :

1° Le service des ventes directes des denrées agricoles ne peut être assuré que par la création de sociétés coopératives de production. Ces sociétés devront avoir un capital et une organisation différente des syndicats agricoles;
2° Elles doivent inscrire dans leurs statuts et tenir la main à ce que les promesses de vente faites par les associés soient scrupuleusement accomplies, soit comme quantité, soit comme qualité;
3° Elles doivent adopter pour principe, de payer les marchandises à leurs associés, suivant le cours du marché et ne répartir les bénéfices que sous forme de trop perçu, après prélèvement de larges réserves;
4° La création de manutentions coopératives doit être laissée à l'initiative de chaque groupe local.

M. le Président. — La parole est à M. Chiousse pour la lecture de son rapport.

RAPPORT DE M. CHIOUSSE, président de la Fédération des Sociétés coopératives de Consommation des employés du P.-L.-M.

SUR

Les Coopératives Agricoles et les Consommateurs

Plusieurs fois déjà la question des rapports directs à établir entre producteurs et consommateurs a été traitée dans les congrès tenus par les sociétés coopératives de consommation.

En 1887, le congrès de Tours la discuta longuement et les délégués eurent la bonne fortune d'entendre à cette occasion la voix éloquente et autorisée de M. Deusy, l'un des plus ardents propagateurs de l'alliance agricole.

Plus tard, en 1890, le Congrès coopératif de Marseille fit une nouvelle tentative à ce sujet, mais elle ne put aboutir à des résultats pratiques, le champ d'action n'étant pas suffisamment préparé.

Le congrès de 1893, comme du reste, ceux de 1890 et 1887, a proclamé la nécessité absolue de l'entente entre les producteurs agricoles et les consommateurs des villes. Il a fait plus : il a décidé la nomination d'une commission mixte, composée d'agriculteurs et de coopérateurs, en lui donnant pour mandat de chercher la solution de ce problème économique.

Il nous paraît donc tout naturel que les syndicats agricoles aient à leur tour voulu étudier cette grave question dans leur premier congrès national et travailler, d'accord avec la coopération de consommation, à lui donner la solution pratique tant désirée.

Du reste, les syndicats agricoles sont, dans cette circonstance, d'autant mieux qualifiés pour aborder cette étude, qu'étant donnée la situation actuelle de la coopération de production en France, c'est avec eux surtout que les consommateurs doivent s'entendre, puisque l'agriculture est à peu de chose près aujourd'hui, la seule branche d'industrie dont la coopération de production puisse nous offrir ses produits.

15

En effet, les autres branches de l'industrie de l'alimentation, que la coopération de consommation n'entend certes pas négliger, ne sont que peu ou point encore exploitées par la coopération de production.

Bon nombre d'études ont été faites et publiées sur le grave problème économique dont nous nous occupons, néanmoins il y aurait encore beaucoup à dire. Quant au côté véritablement pratique de la question, tout reste à faire.

Aussi nous avons accepté avec grand plaisir l'honneur de collaborer avec vous à cette œuvre, et nous sommes heureux de nous trouver à côté d'hommes qui, unissant une très grande compétence des affaires à un dévouement absolu à la classe laborieuse, sont venus nous aider de leur expérience et de leur savoir.

Notre rôle personnel est modeste; il se réduit à ceci :

Démontrer les avantages que les sociétés coopératives de consommation pourraient trouver en s'adressant directement aux sociétés coopératives agricoles de production pour leurs achats de denrées et faire connaître les moyens pratiques à employer pour réaliser la suppression des intermédiaires.

Bien que ce programme paraisse comprendre deux questions bien distinctes :

1º Avantages des achats directs;

2º Suppression des intermédiaires.

ces questions sont néanmoins si bien liées l'une à l'autre qu'en réalité elles n'en forment qu'une.

En effet, démontrer les avantages des achats directs, n'est-ce pas prouver également ceux de la suppression des intermédiaires et, d'autre part, indiquer les moyens pratiques pour supprimer ces intermédiaires, n'est-ce pas aussi donner la marche à suivre pour faire les achats directement ?

Acheter directement dans les entrepôts des sociétés coopératives agricoles de production n'est pas chose bien difficile si l'on admet que ces sortes de sociétés sont organisées et fonctionnent régulièrement.

Telle, par exemple, la *Société coopérative agricole du Sud-Est* créée à Lyon sur l'initiative de M. Émile Duport, avec la collaboration des syndicats agricoles de l'*Union du Sud-Est*.

Il est donc indispensable, à notre avis, que ces associations au deuxième degré se constituent *par région* sur toute l'étendue du sol français. C'est la première condition à remplir pour atteindre le but proposé.

Nous disons que les sociétés agricoles de production devront être *régionales* afin que les produits d'une même région soient groupés, soumis à une direction unique et à une surveillance effective.

Ce groupement régional est nécessaire également pour que les sociétés de consommation sachent bien à qui elles doivent s'adresser pour obtenir les produits dont elles ont besoin.

La nécessité de la coopérative agricole apparaît plus évidente encore, lorsqu'on envisage les transactions commerciales au point de vue des garanties exigées pour la qualité des produits, la régularité des livraisons et le paiement des fournitures. En effet, le syndicat agricole n'agissant dans la plupart des cas que comme un simple bureau de renseignements, ne peut donner ces garanties et, d'autre part, comme il n'a généralement que des ressources limitées, réalisées au moyen de cotisations parfois très modiques, il ne peut donner aux sociétés coopératives de consommation les facilités de paiement qu'un grand nombre d'entre elles sont obligées de demander en raison de leur faible capital social ou de leur récente fondation.

La coopérative agricole offre ces garanties, procure ces facilités. Elle est responsable de ses livraisons, donc celles-ci sont régulières ; elle possède une organisation commerciale complète, donc elle peut négocier ses effets de commerce et donner toutes facilités au point de vue des paiements.

De plus, elle réunit, soit dans ses entrepôts directs, soit dans ceux des syndicats agricoles dont elle est l'émanation, une variété de produits pour l'achat desquels les sociétés de consommation seraient obligées de s'adresser à de nombreux syndicats.

Elle facilite les opérations commerciales des sociétés de consommation en supprimant une notable partie des cinq millions d'intermédiaires qui composent l'armée du parasitisme spéculateur qui s'est formée entre les producteurs et les consommateurs aux dépens desquels elle vit.

En un mot, « la société coopérative agricole présente tous les « avantages d'un commerce bien organisé sans en avoir les incon- « vénients, elle affranchit les denrées des lourdes charges dont « l'avidité du commerce ordinaire les grève actuellement au grand

« détriment des consommateurs et crée un rapprochement heureux
« entre l'offre sérieuse et la demande réelle » (1).

Voilà, Messieurs, le projet qui a nos préférences et qui nous
paraît devoir être fécond en bons résultats.

D'autres systèmes peuvent être essayés et donner satisfaction;
nous n'y contredisons pas.

Si nous proposons celui que nous venons d'exposer, c'est qu'a
priori, il nous a paru réunir les conditions nécessaires pour en
assurer le succès, car il est d'une application simple, facile et
constitue le groupement des produits à côté du groupement des
individus et *il sera d'autant mieux compris et apprécié des sociétés
coopératives de consommation qu'il apporte moins de changements
dans leurs opérations d'achats* (2).

Ne pensez-vous pas, Messieurs, comme nous, que le temps des
dissertations savantes, mais trop souvent stériles, doit prendre
fin et qu'il ne faut plus, suivant la pittoresque expression d'un
secrétaire de syndicat agricole, qu'on puisse dire que consommateurs et producteurs courent l'un après l'autre sans jamais se
rencontrer.

Et le moment ne nous semble-t-il pas venu de mettre en pratique
les moyens qui, suivant la parole de M. le comte de Rocquigny,
doivent nous permettre *d'écarter de nous le parasitisme rongeur
et de déjouer la spéculation éhontée qui fausse les cours, afin que
tout en donnant un bénéfice honnête au producteur, le consommateur puisse obtenir une bonne fois pour toutes la vie à bon
marché ?*

Avant de conclure, il n'est peut être pas sans intérêt d'attirer
votre attention sur un autre avantage, et non l'un des moins importants, qui pourra être réalisé par l'entente des sociétés agricoles
avec les sociétés coopératives de consommation.

Les sociétés coopératives agricoles ont un double but à atteindre :

---

(1) M. le comte de Rocquigny dans son livre « Les Syndicats agricoles ».
(2) Cette dernière considération est très importante, car il faut tenir compte
de l'esprit de routine qui règne dans un grand nombre d'associations.

1º Rendre plus facile et plus avantageuse la vente des produits agricoles :

2º Procurer la vie à bon marché aux familles rurales en leur faisant réaliser des économies.

Nous venons de voir par quel moyen elles peuvent atteindre le premier.

Pour réaliser la deuxième partie de leur programme elles doivent, tout comme les sociétés coopératives de consommation dont elles ont également le caractère, pratiquer des achats pour approvisionner leurs magasins des denrées que ne peut leur fournir la terre.

Ne vous semble-t-il donc pas, Messieurs, que, sur ce point aussi, l'entente préconisée serait de nature à produire d'excellents résultats?

N'est-il pas certain, en effet, que les coopérateurs des villes s'unissant aux travailleurs des campagnes pour l'achat des denrées de consommation et groupant ainsi des commandes importantes, les prix d'achat subiraient une amélioration très appréciable?

C'est notre conviction intime.

En conséquence, nous avons l'honneur de vous soumettre le projet de délibération ci-après :

Le congrès considérant :

Que le moyen le plus pratique d'arriver rapidement à l'entente directe entre les producteurs agricoles et les consommateurs consiste à grouper les produits de la terre dans des sociétés coopératives agricoles régionales;

Que ces sociétés, dont le fonctionnement permettrait de réaliser aussi largement que possible la suppression des intermédiaires inutiles, offriraient, en outre, toutes les facilités et garanties exigées par les acheteurs;

Emet le vœu :

1º Que des sociétés coopératives agricoles régionales, du modèle de la Société coopérative agricole du Sud-Est, soient créées dans les divers centres de la France et que les sociétés coopératives de consommation s'approvisionnent régulièrement dans les entrepôts de ces sociétés qui sont appelées à devenir les docks de l'agriculture nationale;

2⁰ Que les Unions de sociétés coopératives de consommation et les Unions de coopératives agricoles se tiennent en relations constantes au moyen de leurs publications périodiques, afin d'amener et de maintenir une entente complète, en vue de la défense de leurs intérêts réciproques, entre ces deux facteurs importants de la puissance économique du pays, dont les besoins et le but ont de si nombreux points de contact.

M. le Président. — Nous venons d'entendre un excellent rapport, fait par un homme qui a une grande expérience ; M. Chiousse représente l'union des sociétés coopératives des employés du P. L. M., et, en matière de pratique il est un maître, comme en matière de théorie.

Je mets aux voix le § 1 de ses conclusions avec les modifications suivantes : « autant que possible régionales » conséquence forcée des votes précédents.

(Adopté).

Je vais mettre aux voix la deuxième partie, mais il y a peut-être une faute de rédaction, le rapporteur dit : « les unions de sociétés coopératives ». La loi coopérative n'est pas encore votée et la législation actuelle n'admet pas les unions de sociétés coopératives.

M. Chiousse. — Alors même que la la loi n'est pas votée, nous avons, je crois, le droit d'exister, mais cependant comme la loi n'est pas encore votée, j'accepte la suppression des mots « Union de sociétés ».

M. le Président. — Je mets l'art. 2 aux voix avec cette modification.

(Adopté).

Je mets aux voix l'ensemble.

(Adopté à l'unanimité).

En conséquence :

Le texte des conclusions définitivement adoptées est le suivant :

Le Congrès émet le vœu :

1⁰ Que des sociétés coopératives agricoles, autant que possible régionales, du modèle de la Société coopérative agricole du Sud-Est, soient créées dans les divers centres de la France et que les sociétés coopératives de consommation s'approvisionnent régulièrement dans les entrepôts de ces sociétés qui sont appelées à devenir les docks de l'agriculture nationale ;

2⁰ Que les sociétés coopératives de consommation et les coopératives agricoles se tiennent en relations constantes au moyen de leurs publications périodiques, afin d'amener et de maintenir une entente complète, en vue de la défense de leurs intérêts réciproques, entre ces deux facteurs importants de la puissance économique du pays, dont les besoins et le but ont de si nombreux points de contact.

M. LE PRÉSIDENT. — Messieurs, votre ordre du jour semble épuisé ; et cependant nous allons aborder une des plus grosses questions : le rapport de la commission que vous avez nommée pour étudier le point si important d'un règlement à établir entre les Unions. Vous allez entendre ce rapport. Je donne la parole à M. de Larnage qui représente M. Deusy.

M. DE LARNAGE. — Au nom de la commission, je viens vous apporter le résultat de l'examen qu'elle a fait du projet Deusy et voici les articles votés à l'unanimité par les représentants de toutes les Unions.

ARTICLE PREMIER. — Les Unions se forment entre les syndicats du département où est établi le siège de l'Union et des départements voisins, suivant les affinités économiques et agricoles et les relations d'affaires.

Les départements limitrophes de deux Unions peuvent être déclarés mixtes et faire partie de deux Unions. Mais un syndicat compris dans un département mixte ne peut être admis sans qu'avis préalable en ait été donné à l'Union ou aux Unions voisines.

ART. 2. — Un syndicat ayant son siège social dans un département non mixte, ne peut être admis par une autre Union que celle qui siège dans ce département.

ART. 3. — Aucun syndicat refusé ou exclus par une Union, ne peut être admis dans une autre Union.

ART. 4. — Les Unions devront établir entre elles des relations continues et régulières, dans un but d'aide mutuelle et de bonne confraternité professionnelle.

ART. 5. — Les Unions régionales devront nommer un délégué, qui pourra être suppléé, à l'effet de défendre près des pouvoirs publics, avec les délégués de l'Union des Syndicats des Agriculteurs de France, les intérêts agricoles de leurs régions.

ART. 6. — Tous les Syndicats devront être assemblés en Congrès national au moins tous les 3 ans, dans une des circonscriptions des Unions régionales. La date et le lieu des congrès seront fixés par la Commission spéciale des Unions qui comprend tous les présidents des Unions régionales ou leur délégué spécial, et est présidée par le président de l'Union Centrale des Syndicats des Agriculteurs de France. L'organisation des congrès appartient à l'Union dans la circonscription de laquelle ils devront se tenir.

ART. 7. — Toutes les difficultés qui pourraient surgir, pour quelque cause que ce soit, entre les Unions régionales devront être soumises à la commission des Unions régionales, près de l'Union des Syndicats des Agriculteurs de France, dont l'arbitrage souverain est accepté par elles.

Pour le Rapporteur,	*Pour le Président de la Commission,*
M. Deusy.	Guinand.
Baron H. de Larnage.	

M. de Larnage. — Je répète que ce texte a été accepté par tous les membres de la commission, sauf un ; deux d'entre eux se sont absentés, mais ils nous ont laissé pleins pouvoirs pour dire que leur opinion était conforme à la nôtre.

M. le Président. — J'ouvre la discussion sur l'art. 1er.

M. de Laage de Meux. — Il me semble qu'il y a une question primordiale qui se pose ; qu'est-ce que la commission entend par l'organisation en Unions ? Un grand nombre de départements n'ont pas d'Union régionale ; il y a une base à adopter, une circonscription agricole à délimiter ; prenez une organisation quelle qu'elle soit, provinces ou régions militaires mais il en faut une ; et, alors, une seconde question se posera ; que l'Union centrale fasse les démarches nécessaires pour organiser ces Unions.

M. le Président. — Je dois vous faire observer que vous avez été vous-même rapporteur sur cette question, que votre vœu a été proposé et adopté, ce qui tranche la question.

Dans toutes les discussions de ce congrès, j'ai vu dominer cette idée de laisser à chacun la plus grande liberté.

Or cet article est assez large, il n'y a rien de plus large que ces mots « suivant les affinités ».

M. de Laage de Meux. — Quel que soit le règlement, vous aurez des conflits.

M. de Larnage. — Je vais me référer aux paroles que vous avez prononcées ; le congrès ne peut pas se déjuger et revenir sur un vote. Si nous adoptons telle ou telle délimitation de territoire, nous irons contre ce principe de grande liberté émis par M. Deusy, désiré par tous.

M. de Laage. — M. Deusy, dans son projet ne fait pas allusion à l'organisation, au contraire.

M. le Président. — Pardon, j'ai le texte même de M. Deusy, dans lequel cet art. 1er se trouve tout entier.

M. Riboud. — Nous procédons au vote par article, c'est peut-être un tort : il y a à la fin de ce règlement, un article qui tranche tout. Nous ne pouvions pas, à la commission, être absolus, prendre la France et la diviser en tranches plus ou moins larges, car nous aurions pu gêner des Unions déjà existantes; si des difficultés surgissent, que fera-t-on? L'art. 7 nous le dit: l'on s'adressera au président de l'Union centrale, à M. Le Trésor de la Rocque. Donc pour cet article 1er il faut rester dans un texte vague et s'en remettre aux décisions de la commission des Unions.

M. le Président. — Je mets aux voix l'art. 1er
(Adopté).
Je passe à l'art. 2.

M. Gréa. — Cet article 2, parle de départements mixtes, il n'en est pas question dans l'art. 1.

M. le Président. — Pardon. Le mot y est tout au long.

M. Gréa. — Puisqu'on institue des départements mixtes ou limitrophes, il faut délimiter les Unions.

M. le Préside t. — L'art. 1er fixe que ce sont seulement les départements limitrophes de deux Unions qui sont mixtes.

M. Gréa. — Alors, nous faisons la carte de France!
(Non! Non!)

M. de Larnage. — Les départements ne deviendront mixtes qu'autant qu'une autre Union viendra à se créer.

M. Gréa. — Cela suffira!

M. de Larnage. — Oui!

M. Gréa. — Il faudrait diviser le territoire; dans certaines régions, nous n'avons pas de base.

M. de Larnage. — Je réponds, pour maintenir le texte proposé par la commission: ce n'est pas une division arbitraire; elle est basée sur les constitutions précédentes d'Unions, et nous avons dû entrer dans des détails que nous ne pouvons et ne devons pas reproduire ici. Il me semble que tout le monde doit en comprendre la nécessité; on ne peut pas à la fois appartenir à deux Unions régionales, chacun choisira; si on appartient à une Union et qu'une autre se crée vers laquelle on préfère aller, chacun de nous sera libre de changer; il y aura seulement cet avis préalable dont on parlait tout à l'heure, c'est dans ce sens que je viens défendre le texte proposé.

M. le Président. — L'article 2 ne vise que les syndicats qui se trouvent dans les départements non mixtes, je le mets aux voix.
(Adopté).

L'article 3 est en discussion.

M. MADARÉ (du Nord). — Il est bien entendu que nous avons arrêté ce texte hier en vertu de la délégation que vous nous avez confiée, mais il est bien entendu aussi, qu'après la discussion, on en enverra un exemplaire à chaque Union, car on ne veut pas les engager sans avoir leur avis. (les art. 3, 4 et 5 sont adoptés).

M. LE PRÉSIDENT. — L'art. 6 est en discussion.

M. MADARÉ. — Je crois que c'est par erreur que cette mesure concernant les congrès ultérieurs se trouve dans le règlement entre Unions, elle devrait faire l'objet d'une disposition spéciale et l'art. 7 deviendrait l'art. 6.

M. LE PRÉSIDENT. — Oui, mais il faut tenir compte qu'il touche bien aux rapports entre Unions.

M. DE LARNAGE. — Comme le congrès national est la réunion des Unions quelles qu'elles soient, le vote de l'article 6 peut être détaché, mais je demande qu'après le vote sur les détails du projet, on veuille bien consulter à nouveau l'assemblée pour savoir, si elle adopte ou rejette la résolution inscrite dans l'art. 6 du projet.

M. LE PRÉSIDENT. — Je dois consulter l'assemblée sur le texte du rapporteur et lui donner acte que l'art. 6 doit être disjoint.

M. DE LARNAGE. — Il n'y figure que parce qu'une portion vise les dispositions relatives aux rapports entre Unions.

M. LE PRÉSIDENT. — Je mets donc aux voix l'art. 7 qui devient l'art. 6. (Adopté).

M LE PRÉSIDENT. — Je demande à l'assemblée de vouloir bien se prononcer sur l'ensemble du règlement comprenant 6 articles.
(Adopté à l'unanimité).
En conséquence, voici le texte exact du règlement entre Unions.

Article premier. — Les Unions se forment entre les syndicats du département où est établi le siège de l'Union et des départements voisins, suivant les affinités économiques et agricoles et les relations d'affaires.

Les départements limitrophes de deux Unions peuvent être déclarés mixtes et faire partie de deux Unions. Mais un syndicat compris dans un département mixte ne peut être admis sans qu'avis préalable en ait été donné à l'Union ou aux Unions voisines.

Art. 2. — Un syndicat ayant son siège social dans un département non

mixte, ne peut être admis par une autre Union que celle qui siège dans ce département.

Art. 3. — Aucun syndicat refusé ou exclus par une Union, ne peut être admis dans une autre Union.

Art. 4. — Les Unions devront établir entre elles des relations continues et régulières, dans un but d'aide mutuelle et de bonne confraternité professionnelle.

Art. 5. — Les Unions régionales devront nommer un délégué, qui pourra être suppléé, à l'effet de défendre près des pouvoirs publics, avec les délégués de l'Union des Syndicats des Agriculteurs de France, les intérêts agricoles de leurs régions.

Art. 6. — Toutes les difficultés qui pourraient surgir, pour quelque cause que ce soit, entre les Unions régionales devront être soumises à la commission des Unions régionales, près de l'Union des Syndicats des Agriculteurs de France, dont l'arbitrage souverain est accepté par elles.

M. le Président. — J'ajoute que ce règlement sera adressé par les soins du secrétariat du congrès à tous les présidents d'Unions.

Maintenant, nous passons à la discussion d'une disposition additionnelle, sans numéro, comprenant l'ancien art. 6 dont la rédaction est maintenue.

M. de Larnage. — Dans le projet primitif les réunions du congrès étaient plus fréquentes, la commission a estimé qu'il valait mieux les reporter à une date plus éloignée, tout en laissant l'initiative à la commission composée de tous les présidents d'Unions, de convoquer le congrès dans l'intervalle.

M. le Président. — J'ai entre les mains une lettre de M. Deusy, autorisant toutes modifications que vous jugeriez convenables, je dis cela parce qu'il proposait un congrès annuel.

M. Guinand. — Je demande une petite adjonction. On a fait remarquer qu'étant donnée la distance séparant les présidents, il ne leur serait pas toujours facile de se rendre aux séances, je demande qu'on leur permette de se faire remplacer.

M. le Président. — Alors on mettra le « président ou son délègué spécial ».

M. Maurin. — On indique la date de 3 ans, elle me paraît fort éloignée, mais je voudrais qu'on indiquât aussi la ville où se tiendra le prochain congrès.

M. le Président. — C'est en contradiction avec un article du règlement qui laisse ce soin à la commission.

M. Denizet. — 3 ans me paraissent suffisants ; le congrès de Lyon vient d'avoir un succès complet bien qu'il ait imposé à chacun de nous des déplacements coûteux, mais si vous faites des congrès annuels, vous n'aurez personne.

M. Riboud. — Je vois que la date des congrès préoccupe beaucoup d'entre nous ; dans la commission, un de nos collègues demandait qu'ils ne puissent pas avoir lieu chaque année, un autre les demandait annuels ; c'est alors que j'ai proposé « au moins tous les trois ans ». De la sorte, si la commission spéciale juge qu'il y a lieu de réunir un congrès dans 1 an ou dans 2, elle le fera. En tous les cas, il aura lieu dans 3 ans. Quant à l'organisation du congrès, il faut en laisser le soin à chaque Union.

M. Guinand. — M. Maurin demande qu'on fixe la ville ; on ne le peut pas, car nous ne savons pas quelles Unions ont assez de ressources pour le faire.

M. le Président. — Je mets aux voix le texte avec cette addition « ou leur délégué spécial ».
(Adopté).
En conséquence, voici le texte exact :

« Tous les syndicats devront être assemblés, en Congrès national au
« moins tous les trois ans, dans une des circonscriptions des Unions ré-
« gionales.
« La date et le lieu des Congrès seront fixés par la commission spéciale
« des Unions, qui comprend tous les présidents des Unions régionales ou
« leur délégué spécial, et est présidée par le président de l'Union centrale
« des syndicats des agriculteurs de France. L'organisation des Congrès
« appartiendra à l'Union dans la circonscription de laquelle ils devront
« se tenir ».

M. le Président. — Je donne la parole à M. Chiousse pour une communication au nom de l'Union qu'il préside.

M. Chiousse. — Vous avez voté tantôt une disposition au terme de laquelle il serait désirable que les sociétés de consommation et les syndicats agricoles soient en communication constante. Je tiens à vous dire que la coopération du P.-L.-M sera heureuse de vous envoyer son bulletin.
Je vous remercie aussi du bon accueil que vous nous avez fait et mon collègue Soria me prie de vous remercier en même temps au nom de tous les coopérateurs.

M. le Président. — M. de Larnage, vous avez la parole. Soyez bref je vous prie.

M. de Larnage. — Je ne veux pas abuser de la parole, mais je crois que ces grandes assises agricoles ne doivent pas passer sous silence une question, dont la solution nous intéresse tous, et nous ne pouvons pas ne pas prier celui qui est si compétent dans la partie de nous appuyer dans la commission extra-parlementaire. Le gouvernement nous a fait l'honneur de placer M. Kergall à la commission extra parlementaire de l'impôt. nous ne pouvons pas ne pas nous inquiéter de l'impôt de quotité et nous ne pouvons pas choisir un interprête plus éloquent. Je viens donc en votre nom prier M. Kergall de vouloir bien continuer à s'y faire l'interprête autorisé de la démocratie rurale sur cette question.

M. le Président. — Nous nous associons tous à ces paroles.

M. Boissard, de Dijon. — Je propose un vote d'acclamation pour les organisateurs du Congrès, car cette assemblée a dépassé toutes nos espérances, grâce à ceux qui l'ont préparée et dirigée. (Applaudissements nourris).

M. le Président. — *Se levant.*

Messieurs,

Il ne faut pas remercier les organisateurs mais ceux qui sont venus nous apporter le concours de leur parole et de leur dévouement. C'est à vous tous, qui avez porté une si grande attention à ces travaux et rendu ainsi notre tâche si facile ; c'est à vous qui n'avez pas craint la fatigue de ces longs débats, qu'il faut adresser des remerciements.

Nous devons aussi remercier la presse qui voudra bien continuer son œuvre en faisant connaître à tous ceux qui n'ont pas pu y assister tout ce qui s'est fait de bon et dit de bien dans ce congrès.

Avant de clore le Congrès je vais résumer très rapidement l'ordre du jour de vos travaux pour en faire ressortir vos décisions les plus saillantes.

Et d'abord cette première journée ouverte par les magnifiques discours de MM. Le Trésor de la Rocque et Deusy, vous montrant, l'un l'urgence de parer à la dépopulation de nos campagnes, l'autre le chemin parcouru depuis dix ans par les Syndicats agricoles et, tous deux, insistant sur ce phénomène écrasant pour notre agriculture nationale, la baisse constante de l'argent.

Il est un fait si frappant, qu'il me faut le signaler, c'est celui de tous ces rapports, de toutes ces discussions, affirmant avec unanimité le rôle conciliateur des syndicats agricoles entre ouvriers et propriétaires, entre le capital et le travail. C'est une grande chose que ce Congrès a mis en relief. Ce qu'il y a eu surtout de grand, c'est que tous ces rapporteurs venus de tous les points de la France nous ont apporté la même parole. On aurait dit que tous s'étaient entendus, tant ils ont eu uniquement en vue, dans les conclusions proposées, l'amélioration de cette classe sociale, qui a le plus besoin d'être secourue : la classe agricole.

Dès le premier rapport, M. Gréa a établi ce principe, si socialement fécond, que les syndicats devaient être mixtes, puis M. de Saint-Pol a indiqué que, pour obtenir ce résultat social, certaines formes étaient plus aptes à rendre des services que d'autres ; par cela, il n'a pas entendu dire que les autres ne permettaient pas d'obtenir des résultats, il a seulement indiqué celles qui lui semblaient préférables et vous l'avez approuvé. Je passe rapidement sur les rapports de MM. de Rocquigny, Ducurtyl, de Laage de Meux, de Gailhard-Bancel, qui tous montrent la voie à suivre pour aider les agriculteurs.

Je n'ai garde d'oublier le règlement entre Unions proposé avec une si grande prévoyance de l'avenir par M. Deusy, règlement dont est sorti votre décision si capitale, établissant une commission permanente composée des présidents d'Unions, ainsi que la certitude de nous retrouver dans d'autres Congrès, dont celui-ci aura été le premier.

Et à la fin de la journée, les rapports si pratiques de MM. Rieu, Bord, Denizet, Riboud, concluant *tous* à la nécessité d'adjoindre à nos syndicats agricoles des sociétés coopératives mieux adaptées aux genres de services matériels qu'on exige d'eux, non seulement pour l'achat, mais aussi pour la vente ; car, en effet, il ne faut pas oublier que pour pouvoir rendre tous les services d'ordre social, il faut en puiser les moyens et l'autorité dans les services d'ordre matériel.

Puis, nous avons eu cette deuxième journée ouverte par la superbe improvisation de M. le député Aynard, qui nous a donné la certitude que nos intérêts seront à tout le moins habilement défendus devant la Chambre, lorsqu'on y reprendra la discussion sur le crédit agricole.

C'est ensuite le magistral exposé de la loi par M. le président Sénart, suivi des rapports et conclusions si prudentes de MM. Louis Durand et Josseau, par lesquelles vous avez nettement affirmé que suivant les régions et les nécessités, les diverses formes de sociétés de crédit étaient aptes à rendre de réels services aux cultivateurs.

Et à la séance suivante avec MM. Milcent et de Larnage, vous n'avez pas hésité à rejeter l'intervention d'une banque d'Etat, en déclarant que les Unions sauraient, en temps utile, organiser cette caisse centrale, dont la loi voulait nous gratifier avant le temps.

C'est enfin, cette troisième journée, réservée à la coopération, qui a donné lieu à des discussions si nouvelles pour nous agriculteurs, et pourtant si intéressantes par suite des vastes horizons qu'elles ont ouverts à notre dévouement.

Après le rapport si concis, mais si précis de M. Doumer, auquel les coopérateurs devront la loi nouvelle, les conclusions si sages de M. Guinand sur le rôle et la circonscription à attribuer aux coopératives agricoles. Ce sont encore les études fort pratiques des coopérateurs expérimentés qui s'appelent Fleury, Maurin, Chiousse, complétées par l'exposé de M. Kergall, qui s'est fait l'initiateur de cette grande cause, dont le succès marquera la fin du siècle, le rapprochement des producteurs et des consommateurs.

Ces trois journées, Messieurs, ont été bien employées, votre président vous en donne l'assurance, car c'est toute l'histoire de nos Syndicats agricoles que vous avez résumée dans cette belle trilogie. Trilogie d'une ordonnance parfaite qui, plaçant à la base les Syndicats groupés dans les Unions, nous conduit par le Crédit jusqu'à la Coopération pour atteindre enfin le but final, l'Assistance, qui n'est pas une aumône, mais le fruit naturel et le plus précieux de l'Association.

Aussi, permettez-moi de prononcer à la fin de ce Congrès, les mêmes paroles qu'à l'ouverture. C'est par le Crédit et la Coopération que les Syndicats agricoles pourront résoudre ce qui est soluble de cette terrible question sociale, aussi, est-ce pour cela que nous leur consacrerons sans jamais nous lasser, le meilleur de nos forces, car nous savons que nous aurons pour récompense le salut de la France.

(Applaudissements répétés, de nombreux assistants viennent serrer la main du président.)

M. LE PRÉSIDENT. — Au nom des Syndicats agricoles, je déclare leur premier Congrès national clos.

La séance est levée à 6 h. 1/2.

APPENDICE

QUATRIÈME JOURNÉE. — 25 Août 1894

Cette quatrième journée avait été réservée à des visites : dans la mati-
née aux divers magasins de vente des sociétés émanant de l'Union du
Sud-Est ; dans l'après-midi aux sections d'économie sociale et d'agriculture à l'Exposition. Le soir, à sept heures, le banquet.

A l'heure fixée, à neuf heures du matin, une centaine de congressistes
se trouvent au rendez-vous, 9, rue du Garet, dans les bureaux de
l'Union du Sud-Est.

Là, en quelques mots, M. Duport fait l'historique de l'Union. Il
montre le chemin parcouru : l'Union de la Drôme et l'Union beaujo-
laise se donnant la main, groupant leurs syndicats en une Union régionale qui, peu à peu, voit venir à elle tous les syndicats des dix départements de sa circonscription et compte aujourd'hui 80 de nos associations professionnelles intimement unies sous le même drapeau et
sous la même devise « le sol, c'est la patrie ».

Dès sa création, sans oublier son rôle moral, l'Union du Sud-Est
cherche à rendre des services vraiment pratiques. Sous son inspiration
se fonde l'*Union des Producteurs et des Consommateurs*, société anonyme au capital de 25,000 francs, qui ouvre d'abord 4 boucheries
à Lyon, puis récemment un magasin de vente au détail de tous les
produits agricoles et en particulier des vins.

Elle installe auprès d'elle un courtier patenté chargé d'exécuter les
ordres de tous les syndicats unis.

Elle suscite enfin la création de la *Coopérative agricole du Sud-Est*,
coopérative de consommation, de production et de vente, société civile,

16

anonyme, à capital variable, qui, dès la première année, fait plus d'un million d'affaires et répartit aux syndicats adhérents 1 1/2 o/o de trop perçu au prorata de leurs achats et de leurs ventes.

En même temps, dans un but de vulgarisation et de cohésion, el' fonde le *Bulletin de l'Union du Sud-Est*, qui compte aujourd'l.ai 15,000 lecteurs ; elle publie l'*Almanach de l'Union du Sud-Est*, qui a été tiré l'an dernier à 25,000 exemplaires.

Pour couronner son œuvre, pour fêter le dixième anniversaire de la loi de 1884 et rendre plus nets et plus tangibles les résultats obtenus, elle invite tous les syndicats de France à venir étudier en commun toutes les questions professionnelles, et prend l'initiative du premier congrès national des syndicats agricoles.

Dans ce modeste immeuble, dont l'aspect intérieur témoigne de ce que l'on peut faire avec de faibles ressources, sont installés les différents services. Au premier étage sont les bureaux de l'*Union des Producteurs e des Consommateurs*. A coté se trouvent ceux du courtier de l'*Union du Sud-Est*. Le second étage est occupé par la *Coopérative agricole du Sud-Est*. Le troisième est réservé au secrétariat de l'Union et à la direction du Bulletin et de l'Almanach.

Ainsi renseignés, les congressistes se mettent en marche. Ils gagnent le quartier de la Croix-Rousse pour visiter l'une des boucheries de l'Union des producteurs et des consommateurs, où M. Guinand, le président de la Société, donne quelques indications sur son fonctionnement et notamment sur l'emploi des bons de production et de consommations en vue de la répartition des béné ces et du contrôle du personnel.

Puis, traversant la ville, non sans attirer l'attention des passants qui semblent deviner toute l'importance de cette manifestation pacifique, ils se rendent au magasin de vente du cours Lafayette. n° 32, où l'Union des producteurs et des consommateurs a entassé, sous leur vraie marque d'origine, tous les produits de l'alimentation ; où le vin du Syndicat de Cadillac (Gironde) dispute la vente à ceux des syndicats du Beaujolais, du Mâconnais, de la Bourgogne, du Midi ; ou la viande, les œufs, le beurre, les fromages, les volailles viennent directement de l ferme se joindre au pain, à la charcuterie, à l'épicerie et s'offrir à toutes les catégories de consommateurs à des prix appropriés à toutes les bourses. Et pour donner à ses amis une idée de ces produits, pour répondre dignement à leur visite si flatteuse, l'Union des producteurs et des consommateurs verse à la ronde le Beaujolais mousseux, le Champagne du Sud-Est.

L'heure du déjeuner est venue. Les ruraux se séparent. Quelques-uns vont demander un appétisant et copieux repas à l'Association alimentaire du 6e arrondissement dont l'Union des producteurs et des consommateurs est un des fournisseurs. Ils se mêlent aux 500 habitués, ouvriers, ouvrières, petits employés qui emplissent la salle aérée, spacieuse, propre, et épuisent le menu du jour en un festin complet dont l'addition se monte à 0,95 c. par tête.

Utile institution qui procure vraiment à l'ouvrier une alimentation saine et à bon marché, sans revêtir pourtant le caractère d'œuvre de bienfaisance, puisque chaque année elle n'oublie pas de verser copieusement à la réserve. Elle ne saurait laisser indifférents les producteurs agricoles qui cherchent, sous toutes ses formes, à conclure avec les consommateurs « l'union pour la vie ».

A trois heures tous les congressistes se retrouvent à l'Exposition, dans le pavillon de l'Economie sociale. Ils sont en présence de l'exposition de l'Union du Sud-Est. C'est, au centre, la carte syndicale de l'Union, avec tous ses syndicats de commune, de canton, d'arrondissement, de département, tous nominativement désignés et délimités. C'est en somme une section de cette magnifique carte de France qui ornait un des salons du Congrès et sur laquelle s'épanouissaient en couleurs variées, comme autant de fleurs, les signes révélateurs des 402 syndicats adhérents.

De chaque côté de la carte régionale de l'Union sont des tableaux graphiques indiquant la marche des opérations de la Coopérative agricole du Sud-Est, l'évolution périodique du bulletin et de l'almanach, les variations de prix des marchandises de l'Union des producteurs et des consommateurs. Au-dessous sont des specimens du Bulletin et de l'Almanach, des modèles de livres, tableaux, feuilles de situation, tickets des diverses sociétés, et enfin les exemplaires de la *Monographie de l'Union du Sud-Est* qui résume en elle tous ces documents de statistique et constitue une peinture intéressante de la vie syndicale agricole dans une région de France.

Tout cela est fort apprécié des membres du Congrès, et nous croyons pouvoir ajouter que le jury de la section d'Economie sociale l'avait trouvé assurément du plus haut intérêt ; la liste des récompenses en fournira la preuve.

Enfin, la journée se termine par le banquet. A 7 heures près de 200 convives se trouvent réunis autour d'un imposant fer à cheval, dans le restaurant français de l'Exposition, sur les bords de ce charmant lac de la Tête-d'Or, où toutes les nations du monde semblent s'être données rendez-vous cette année.

Au dessert l'honorable président du Congrès, M. Emile Duport, prend le premier la parole, et s'exprime en ces termes qui sont couverts d'applaudissements.

Messieurs,

Nous avons la très bonne habitude dans nos banquets de syndicats agricoles de porter le premier toast à la France : de même qu'au régiment le colonel a la garde du drapeau, c'est le haut privilège du président de se lever pour tous, j'en suis ce soir tout particulièrement fier.

Au cours des séances du congrès, en voyant autour de moi ces hommes venus de tous les points du territoire, la grande image de la patrie m'est apparue plus nette, plus rapprochée, et il m'a semblé que dans leurs cœurs, j'entendais battre son propre cœur.

Aussi, est-ce avec une profonde émotion que je vous demande de laisser échapper de nos poitrines ce cri : Vive la France ! (Cris de Vive la France !)

J'ai encore le très agréable devoir de boire à la santé de nos invités et vous trouverez naturel que je commence par les étrangers, je bois à leurs nationalités.

Je salue pour vous MM. Fitsch, Soria, Chiousse, qui ont bien voulu nous témoigner leur sympathie en venant s'assèoir à notre table pour affirmer l'union des producteurs et des consommateurs.

Je prie M. Aynard de vouloir bien se faire notre interprète auprès de la Chambre de commerce de Lyon, et plus particulièrement auprès de M. Isaac, pour l'accueil que nous avons reçu dans le groupe de l'Économie sociale à l'Exposition.

Vous nous avez apporté, Monsieur le député, le concours de votre parole en prenant une belle part aux travaux du congrès et vous avez bien voulu vous engager à vous faire une fois de plus le défenseur de nos revendications en faveur du crédit agricole et de l'organisation de chambres d'agriculture. Nous vous en adressons nos sincères remerciements (Applaudissements).

Enfin, messieurs, je veux boire à vous-mêmes, à nos amis absents, à MM. Josseau et Sénart, puisse celui-ci retrouver promptement ses forces, à l'excellent M. Deusy, à notre si aimé président, M. le Trésor de la Rocque, à tous les syndicats agricoles de France et pour cela il me semble que je ne saurais mieux faire qu'en levant mon verre à ce but de tous nos efforts, qui nous unit tous dans un même sentiment :

Messieurs, à la paix sociale. (Applaudissements prolongés).

A M. Duport succède M. Aynard, l'éminent député du Rhône. Dans une causerie d'une éloquente simplicité, après avoir adressé ses plus sincères félicitations au président du congrès, il souhaite à l'agriculture une protection salutaire, qu'il n'entend pas confondre du reste, ajoute-t-il spirituellement, avec le protectionnisme. Cette protection, d'après lui, doit consister surtout en une organisation de la représentation agricole conforme à celle dont jouissent l'industrie et le commerce. Il réclame en n pour les syndicats agricoles la liberté pleine et entière d'association dont ils sauront user avec ce respect des lois que d'autres méconnaissent trop souvent.

M. Bender, l'honorable président du Congrès viticole et agricole, se souvient, non sans fierté, qu'il est membre du Syndicat de Belleville-sur-Saône, que préside avec tant d'autorité M. Duport. Il félicite les syndicats agricoles de rivaliser d'ardeur féconde et généreuse avec les sociétés d'agriculture et de viticulture pour relever la première de nos industries nationales.

M. Soria, le sympathique secrétaire du Comité central de l'Union coopérative, se lève au nom des ouvriers et tend la main aux ruraux. « Fournissez-nous, dit-il, les denrées nécessaires à la vie, directement, sans passer par les intermédiaires, à un prix qui permette à nos Coopératives de vivre et de prospérer ».

Oui, répond M. Guinand, en sa qualité de président de l'*Union des Producteurs et des Consommateurs* de Lyon, oui, l'alliance est faite entre syndicats agricoles et coopératives ouvrières, et nos produits nous vous les livrerons à un prix loyal; mais, n'oubliez pas que cette alliance veut dire partage par parts égales entre producteurs et consommateurs de la dîme que prélève l'intermédiaire au préjudice des uns et des autres. Mais nous, ajoute M. Guinand, en se tournant vers les représentants des syndicats agricoles, rappelons-nous que nous n'avons pas seulement à vendre des engrais et à écouler nos produits, rappelons-nous que notre œuvre est plus haute et plus noble, ne désertons pas l'idéal.

M. Fitsch, président du Comité central de l'Union coopérative, célèbre, avec une conviction vraiment communicative, les bienfaits de la coopération.

M. Couderc boit au soleil, le bienfaiteur de l'agriculture.

Sur les instances de ses amis, M. de Gailhard-Bancel, avec cette chaleur entraînante dont il a le secret, lève son verre en l'honneur du paysan, de celui qui travaille et souffre en silence et qui, s'il s'arrêtait, créerait dans notre pays on ne sait quelle perturbation, auprès de laquelle toutes celles que nous connaissons ne seraient rien.

M. Riboud, au nom des collaborateurs de M. Duport, remercie cordialement son ami de les avoir conduits à la victoire avec son cœur, avec son ardeur généreuse, avec cet amour du bien public auquel il tient à rendre hommage devant tous leurs amis de France. Puis il boit à la santé de la presse, presse lyonnaise, presse parisienne si dignement représentée au banquet par M. Robert de la Sizeranne, presse agricole, à toute la presse dont le concours a été si précieux aux organisateurs du Congrès, et il la félicite de savoir toujours, dans son impartialité et son indépendance, vulgariser tout ce qui mérite de l'être.

M. Nicolas, de la presse lyonnaise, remercie en son nom et au nom de ses confrères, et aux applaudissements de tous les convives, il leur donne l'assurance que leur entier dévouement est acquis à l'œuvre si féconde des syndicats agricoles.

L'honorable président de l'Union du Nord, M. Madaré, boit à l'union de la betterave et du raisin, du Nord et du Midi, en un mot à la province.

M. Cottin célèbre les vertus du cultivateur et le loue chaudement de son abnégation, de son énergie et de sa patience.

Puis le vaillant directeur de la *Démocratie rurale*, M. Kergall, dans un discours très applaudi, boit aux syndicats agricoles qui ne sont rien moins que les ouvriers de la reconstitution de la France; leur œuvre a son côté positif, mais elle a surtout son côté idéal. Aux syndicats agricoles, s'écrie-t-il en terminant, artisans de la paix nationale, de « l'Union pour la vie », de la patrie française.

Cette belle devise « l'Union pour la vie » est éloquemment développée par M. Hugues de Larnage, qui met en lumière toutes les idées généreuses qu'elle résume et en fait saisir toute la portée. Puis, s'associant à ses collègues dans leur reconnaissance envers l'Union du Sud-Est, il boit à la santé de M. Duport et de ses trois collaborateurs MM. Guinand, de Fontgalland et Riboud.

Enfin, dans une spirituelle causerie, M. A. de Fontgalland rend hommage aux initiatives fécondes et énergiques; il salue le réveil des ruraux et boit à l'avenir des syndicats agricoles de France.

Il est dix heures. Les mains se tendent, se serrent dans un dernier élan de sympathie, de franche camaraderie, et de bouche en bouche courent ces deux mots pleins de promesses « Au revoir ».

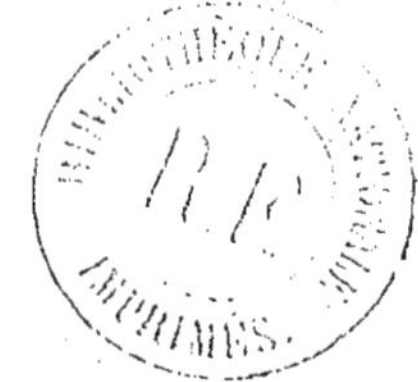

54.189. — Imp. A. WALTENER. — P. LEGENDRE et Cie, Suc, — Lyon.

www.ingramcontent.com/pod-product-compliance
Ingram Content Group UK Ltd.
Pitfield, Milton Keynes, MK11 3LW, UK
UKHW021510090726
13657UKWH00001B/143